中国经济学术基金丛书（2011）

提高能效　实现2020年碳强度下降目标

Achieving Carbon Intensity Decline Target by 2020 through Energy Efficiency Improvement

戴彦德　杨宏伟　白　泉　等著

中国计划出版社

图书在版编目（CIP）数据

提高能效 实现2020年碳强度下降目标／戴彦德著．—北京：中国计划出版社，2013.7
（中国经济学术基金丛书．2011）
ISBN 978-7-80242-836-2

Ⅰ．①提… Ⅱ．①戴… Ⅲ．①二氧化碳—排气—研究—中国
Ⅳ．①X511

中国版本图书馆CIP数据核字（2013）第062680号

中国经济学术基金丛书（2011）
提高能效 实现2020年碳强度下降目标
戴彦德 杨宏伟 白 泉 等著

中国计划出版社出版
网址：www. jhpress. com
地址：北京市西城区木樨地北里甲11号国宏大厦C座3层
邮政编码：100038 电话：（010）63906433（发行部）
新华书店北京发行所发行
北京世知印务有限公司印刷

787mm×1092mm 1/16 14.25印张 251千字
2013年7月第1版 2013年7月第1次印刷

ISBN 978-7-80242-836-2
定价：32.00元

课题组成员名单

课题负责人：戴彦德　副所长/研究员

杨宏伟　博士/研究员

白　泉　博士/研究员

课题组成员：熊华文　副研究员

郁　聪　研究员

田智宇　助理研究员

刘静茹　副研究员

谷立静　助理研究员

符冠云　助理研究员

总　序

中国经济学术基金（以下简称“基金”）是由香港工商界人士捐助、在香港设立的公益性学术基金，旨在资助有关机构进行中国经济发展的对策性问题研究和学术活动。基金在北京设立了由有关部门领导和著名经济学者组成的“中国经济学术基金学术委员会”，对基金资助课题的选题和研究工作给予指导。学术委员会办公室设在国家发展改革委宏观经济研究院。

基金从1999年设立以来，已连续十二年资助了一批有关我国经济和社会发展重大课题的研究。为了加强与社会的交流，以进一步提高研究成果的水平，基金决定从每年资助的研究课题中，选出一些为社会各界关注的成果，逐年结集出版，并委托国家发展改革委宏观经济研究院组成丛书编委会，负责研究成果的审稿和出版事宜。《中国经济学术基金丛书（2011）》共3册，内容涉及农民工市民化、提高能效、工业领域“产能过剩”等。

在丛书出版之际，我们感谢香港工商界人士对有关课题研究的捐助，感谢有关部门对研究工作的支持，也对有关课题组付出的辛勤劳动表示敬意。我们期待社会各界对这套丛书提出批评意见，以帮助我们不断提高课题研究水平和丛书质量。

国家发展和改革委员会宏观经济研究院

《中国经济学术基金丛书》编委会

2012年12月

前 言

为控制温室气体排放、积极应对气候变化，我国政府提出了单位国内生产总值碳强度下降控制目标，即：2020 年单位国内生产总值二氧化碳排放比 2005 年下降 40%~45%。如何实现这一目标，是当前我国社会经济发展中的一个重大问题。

本书认为，大力调整经济结构、大幅提高技术水平是提高能效实现碳强度下降目标的根本途径。书中提出了以能源强度和能耗总量双控目标形成倒逼机制，继续强化节能目标责任评价考核，合理调控高耗能产品市场需求，注重宏观经济政策与节能政策的协调，建立节能长效机制以市场手段引导和激励企业和社会的节能行为，转变政府节能管理职能、强化节能的基础性工作，以及引导节能低碳型的生活方式和消费模式等重大政策选择。

本书的创新点在于：对降低碳强度主要影响因素进行系统的理论分析和实证分析；提出单位国内生产总值能耗和能源消费总量双控制的观点；通过设定弹性目标合理控制能源消费总量的政策建议。

本书中涉及的成果应用情况如下：

政策建议报告“实施能源总量控制，加快发展方式转变”一文 2010 年 11 月 25 日发表在国家发展改革委宏观经济研究院内刊《调查·研究·建议》(68)。文中提出“将 40 亿吨标煤作为 2015 年我国能源消费总量合理控制目标”的政策建议被国家发展改革委领导采纳，张平主任在 2010 年 12 月 14 日召开的全国发展和改革工作会议作题为“坚持科学发展，加快方式转变，努力实现‘十二五’良好开局”的讲话中，明确提出“2015 年将能源消费总量控制在 40 亿吨标煤”。

调查报告《如何破解西部资源型省份节能工作的“结构之困”——来自山西省节能工作调研的发现和思考》获宏观院优秀调查报告三等奖。

本课题对碳强度控制目标与能源强度和非化石能源比重之间的关联作用的定量关系研究结果，为制定《国家“十二五”节能减排规划》等重要政策提供了科学支撑。

本书由戴彦德、杨宏伟负责整体框架设计和统稿。第一章由杨宏伟主笔，第二章由白泉、杨宏伟主笔，第三章由熊华文主笔，第四章由谷立静主笔，第五章由田智宇、符冠云主笔，第六章由杨宏伟、田智宇主笔，观点综述由刘静茹、白泉主笔，调研报告由熊华文主笔，郁聪对全书的研究内容提出了指导建议。中国经济出版社编辑姜静和能源研究所伊文婧参加了书稿的编辑和校对工作。

衷心感谢对本研究给予大力支持的有关领导和专家，他们是：国家发展改革委赵家荣副秘书长，国家发展改革委资源节约和环境保护司吕文斌副司长，国家发展改革委应对气候变化司苏伟司长、李高副司长，原国家能源专家委员会副主任白荣春司长，国家发展改革委宏观经济研究院王一鸣常务副院长、经济研究所刘树杰所长、能源研究所韩文科所长。

作者

2012年12月于北京

目　录

第一章　总　论 ………………………………………………………（1）

一、设定碳强度下降目标体现大国责任，符合可持续发展内在要求 ………………………………………………………（2）
二、碳强度控制目标影响因素分析 ……………………………（6）
三、降低单位 GDP 能耗是实现 2020 年碳强度下降目标的关键 ………………………………………………………（12）
四、大力调整经济结构、大幅提高技术水平是提高能效的根本途径 ………………………………………………………（21）
五、提高能效的重大政策选择 …………………………………（33）

第二章　节能与碳强度指标关系研究 ……………………………（38）

一、节能指标与碳强度控制指标之间的逻辑关系 ………………（39）
二、节能对二氧化碳减排贡献的测算方法 ………………………（43）
三、能耗强度、碳强度与能源结构之间的公式关系 ……………（45）
四、假设非化石能源按 45 亿吨标准煤的 15%，反推五年节能目标 ………………………………………………………（54）
五、各变量关系小结 ……………………………………………（62）

第三章　工业节能的潜力、途径与政策 …………………………（64）

一、“十一五”工业部门节能进展的总结与评价 ………………（64）
二、“十二五”工业部门节能潜力与实现途径分析 ……………（77）
三、“十二五”强化工业节能的政策建议 ………………………（96）
附件　节能潜力的分析方法 ……………………………………（103）

第四章　建筑节能的潜力、途径与政策 ………………………（108）

一、建筑能耗概述 ………………………………………………（108）

二、建筑能耗现状 ………………………………………………………（109）
三、“十一五”节能措施与成效 ………………………………………（114）
四、“十二五”节能潜力及实现途径分析 ……………………………（128）
五、重点领域和重点工程 ……………………………………………（140）
六、保障措施 …………………………………………………………（142）

第五章　交通节能的潜力、途径与政策 ………………………………（144）

一、“十一五”交通运输节能回顾 ……………………………………（144）
二、“十二五”交通运输节能形势分析 ………………………………（165）
三、“十二五”交通节能目标 …………………………………………（180）
四、“十二五”交通节能重点工程和行动 ……………………………（180）
五、“十二五”交通运输节能途径与政策建议 ………………………（182）

第六章　实现 2020 年碳强度下降目标的政策建议 ……………………（187）

一、实施总量控制的必要性 …………………………………………（188）
二、实施总量控制的可行性 …………………………………………（189）
三、实施总量控制的挑战 ……………………………………………（190）
四、能源消费总量控制方案 …………………………………………（191）
五、政策建议 …………………………………………………………（192）

附录一　观点综述 ………………………………………………………（194）

附录二　调研报告

如何破解西部资源型省份节能工作的“结构之困”
——来自山西省节能工作调研的发现和思考 …………………………（200）

Contents

Chapter 1. Overview ······ (1)

1. The Target Settting for Carbon Intensity Reduction Reflects the Responsibility of a Large Country, and Suitable for the Basic Requirments of Sustainable Development ······ (2)
2. Analysis on the Factors Influencing Carbon Intensity Reduction Target ······ (6)
3. Reduction of Energy Use Per GDP is the Key to Realize the Target of Carbon Intensity Reduction in 2020 ······ (12)
4. Greatly Adjust Economic Structure and Promoting Technology Advancement is the Fundamental Approach to Improve Energy Efficiency ······ (21)
5. Major Policy Options for Improving Energy Efficiency ······ (33)

Chapter 2. Research on the Relation of Energy Conservation and Carbon Intensity ······ (38)

1. Logical Relations between the Targets of Energy Conservation and Carbon Intensity Indicators ······ (39)
2. Calculating Method on the Contribution of Energy Conservation to the Carbon Dioxide Mitigation ······ (43)
3. Formula Relations among Energy Use Intensity, Carbon Intensity and Energy Structure ······ (45)
4. On the Assumption of 15% Non – fossil Energy of 450 Mtce to Calculate the Target of Energy Conservation for Five Years ······ (54)
5. Sub – summary of the Relations among Different Variables ······ (62)

Chapter 3. Potential, Approach and policy of Industrial Energy Conservation ······ (64)

1. Summary and Evaluation of Industrial Energy Conservation Progresses in the "11th Five - year" ······ (64)
2. Analysis of Industrial Energy Conservation Potential and Approaches in the 12th Five - year. ······ (77)
3. Policy Recommendations for Intensifying Industrial Energy Conservation in the 12th Five - year ······ (96)

Attachments: Methods of Analyzing Energy Conseration Potential ······ (103)

Chapter 4. Energy Conservation Potential, Approach and Policy in Building Sector ······ (108)

1. Overview of Energy Conservation in Building Sector ······ (108)
2. Current Status of Energy Conservation in Building Sector ······ (109)
3. Energy Conservation Measures and Achievements in the 11th Five - year ······ (114)
4. Analysis of Energy Conservation Potential and Approaches in the 12th Five - year ······ (128)
5. Key Fields and Key Projects ······ (140)
6. Implementation Measures ······ (142)

Chapter 5. Energy Conservation Potential, Approaches and Policy in Transport Sector ······ (144)

1. Overview of Energy Conservation in the 11th Five - year ······ (144)
2. Analysis of Energy Conservation situation in the 12th Five - year ······ (165)
3. Target of Energy Conservation ······ (180)
4. Energy Conservation Projects and Actions in the 12th Five - year ······ (180)
5. Energy Conservation Approaches and Policy Recommendation ······ (182)

Chapter 6. Policy Recommendations for Realizing the Target of Carbon Intensity Reduction towards 2020 ······ (187)

1. The Necessity of Implementing the Cap on Total Energy Use ······ (188)
2. The Feasibility of Implementing the Cap on Total Energy Use ······ (189)

3. Challenges of Implementing the Cap on Total Energy Use ·············· (190)
4. Scheme of Capping on Total Energy Use ································ (191)
5. Policy Recommendations ·· (192)

Appendix Ⅰ. Points of View ·· (194)

Appendix Ⅱ. Investigation Report

How to Deal with the "Difficulty of Structure Adjustment" in Energy Conservation of the Western Resource - oriented Provinces——Findings and Considerations from Investigations of Energy Conservation in Shanxi Province ································ (200)

第一章　总　　论

内容提要： 在理解和认识2020年我国单位GDP二氧化碳排放量下降40%~45%目标的重要意义的基础上，本章解析了单位GDP二氧化碳排放强度的主要驱动因素，揭示了经济增长质量、提高能效和优化能源结构与碳强度之间的定量关系。通过实证分析，发现提高能效对1991~2005年及1996~2010年两个15年期间的碳强度下降贡献率分别达到96.5%和95.2%，而增加非化石能源在一次能源消费结构中的比重对碳强度下降的贡献率不到10%。预测分析认为，提高能效对2020年单位GDP二氧化碳排放下降40%~45%目标实现的贡献在80%以上。本书认为大力调整经济结构、大幅提高技术水平是提高能效实现碳强度下降目标的根本途径，研究提出了以能源强度和能耗总量双控目标形成倒逼机制，继续强化节能目标责任评价考核，合理调控高耗能产品市场需求，注重宏观经济政策与节能政策协调，建立节能长效机制，转变政府节能管理职能、强化节能的基础性工作，以及引导节能低碳型的生活方式和消费模式等政策建议。

2009年11月25日国务院常务会议决定，到2020年我国单位国内生产总值（Gross Domestic Product，GDP）二氧化碳排放比2005年下降40%~45%，作为约束性指标纳入“十二五”及其后的国民经济和社会发展中长期规划，并制定相应的国内统计、监测、考核办法。2009年12月18日，温家宝总理在哥本哈根气候变化会议领导人会议上发表了题为《凝聚共识，加强合作，推进应对气候变化历史进程》的重要讲话重申了这一目标，并表示中国政府确定减缓温室气体排放的目标是根据自身国情采取的自主行动，不附加任何条件，不与任何国家的减排目标挂钩。

这一新目标的提出，对中国经济社会发展具有重要的指导意义。

一、设定碳强度下降目标体现大国责任，符合可持续发展内在要求

单位 GDP 二氧化碳排放强度下降目标（以下简称碳强度下降目标）的提出，体现了中国政府积极、建设性和对人类社会高度负责的态度，既全面考虑了中国国情和发展阶段，社会经济和能源发展趋势，同时进一步明确了建设资源节约型、环境友好型社会和应对全球气候变化的新目标与新任务。

（一）提出碳强度下降目标体现了中国应对气候变化的积极努力

我国“十五”期间的 GDP 能源强度呈上升趋势，体现了重化工业阶段共有的规律，代表了中国到 2020 年工业化发展阶段的趋势照常的发展情景。“十一五”以来，我国将应对气候变化与国内可持续发展相结合，以强有力措施大力推进节能减排，扭转了“十五”期间单位 GDP 能耗持续上升的趋势，节能减排政策措施的成效日益显现。尽管困难很大，经过各地方各行业的艰苦努力，基本完成了“十一五”期间单位 GDP 能耗比 2005 年下降 20% 左右的目标。但随着节能减排和控制单位 GDP 二氧化碳排放强度目标的推进，节能减排和控制二氧化碳排放强度的边际成本将逐渐增大，这主要是由于近期可供选择的低成本减排技术能提供的节能和减排潜力是有限的，需要统筹考虑我国社会经济的承受能力。在未得到国际资金和技术支持的情况下，继续提高二氧化碳排放强度的下降幅度需要用较昂贵的技术并付出巨大的增量减排成本。因此，将二氧化碳排放下降目标选择在 40%~45% 这个临界区域，对国内来说是尽力而为、量力而行的目标，从国际角度看也合情合理、适当可行。

2020 年比 2005 年单位 GDP 二氧化碳排放下降 40%~45% 的目标，涵盖了“十一五”期间的行动。“十二五”将在延续从“十一五”开始偏离趋势照常情景的基础上，进一步采取强有力措施，实现到 2020 年单位 GDP 二氧化碳排放强度比 2005 年下降 40%~45% 的行动目标，即实现从趋势照常情景偏离的目标。如果“十一五”期间单位 GDP 二氧化碳排放强度下降完成 18%~20%，实现 2020 年的目标则要求“十二五”和“十三五”期间单位 GDP 的二氧化碳强度下降幅度都不低于 18%，考虑到边际成本增大和 GDP 总量的增加，后两个五年计划期间所需资金投入和每年减排量都要大于“十一五”时期。

我国是发展中国家，与发达国家在历史责任、发展阶段上有根本区别，在应对气候变化领域承担不同义务。根据《联合国气候变化框架公约》（以下简称《气候公约》）及其《京都议定书》的要求，按照“共同但有区别的责任”原则，发达国家要承担中期大幅度量化减排指标，发展中国家根据国情采取适当减缓行动。我国提出单位GDP二氧化碳排放强度的自主控制目标，体现了我国为应对气候变化做出的不懈努力和积极贡献，同时也符合《气候公约》中“共同但有区别的责任”原则。

我国提出的单位GDP二氧化碳排放下降目标，是“不掺水”的目标，完全是与能源消费相关的二氧化碳排放，不包括森林碳汇、土地利用等其他活动产生的减排量。“十一五”期间通过大量淘汰落后产能，关闭小火电、小炼钢、小水泥等措施促进实现节能降耗的目标。但随着生产水平的提高和技术改造的深入，“关停并转”困难将越来越大，控制温室气体排放潜力越来越小。同时，就业、社会公正和扶贫等因素将使得节能减排的社会压力增加。据统计，“十一五”期间关停7000多万千瓦小火电，影响约45万人就业，这是要由各级政府和劳动者承担的直接社会成本。因此，随着我国经济社会的整体转型，节能减排的经济社会成本日益加大也将对实现此目标形成巨大挑战。

尽管实现单位GDP二氧化碳排放下降目标面临巨大挑战，需要付出巨大代价，中国政府始终坚持走可持续发展道路，始终采取积极、强有力措施，控制温室气体排放。这些措施的力度是很多发达国家所不及的。例如我国“十一五”期间关停小火电7000多万千瓦，相当于英国全国的总装机容量。“十一五”期间，我国为实现单位GDP能源强度下降20%左右的节能目标的附加投资达到8466亿元①。据汇丰银行统计，我国政府应对国际金融危机的投入中用于绿色投资部分占34%，仅次于韩国居世界第二位。

与我国相比，主要发达国家1990~2005年15年间，单位GDP二氧化碳排放强度仅下降26%。根据目前发达国家所承诺的减排目标，若只考虑其与能源相关的二氧化碳的减排，折合成单位GDP二氧化碳排放强度下降目标测算，2005~2020年，其单位GDP的二氧化碳强度下降约为30%~40%，其中美国下降约32%，远低于我国提出的40%~45%下降目标。单位GDP二氧化碳强度下降的幅度反映了一个国家单位碳排放所创造的经济

---

① 戴彦德，熊华文，焦健．中国能效投资进展报告2010．中国科学技术出版社，2012年1月．

效益的改进程度，也反映了一个国家在可持续发展框架下应对气候变化的努力程度和效果。从这个角度分析，我国在工业化过程中做出的努力不仅大大超过了很多发达国家处于相同发展阶段时的措施，也胜于其目前的努力，体现了我国应对气候变化的自觉意识、负责态度和坚定行动。

（二）实现碳强度下降目标是落实科学发展观、实现可持续发展的内在要求

我国正处于工业化和城镇化快速发展阶段，为满足经济社会发展需求，能源消费和相应的二氧化碳排放仍需要合理增长。单位 GDP 二氧化碳排放下降是我国为应对气候变化采取的国内自主行动，是减缓温室气体排放的积极措施，反映了我国统筹协调经济发展与应对气候变化的关系，在发展过程中减缓二氧化碳排放增长，不断提高单位二氧化碳排放量所对应的经济效益，是新形势下贯彻落实科学发展观，转变经济发展方式和提高经济增长质量的新内容，符合我国国情和发展阶段特征，反映了我国经济社会可持续发展的内在要求。

改革开放以来，我国经济持续高速增长，能源消费量也随之持续增加。为了解决能源短缺问题，能源行业进行了一系列改革，解决了投资瓶颈问题，煤炭行业基本实现了市场化，电力行业实现了投资和运行的多元化，发电领域引入了竞争机制，石油天然气行业进行了企业改制上市，进入了国际竞争领域。能源行业的这些改革使我国能源供应能力大幅度提高，初步解决了能源供应短缺问题。进入 21 世纪以来，我国加入 WTO，中国经济加快了融入经济全球化的进程，能源需求出现了超常增长，能源消费弹性系数从改革开放前 20 年平均 0.4 左右，上升到“十五”后期连续两年大于 1，最高达到 1.6（图 1－1、图 1－2）。市场化改革的深入，使我国的能源供应增长紧跟需求的拉动，能源和相关的建材、能源装备制造业等高耗能行业成为投资热点。2010 年和 2011 年，我国能源消费量分别达到 32.5 和 34.8 亿吨标煤，比 2000 年 13.85 亿吨标煤翻一番还多，将原来设想的 2020 年的能源消费量提前了十几年，已经超过美国成为世界第一大能源消费国。

由于我国能源结构以煤为主（煤炭占我国一次能源总量 2/3 以上），而美国的能源结构优于我国（煤炭在其一次能源总量中的比重不到 1/4），我国化石燃料燃烧的二氧化碳排放量已经超过美国成为全球最大排放国。如果我国的能源消费维持目前每年 2 亿吨标煤的增速，2020 年将达到 53 亿吨标煤。按最可行的情况分析，扣除核电、可再生能源（水电、风电、光伏发

图1－1　我国单位GDP能源强度变化趋势

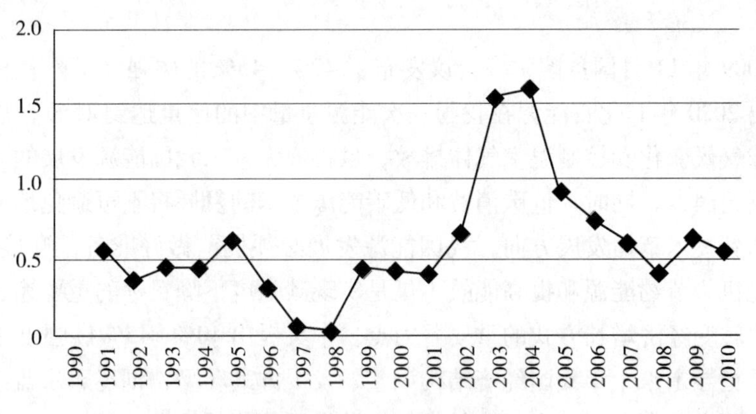

图1－2　我国能源消费弹性系数变化趋势

电、生物质能等）提供约7亿吨标煤，石油和天然气提供约13亿吨标煤的供应量外，剩余的供应缺口33亿吨标煤（相当于47亿吨原煤）需要用煤炭来提供，已经远远超出我国煤炭安全生产能力。我国目前这种粗放型经济增长方式必然受到能源资源的严重制约。

为应对金融危机，从2008年下半年以来，我国采取了非常措施加大投资力度，虽然达到了保持经济增长的目的，但过分集中的固定资产投资，重新拉动了钢铁水泥等高耗能行业，使结构调整难度加大，也给完成“十一五”节能目标的收官之战提出了严峻挑战，迫切要求把能源产业（包括节能产业）作为经济发展的有机组成部分，形成能源供给能力和能源消费需求之间的平衡制约机制，促进能源与经济协调发展。

此外，环境保护因素成为我国能源发展的基本制约因素。从国内环境保护要求来看，“十一五”期间国家已经提出并实施了二氧化硫和化学需氧量总量减排10%的目标，保护和改善生态环境已经成为实践科学发展观的重要内容，要求我们在显著提高能源供应总量的同时，必须有效控制和尽可能减少能源开发和利用过程的环境负面影响，不但要认真解决在能源加工转换和终端利用过程中的各种污染物排放治理问题，显著降低污染物排放量，还要充分重视在能源开发过程中的环境负面影响问题，必须根据具体地区的环境和生态承载力来考虑各种能源的开发潜力，特别是煤炭合理产能的确定要认真考虑煤炭开采造成的地下水位下降和土地塌陷等生态破坏，以及煤炭安全生产的客观要求和煤炭开采边际成本迅速上升带来的制约。从全球环境保护要求来看，应对气候变化、控制二氧化碳等温室气体排放，已经成为国际环境和国际政治角力的热点问题，正在深刻影响世界能源发展的方向和发展速度。

2009年11月国务院常务会议发布了40%~45%的碳强度下降目标，同时提出2020年非化石能源在我国一次能源总量中的比重达到15%，表明应对全球气候变化和控制温室气体排放，也将成为未来我国能源发展的一个最主要制约因素；同时，低碳消费和低碳能源技术的发展将不可避免地成为全球性的新技术革命发展方向，我国能源发展必须提前做好准备，迎接挑战，争取先机。节约能源和提高能效不仅是实现碳强度下降目标的重要途径，也是加快转变经济增长方式的重要着力点。中央提出40%~45%碳强度下降目标，是指导未来十年我国经济结构调整、发展方式转型，创建碧水蓝天优美环境、建设生态文明、实现人与自然和谐发展的行动纲领，必将对我国全面建设小康社会和实现三步走战略目标产生深远影响。

二、碳强度控制目标影响因素分析

（一）碳强度控制目标影响因素的理论分析

单位GDP二氧化碳排放量就是GDP的二氧化碳排放强度，从下列计算公式看，分子P是二氧化碳排放量，分母是GDP，因此单位GDP二氧化碳排放强度p是一个相对指标，其变化趋势取决于二氧化碳排放量与GDP的相对变化速率。

按照能源利用活动是否排放二氧化碳，能源利用区分为排放二氧化碳的化石燃料利用及不排放二氧化碳的非化石能源利用两类，其中，化石能源包括煤炭、石油和天然气，非化石能源包括可再生能源（水能、风能、生物质能、太阳能等）和核能。化石燃料燃烧是我国二氧化碳排放的最主要来源，如本章第一节所述，我国政府提出的40%~45%碳强度下降目标是“不掺水”的目标，只包括化石燃料燃烧的二氧化碳排放，不包括植树造林增强碳汇形成的二氧化碳净排放量下降，也不考虑甲烷、氧化亚氮、氢氟碳化物、全氟碳化物和六氟化硫等其他非二氧化碳类温室气体的减排效果。因此，我国目前提出的碳强度下降目标反映出的政策导向信号非常强烈，就是要降低单位增加值的能源消耗强度和二氧化碳排放强度，以此促进经济增长质量的提高。

假设：

（1）单位GDP能源强度为e：

$$e = E/GDP \tag{1.1}$$

其中：E为一次能源消费量，GDP为国内生产总值；

（2）单位GDP二氧化碳排放强度为p：

$$p = P/GDP \tag{1.2}$$

其中：P为二氧化碳排放总量；

（3）单位能源消费量的二氧化碳排放强度为f：

$$f = P/E = p/e \tag{1.3}$$

则：

二氧化碳减排量ΔP为：

$$\begin{aligned}\Delta P &= (p_0 - p_t) \cdot GDP_t \\ &= (f_0 e_0 - f_t e_t) \cdot GDP_t \\ &= (f_0 e_0 - f_0 e_t + f_0 e_t - f_t e_t) \cdot GDP_t \\ &= f_0 (e_0 - e_t) \cdot GDP_t + (f_0 - f_t) e_t \cdot GDP_t \\ &= f_0 \cdot \Delta E + (f_0 - f_t) E_t\end{aligned}$$

即有：

$$\Delta P = f_0 \cdot \Delta E + (f_0 - f_t) E_t \tag{1.4}$$

其中，下标0表示基准年，下标t表示目标年。ΔE为目标期内的节能量，$\Delta E = (e_0 - e_t) \cdot GDP_t$，$E_t$为目标年的能源消费量。

公式（1.4）表明：

目标期二氧化碳减排量$=f_0 \cdot$目标期节能量$+(f_0 - f_t) \cdot$目标年能源消费量

这说明二氧化碳减排量来自两部分（参见图1－3）：

——第一部分来源于单位GDP能耗下降。从公式（1.4）得到，提高能效对二氧化碳减排的贡献，等于目标年的节能量乘以基准年单位能源的二氧化碳排放量。单位 GDP 能耗下降的内涵，就是通过结构节能、技术节能和管理节能在内的广义节能来提高经济系统的能源利用效率，反映了调结构和转方式对提高经济系统整体的能源利用效率的客观诉求。

——第二部分来源于能源结构变化调整。从公式（1.4）得到，能源结构优化对二氧化碳减排的贡献，等于目标年的能源消费总量与基准年和目标年单位能源消费量的二氧化碳排放强度之差的乘积。反映了非化石能源在一次能源总量中的比重增加对二氧化碳减排的贡献，当然其中也包括不同化石能源品种结构变化可能带来二氧化碳减排（或增排）效果。与煤炭相比，石油和天然气是较清洁和较低碳排放的化石能源。在提供同等能源量的条件下，石油和天然气排放的二氧化碳分别比煤炭低 21% 和 40%。煤炭在我国一次能源消费结构中的比重多年来徘徊在 70% 左右，石油比重在 20% 左右波动，天然气比重略有上升，非化石燃料比重稳步提高（见表 1－1）。因此，对降低碳强度而言，非化石燃料比重增加是我国一次能源消费结构优化的主要方面。

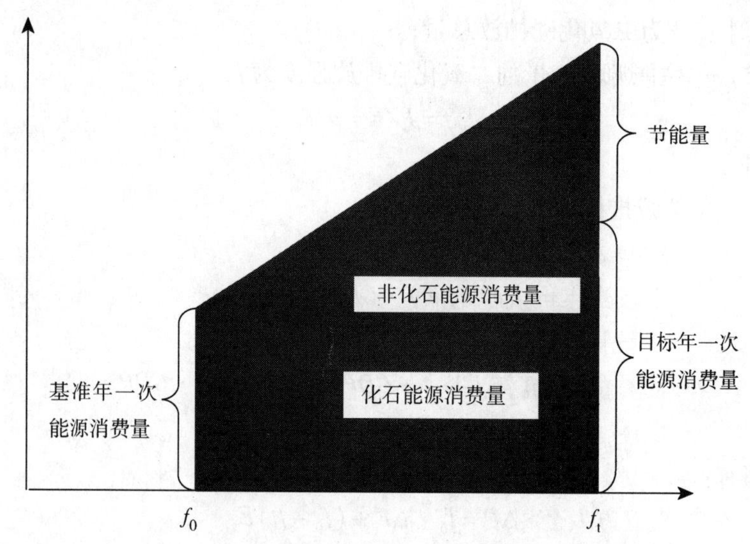

图 1－3　提高能效对二氧化碳减排的贡献

（二）碳强度控制目标影响因素的实证分析

本部分将基于上文探讨确定的单位 GDP 碳强度下降影响因素计算方法，通过采用相关的能源经济数据，分别对 1991～2005 年以及 1996～2010 年两个15年间影响我国单位GDP碳强度变化的若干因素进行实证分析，对提高能效和增加非化石能源比重两大驱动因素所形成的减排效果予以量化。实证分析的结果和结论，将为其后关于在“十二五”和“十三五”期间提高能效实现碳强度下降目标的途径和措施研究提供借鉴和参考。

1. 数据基础

下面将对提高能效和发展非化石能源两个方面因素对碳强度下降的影响及贡献进行实证分析。计算单位能源消费量的碳排放强度，需要各年度能源消费总量、一次能源消费结构、各年度化石能源消费对应的二氧化碳排放量数据支持；计算目标期的节能量，需要基准年和目标年的能源消费量、按可比价计算的GDP数据，以及目标年一次能源消费总量数据支持。以上数据除2010年数据外，均可通过《中国统计年鉴2010》所提供的国内生产总值和能源消费统计数据得到。目前尚无2010年统计数据，本研究作了如下假设和处理：

（1）2010年一次能源消费总量采用国家统计局初步估算结果32.3亿吨标煤。

（2）假设2010年一次能源消费结构与2009年基本接近：

2009年——煤炭：石油：天然气：非化石能源=70.4：17.9：3.9：7.8

2010年——煤炭：石油：天然气：非化石能源=70：18：4：8

（3）GDP统一按2005年不变价格计算。《中国统计年鉴2010》中未提供2009年GDP缩减系数，本研究假设2009年GDP缩减系数与2008年相同，从而可以把按当年价表示的2009年GDP数据折算为按2005年可比价格计算的GDP；统计部门目前尚未公布2010年GDP数据，本研究参考了国家统计局初步测算的2010年GDP增速9.8%，据此推算2010年GDP（按2005年不变价计算）。

（4）能源消费对应的二氧化碳排放量采用国际可比方法计算，符合《气候公约》缔约方大会相关决议①要求。二氧化碳排放量计算对象为煤炭、石油和天然气三种化石能源消费量，每种能源的二氧化碳排放因子根据我国煤炭、石油和天然气的平均含碳量和氧化率分别确定。

---

① Decision 17/CP. 8：Guidelines for the preparation of national communications from Parties not included in Annex I to the Convention. 资料来源：《气候公约》网站http：//unfccc. int。

经过上述处理后，测算碳强度影响因素的相关数据如表1－1所示，包括国内生产总值、能源消费总量及分品种构成情况、能源消费产生的二氧化碳排放量。

表1－1 1990～2010年我国国内生产总值、能源消费和二氧化碳排放情况

年份	GDP（2005年价格水平，亿元）	能源消费总量（万tce）	占能源消费总量的比重（%）				CO_2排放量（亿t-CO_2）	碳强度（t-CO_2/万元）
			煤炭	石油	天然气	非化石能源		
1990	43043	98703	76.2	16.6	2.1	5.1	23.8	5.50
1991	46994	103783	76.1	17.1	2.0	4.8	25.1	5.33
1992	53686	109170	75.7	17.5	1.9	4.9	26.3	4.90
1993	61183	115993	74.7	18.2	1.9	5.2	27.8	4.55
1994	69187	122737	75.0	17.4	1.9	5.7	29.3	4.24
1995	76745	131176	74.6	17.5	1.8	6.1	31.2	4.07
1996	84426	135192	73.5	18.7	1.8	6.0	32.1	3.81
1997	92275	135909	71.4	20.4	1.8	6.4	32.0	3.47
1998	99504	136184	70.9	20.8	1.8	6.5	32.0	3.22
1999	107086	140569	70.6	21.5	2.0	5.9	33.2	3.10
2000	116114	145531	69.2	22.2	2.2	6.4	34.1	2.93
2001	125752	150406	68.3	21.8	2.4	7.5	34.8	2.77
2002	137173	159431	68.0	22.3	2.4	7.3	36.9	2.69
2003	150925	183792	69.8	21.2	2.5	6.5	43.0	2.85
2004	166146	213456	69.5	21.3	2.5	6.7	49.8	3.00
2005	184937	235997	70.8	19.8	2.6	6.8	55.2	2.99
2006	208381	258676	71.1	19.3	2.9	6.7	60.6	2.91
2007	237893	280508	71.1	18.8	3.3	6.8	65.6	2.76
2008	260813	291448	70.3	18.3	3.7	7.7	67.4	2.59
2009	282789	306647	70.4	17.9	3.9	7.8	70.9	2.51
2010	310502	323000	70	18	4	8	74.4	2.40

资料来源：根据《中国统计年鉴2010》整理。2010年数据为根据初步统计结果的估算值。

2. 实证分析结果

以上述能源经济数据为基础，主要就以下因素对单位GDP碳排放强度下降的影响和作用进行了定量分析：①提高能效形成的二氧化碳减排量及对碳强度下降的贡献率；②非化石能源比重增加形成的二氧化碳减排量及对碳强度下降的贡献率。

前一个15年期间，从碳强度下降趋势看，碳强度[①]下降了45.9%，从1990年的5.50t-CO_2/万元下降到2005年的2.99t-CO_2/万元。从能源消费对应的二氧化碳减排量看，根据公式（1.4）和表1－1的数据测算，相对于1990年为基准年的趋势照常情景，2005年的排放量减少了46.9亿t-CO_2。其中，提高能效形成的减排量为45.3亿t-CO_2，贡献率为96.5%；非化石能源比重增加形成的减排量为1.6亿t-CO_2，贡献率为3.5%。

第二个15年期间的趋势与此相类似，但具体结果发生了一些变化。从碳强度下降趋势看，碳强度从1995年的4.07t-CO_2/万元下降到2010年的2.40t-CO_2/万元，下降了41.1%，与前15年相比降幅略收窄。从能源消费对应的二氧化碳减排量看，根据公式（1.4）和表1－1的数据测算，相对于1995年为基准年的趋势照常情景，2010年的排放量减少了51.9亿t-CO_2。其中，提高能效形成的减排量为49.5亿t-CO_2，贡献率为95.2%；非化石能源比重增加形成的减排量为2.5亿t-CO_2，贡献率为4.8%。

3. 主要启示

上述实证分析结果对探究“十二五”和“十三五”期间继续降低碳强度的途径和措施的启示意义主要有以下几点：

（1）1991～2005年和1996～2010年与40%～45%碳强度下降目标期2005～2020年一样，都是15年。实证分析表明，提高能效对我国15年期间碳强度下降的贡献率超过95%，是碳强度下降的最主要驱动因素。

（2）现阶段增加非化石能源比重对碳强度下降的贡献度有限，在1991～2005年和1996～2010年两个15年期间的贡献率均低于5%。增加非化石能源比重是我国能源结构低碳化的主要途径，应该在“十二五”和“十三五”两个五年计划期间尽最大可能加快发展核电、水电，积极推广风能、太阳能、生物质能的开发利用，以形成非化石能源对化石能源的显著替代，降低能源消费产生的二氧化碳排放。

---

① 如表2－1所示，GDP以2005年价格水平表示。

三、降低单位GDP能耗是实现2020年碳强度下降目标的关键

（一）非化石能源发展迅速但贡献有限

1. 2020年我国水电装机3.2亿千瓦，形成3.38亿吨标煤供应能力

我国水力资源丰富。国家2005年水力资源复查结果表明，大陆上水力资源理论蕴藏量在1万千瓦及以上的河流有3886条，理论资源平均功率为6.94亿千瓦，年发电量可达6.08万亿千瓦时。按可装机容量500千瓦及以上的水电站计算，技术上可开发装机容量5.42亿千瓦（含西藏1.1亿千瓦），经济上可开发的水电站装机容量为4亿千瓦。除此之外，我国小水电资源丰富，可开发的资源有1.2亿千瓦，居世界首位，占全国技术可开发水能资源的22%，其中西南地区可开发资源达4900万千瓦。

但我国水能资源的地域分布极不均匀，西部多，东部少，西部12个省区市占全国水能资源的82%，其中西藏、四川和云南占64%。现在未开发的水力资源主要集中在西南，部分水电需要长距离外输。西北地区也有一定潜力，其他地区潜力已经不大。此外，水电开发还面临着库区移民和环境影响问题等方面的挑战。如果移民问题处理不好，将对水电发展造成很大影响。虽然水电的经济性很好，有解决好移民的经济条件，但要从相关政策上进行调整，需要认真解决，才可以使水电资源得到利用。对水电的环境影响的认识和价值判断问题，也是水电资源开发利用的制约因素，有可能成为部分水电资源不能作为能源资源利用的重要原因。

国家能源局组织编制的《科学发展的2030年国家能源战略研究报告》中明确提出，要在解决好移民问题和做好生态保护的基础上加快水电开发。截至2009年底，我国水电装机已达到1.96亿千瓦。按比较乐观的估计，2020年常规水电加上小水电总装机可达到3.2亿千瓦（不含抽蓄），按水电平均年发电3300小时测算，年发电可达1.056万亿千瓦时，相当于每年可形成3.38亿吨标煤的一次能源供应能力。

2. 2020年我国核电装机8000万千瓦，形成1.84亿吨标煤供应能力

核电是重要的一次电力，也可以成为重要的一次能源。核电发展规模受到多方面制约，主要包括：铀资源的可供性，安全可靠的核电技术的可应用性，以及核电建设规模和速度可以达到的水平。

我国铀矿资源比较丰富，在近年的第二轮资源预测中预测资源量有可能

超过200万吨。现在的探明程度还比较低。在我国现有的铀成矿带（区）、500米以深区、工作程度低区、空白区中具有较大的资源潜力，还有相当大的找矿区没有进行勘查。我国的非常规铀、钍等核燃料资源也很丰富，今后可以成为重要的核电铀资源。世界上有不少国家铀资源储量分布和开发条件比我国更有优势，已经形成较大的供应能力。只要有进一步投入，可以形成更大的供应能力，具有明显的成本优势。世界上已经发现的保有可采铀资源数量已经可以支撑核电的进一步发展。铀资源供应不会成为我国在近中期大规模发展核电的硬性制约条件。近日据报道，中国科学家在核研究上取得重大技术突破，实现了核动力堆中乏燃料回收利用和循环利用，铀资源利用率提升近60倍，我国核电发展的资源性约束基本解除。

目前世界上正在运行的400多台核电机组中绝大多数应用的是所谓二代核电技术。二代核电技术已经是经实践检验证实、可以安全可靠运行、具有市场经济竞争力的核能利用技术。经过不断的改进提高，我国现在已经掌握可以大规模应用的改进二代技术，安全性和可靠性已经比国际上多数正在运行或将把运行寿命从40年延长到60年甚至80年的核电站更高。即使完全利用现有成熟技术，也可以支撑近中期的核电快速发展。如果正在引进的更先进“三代”核电技术能够较快地得到实际应用的验证，同时经济性也达到预期，则更具备经济竞争性，我国的核电发展就有了更多的选择。总之，我国可以利用现在已有的、成熟的核电技术，实现核电的快速发展，核电技术的可应用性对我国近中期核电发展不构成实质性约束。

核电建设规模和速度是制约近中期我国核电发展的主要因素。世界上曾经成功地实现过核电大规模快速发展的美国、法国等，在核电建设的高峰期——上世纪70年代和80年代就分别达到过年投产10台和8台的规模，即每年新增核电装机1000万千瓦和800万千瓦。2009年我国核电装机已达到900万千瓦，乐观估计我国核电建设高峰时期也可以达到年均装机1000万千瓦的建设速度。综合考虑现在核电已经开工和各方面进行的准备投建的情况，2020年我国核电比较乐观的建设规模是8000万千瓦。核电的年发电小时数按7200小时计算，则2020年核电发电量为5760亿千瓦时，相当于每年可形成1.84亿吨标煤的一次能源供应能力。

3. 2020年我国风电装机1.2亿千瓦，形成0.77亿吨标煤供应能力

我国风能资源分布较广，迄今仍不可对所有的地方进行实际测量，而只能用现有气象观测结果，结合少数抽样性风力资源测量结果估算。据工程院研究结果，我国陆上可以进行风电开发的风力资源为6亿~10亿千瓦；水深

20米以浅，有可能开发的近海风电资源量为1亿~2亿千瓦；合计风电资源可以达到7亿~12亿千瓦。假如这些资源全都得到充分开发，我国风电的年发电量可以达到1.4万亿~2.4万亿千瓦时。随着风力发电技术的不断进步，可利用风力向高度延伸，风电资源可利用总量还有很大潜力，因此我国开发几亿千瓦风电是可以有资源保障的，而近中期风电开发的实际制约条件在于风电的技术经济特性。

我国目前风电上网电价在0.51~0.61元/每千瓦时，明显高于其他电源。风电是非连续电源，在风力资源条件好的地方平均折合满功利用时间可以超过3000小时，但目前已有的风电场多数达不到2000小时。风电对电网运行和以风电为主的输电线路运行的稳定性形成了很大的挑战。如果风电装机数量达到一定比例，就必然要求电网有足够多的备用容量和相应的调制能力。从单纯技术可能的角度看，通过加强电网能力的各种技术措施，可以提高对风电的接入能力，但实际形成的附加成本会进一步降低风电与其他电源的市场竞争力，同时系统效率的下降还将拖累同一电网内的其他电源的效率水平。另一种技术选择是要求风电场本身也要配备足够的储能设施，使风电输出的稳定性大幅度提高，但这些技术措施都将带来明显的附加成本。

我国风电资源比较丰富的地区大多分布在北部偏西和西北，而这些地区电力负荷有限，难以大规模就地消化风电。如果风电装机以千万千瓦级的形式在西北部地区发展，再输送到东部负荷中心地区，不可避免地会受到电网接入能力的制约。当前，电网输配电的费用在用户电费中已经占到了40%左右，在长距离输送水电和火电的条件下输配电费用占到用户电费的一半以上。如果把每年平均功率运行时间只有2000小时左右的风电长距离输送到用户，其输送成本也将远远高于煤电和水电。如果考虑风电不连续性对电网稳定运行带来的附加成本，风电大规模发展的经济性将受到很大的挑战。

风电的经济性和电网接入条件的制约将成为近中期风电发展的现实制约条件。我国风电在2020年的发展规模存在较大的不确定性。比较乐观估计我国2020年的风电装机数量可以达到1.2亿千瓦，如果风电的年平均发电小时数按2000小时计算，则2020年的发电量为2400亿千瓦时，相当于每年可形成0.77亿吨标煤的一次能源供应能力。

4. 2020年我国太阳能发电装机2000万千瓦，形成0.096亿吨标煤供应能力

太阳能发电可以利用的能源数量，将取决于太阳能发电的经济性。目前我国太阳能光伏集中规模发电的单位千瓦投资仍然要在1.5万元以上，年平均利用时间折合不到1500小时，经济有效的上网电价仍然要达到每千瓦时1.5元左右。光伏发电的成本还有一定下降空间，但还需要有更多的突破性技术进展，才能使成本显著下降。加上太阳能发电的非连续性，以及西北部大规模太阳能发电需要长距离外输，大规模太阳能发电外输的用户成本还比其他多种发电技术的成本明显偏高。在近中期的太阳能光伏发电发展规模主要取决于政策支持的经济能力。

乐观的分析认为太阳能发电技术有可能在几年到十年以内达到直接使用太阳发电可以经济取代常规电网供电的经济转折点。如果太阳能发电的成本的确可以明显下降，特别是直接利用太阳能发电的各种分布式能源系统能够得到充分发展，太阳能的发电利用将可以大规模高速增长。

太阳能发电的大规模应用在一定程度上还受到太阳能资源优势分布和我国用电负荷分布不同的影响。我国东部沿海地区峰荷明显，但太阳能辐照相对较差，而太阳能辐照很好的西北部地区峰荷不强，影响分布式终端应用的效果。从现在实际情况看，2020年前太阳能发电将仍然处于在政策支持下保持必要发展规模，以实现显著降低成本的阶段。如果成本有实质性突破，2030年前也有可能实现较大的应用规模。太阳能发电能否有实质性的能源贡献，一方面要求太阳能发电技术经济性的尽快突破，另一方面还要解决大规模太阳能发电并网或分布式应用技术问题。

太阳能热发电也是另外一种潜在的太阳能利用技术。作为和太阳能光伏发电的竞争技术，可能具有一定的储能能力。但大规模应用还要考虑相应的水资源条件。如果技术进展顺利，又能解决经济竞争力问题，将成为光伏发电的一种补充。

比较乐观估计，2020年我国太阳能光伏发电装机规模可达到2000万千瓦。按年平均发电小时数1500小时计算，年发电量为300亿千瓦时，相当于每年可形成960万吨标煤的一次能源供应能力。

5. 2020年我国生物质能发电装机1500万千瓦，形成0.192亿吨标煤供应能力

生物质能源资源包括各种农作物秸秆、人畜禽粪便、林业剩余物、工业有机废弃物以及城市有机垃圾等。

我国农作物秸秆资源量存在较大不确定性。由于秸秆的数量无法直接计量，只能通过间接估算进行资源分析。农业部规划设计研究院2010年2月完成的《农作物秸秆资源能源化利用图层与评价研究》中提出，我国2006年五大作物秸秆的理论资源量4.33亿吨，可收集资源量约3.72亿吨，可能源化利用资源量约为1.76亿吨，若完全利用相当于8800万吨标准煤。而且以后数量难以增加，2020年预计可能源化利用资源量为1.65亿吨。

畜禽粪便的沼气资源还有较大可利用潜力，但显著提高应用规模难度大。经过几十年的努力，我国在农村大力推广沼气，做了大量工作，国家也进行了持续的投入，到2007年共有1400万户用沼气，年产气35亿立方米；建成2300个大中型沼气工程，年产气15亿立方米。

林业生物质资源有限。每年森林采伐及木材加工剩余物的实物量约为7800万吨，折合4400万吨标准煤，薪炭林等所采薪柴约4800万吨，折合2700万吨标准煤。两项合计约1.26亿吨实物量，折合7200万吨标准煤。其中有很大一部分被林区用做生活燃料，其他用于复合木材制造业。我国木材十分短缺，目前大量进口木材，林业资源不足将是长期事实。已经集中的林业加工废弃物主要发展各种复合建材产品为宜。除林区特定条件下可以发展少数自用发电，难以形成外供能源供应能力。其他如工业有机废弃物、城市有机生活垃圾和废弃油脂虽有一定潜力，但利用难度大。

我国生物质能源的资源量，按上述各种现有废弃物的资源总量的一半可以有效利用进行估计，有2.9亿吨标煤的潜在能力。但是能否实际将这些潜在的资源大规模地转化成商品能源，有很大的不确定性。如何将多品种、分散性的生物质能转化为商品能源，是对生物质能源技术和相应的社会工程提出的巨大挑战。

此外，生物质能源资源今后可能增加的数量也存在很大不确定性。行业专家对边际土地的利用抱有很大的期望，曾经提出中国还有一二十亿亩的边际宜农宜林土地可以利用，用来生产能源作物。但是从我国人口的密集程度和广泛分布情况看，经过了长期历史的农业化过程，许多地方的生态环境破坏产生于人口多，对土地资源的过度使用，水土流失严重，沙漠化、石漠化形势严峻，使我们不得不采取退耕还林、退耕退牧还草的政策。我国迄今仍然有相当多的人口分布在自然生存条件十分艰苦，有些甚至是完全不适于生存的地方。我国人口众多，人均耕地面积只有不到1.4亩，保持18亿亩耕地已经是国家粮食安全的重要底线。我国目前仍然需要进口700万吨食用油以及3000万吨大豆生产食用油。我国还净进口部分粮食，为了保持必要的较高的粮食自给率，国家将投入大量资金，争取增加粮食产量。可见我国现有的土地资源还没有满足基本粮油的需要，以能源为目的进行生物质作物种植将面临土地资源条件的严重制约。

今后我国粮食以及多数经济作物的产量增长将在有限范围之内，而且依靠品种优化增产也是主要措施之一，从近年来播种面积变化的情况看，大幅度增加秸秆数量将比较困难。

总之，我国生物质能源可以实际利用的资源数量，尽管还有一些增长空间，但在现有的技术和社会条件下，大幅度增长有很大困难。生物质能发电在生物质能源资源可获得性和经济可供性双重约束下，发展规模不可能大幅度增长。比较乐观估计，2020年我国生物质能发电装机可能达到1500万千瓦，按年发电4000小时计算，年发电量为600亿千瓦时，每年可形成约1920万吨标煤的供应能力。

6. 2020年我国其他可再生能源利用可形成约1亿吨标煤供应能力

除上述可再生能源发电利用之外，还存在生物质能源作为燃料利用、太阳能热利用、地热能、海洋能等其他可再生能源利用方式。其中生物质燃料利用和太阳能热利用近中期能够形成有效商品能源供应能力。

生物质燃料利用包括生物质能源以固体、液体或气体方式作为燃料利用，包括薪柴、秸秆、沼气等作为炊事或供热能源，生物乙醇、生物柴油作为机动车燃料等。太阳能热利用，目前主要集中在太阳能热水器。如果用途仍然是生活用热水，则能够有多少太阳能热利用，取决于对生活用热水的需求。生活用热水的总能耗有限，即使大部分或全部都用太阳能热水器替代，可以有明显的电力或燃气替代作用，但近中期可以替代的一次能源数量可能在几千万吨标煤，远期也难以大幅度提高。如果太阳能热利用可以实现技术突破，进入中低温工业热利用的领域，则太阳能的热利用潜力将明显提高，能源替代数量可以随之增加。

这部分可再生能源的利用规模存在较大不确定性。比较乐观估计，2020年生物质燃料利用和太阳能热利用一共可形成1亿吨标煤左右的一次能源供应能力。

7. 2020年非化石能源比重增加对碳强度下降的贡献率低于12%

综上所述，2020年我国非化石能源按比较乐观估计的供应能力一共可以达到7.278亿吨标煤，其中：水电3.38亿吨标煤，核电1.84亿吨标煤，风电0.77亿吨标煤，太阳能发电0.096亿吨标煤，其他可再生能源利用约1亿吨标煤。

针对我国非化石能源上述发展情况，本研究对2020年增加非化石能源比重对碳强度下降的贡献率按照公式（1.4）进行测算，以做到摸清家底，心中有数，及时对完成碳强度下降目标的途径和措施进行合理部署。

测算依据和假设条件：

公式（1.4）：$\Delta P = f_0 \cdot \Delta E + (f_0 - f_t)E_t$，等式右边第一项为提高能效的贡献，第二项为非化石能源比重增加的贡献。

（1）考虑到7.278亿吨标煤是比较乐观估计的结果，将其取整为7亿吨标煤，并按±5%浮动范围设定取值范围（6.65，7.35）。即：2020年我国非化石能源上限目标7.35亿吨标煤，下限目标6.65亿吨标煤。

（2）2020年非化石能源在我国一次能源消费总量中的比重达到15%。

（3）假设GDP年均增速：考虑经济发展的惯性和保持经济平稳运行的要求，假设"十二五"期间GDP年均增速为9%，"十三五"期间为8%。

（4）2020年石油消费量达到6亿吨，天然气消费量达到3000亿立方米。

测算结果：

（1）$GDP_{2020} = (1+8\%)^5 \times [(1+9\%)^5 \times GDP_{2010}] = 701966$（亿元），此结果为按2005年价格水平表示的2020年GDP。

（2）对应非化石能源发展目标范围6.65亿~7.35亿吨标煤，按照非化石能源比重占15%反算，2020年全国一次能源消费总量范围为44.3亿~49.0亿吨标煤。其中，石油和天然气在两种情况下均分别为6亿吨和3000亿立方米，则可推算出2020年煤炭消费量的范围为25.29亿~29.26亿吨标煤（换算成煤炭实物量为35.4亿~41.0亿吨）。

（3）2020年碳强度为1.30~1.45t-CO_2/万元，比2005年下降51.4%~56.5%。

（4）非化石能源比重从2005年的6.8%增加到2020年的15%，对碳强度下降的贡献率为10.5%~11.9%。换言之，提高能效对实现2020年碳强度下降目标的贡献率接近90%。如图1-4所示。

结论：

大力发展非化石能源、增加非化石能源在一次能源消费结构中的比重对实现碳强度下降目标的贡献有限。即使在非化石能源发展比较乐观的情况下，其对2020年碳强度下降的贡献率也仅为10.5%~11.9%。提高能效成为实现碳强度下降目标最有效和最可依赖的手段。

（二）未来十年必须坚持较高的节能目标

以上对增加非化石能源比重的贡献率的分析和测算表明，40%~45%碳强度下降目标将主要依靠提高能效来实现。目标期十五年的时间已经过去五年，未来十年即"十二五"和"十三五"期间，必须在"十一五"大力推

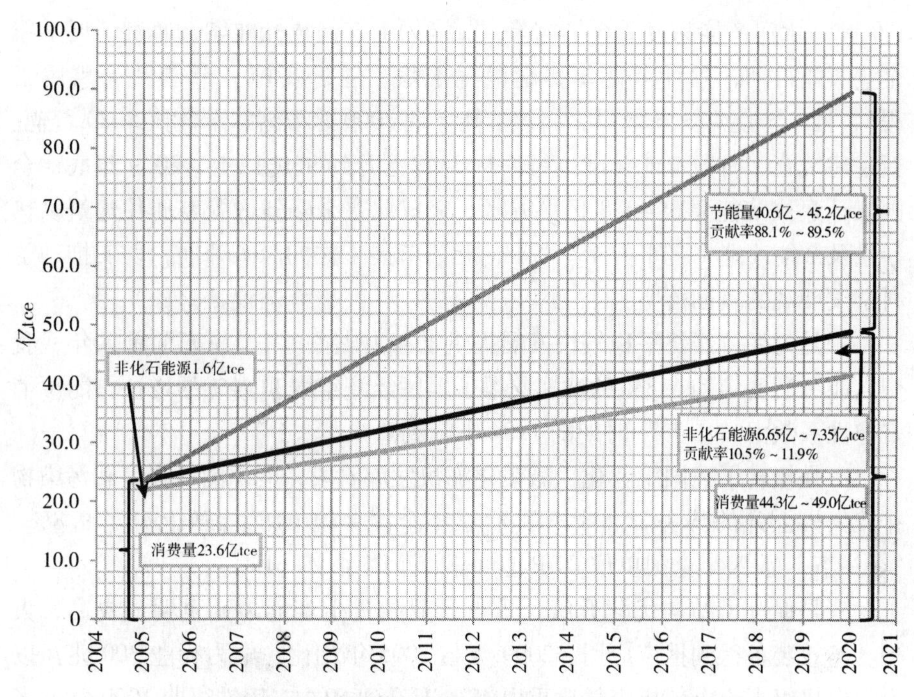

图1-4　提高能效和发展非化石能源对2020年我国碳强度下降目标的贡献情况

进节能工作取得成效的基础上，继续坚持较高的节能目标不动摇，坚定不移地实施节能优先战略，尤其要在发展方式和发展途径的选择上切实体现节能优先，确保提高能效能够支撑起90%左右的碳强度下降任务。

长期以来，在我国能源发展战略中，节能的地位虽然不断提升，从“开发与节约并重”到强调“节约优先”，但落实到实际中，政策重心往往更侧重保障能源供应，并没有把“节约优先”落到实处。未来十年是我国全面建设小康社会、确保本世纪中叶实现中央提出的第三步战略目标的关键时期。为此，我国能源发展方略需要以科学发展观为指引做出重大调整，要从过去以粗放供给满足过快需求，转变为以科学供给满足合理需求。要坚持设定比较高的能源强度下降目标，合理控制能源消费总量，以便为完成40%~45%的碳强度下降目标提供足够支撑，同时以节能目标和碳强度下降目标形成倒逼机制，努力推动发展方式转变，提高经济增长质量。

1．“十一五”期间节能对碳强度下降的贡献率超过90%

“十一五”期间，通过实施十大重点节能工程，节能约3.4亿吨标准煤。通过淘汰落后产能，共关停小火电机组7000多万千瓦、炼铁产能超过

1亿吨、水泥产能超过2.6亿吨等，节能约1.3亿吨标准煤。通过开展千家企业节能行动，累计节能1.5亿吨标准煤。通过实施“节能产品惠民工程”，推广节能灯3.6亿只、高效节能空调2000多万台、节能汽车20万辆。新建建筑施工阶段节能标准执行率从21%上升到90%以上，2009年底，全国累计建成节能建筑40.8亿平方米，完成北方采暖地区既有居住建筑供热计量及节能改造1亿平方米。“十一五”节能工作的深入开展，切实推动了科学发展观的贯彻落实：

一是为保持经济平稳较快发展提供了有力支撑。“十一五”前四年，我国以能源消费年均6.8%的增速支撑了国民经济年均11.4%的增长，能源消费弹性系数由“十五”时期的1.04下降到0.6。

二是扭转了我国工业化、城镇化加快发展阶段，能源消耗强度和污染物排放大幅上升的势头。“十五”后三年全国单位GDP能耗上升了9.8%，“十一五”前四年全国单位GDP能耗累计下降了15.61%。

三是促进了结构优化升级。重点行业先进生产能力比重明显提高，大型、高效装备得到推广应用。2009年与2005年相比，电力行业300兆瓦以上火电机组占火电装机容量比重由47%上升到69%，钢铁行业1000立方米以上大型高炉比重由21%上升到34%，建材行业新型干法水泥熟料产量比重由56%上升到72%。

四是推动了节能技术进步。重点行业主要产品单位能耗均有较大幅度下降，能效整体水平得到提高。2009年与2005年相比，火电供电煤耗由370克/千瓦时降到340克/千瓦时，下降了8.11%；吨钢综合能耗由732千克标准煤降到697千克标准煤，下降了4.8%。

五是为应对全球气候变化做出了重要贡献。“十一五”前四年，通过节能提高能效少消耗了4.9亿吨标准煤，减少二氧化碳排放11.3亿吨，得到了国际社会的广泛赞誉，也体现了我国负责任大国的形象。

这些成效的取得，是在我国工业化城镇化快速发展、能源需求呈刚性增长阶段，且经济增速较大幅度超出预期和应对国际金融危机的情况下取得的，来之不易。

采用本研究提出的分析方法，根据公式（1.4），对“十一五”期间碳强度下降的主要影响因素测算结果如下：

（1）“十一五”期间，碳强度从2005年的2.99t-CO_2/万元下降到2010年的2.40t-CO_2/万元，下降了19.7%。

（2）相对于2005年为基准年的趋势照常情景，2010年能源消费对应的排放量减少了18.3亿t-CO_2。其中，提高能效形成的减排量为17.1亿t-CO_2，贡献率为93.6%；非化石能源比重增加形成的减排量为1.2亿t-CO_2，贡献率为6.4%。

2. "十二五"和"十三五"节能目标不应低于16%和18%

综合考虑"十一五"节能目标完成情况，以及我国经济发展阶段和地区经济发展的特点，未来尽管面临诸多挑战，包括：能源消费总量大、增速快，资源环境矛盾突出；能源利用效率总体偏低，浪费现象大量存在；经济结构偏重，交通和建筑部门能耗加快增长；以及发展方式粗放，缺乏长效机制，基础工作薄弱等，但只要统一思想、提高认识，经过积极努力，在碳强度目标期剩余的两个五年计划期间，仍可延续"十一五"的趋势实现较高的节能目标，支撑碳强度下降目标的实现。2015年，万元国内生产总值能耗比比2010年下降16%，相当于2015年比2005年下降33%；2020年，万元国内生产总值能耗比2015年下降18%，相当于2020年比2005年下降45%左右，为40%~45%碳强度下降目标形成坚实支撑。

四、大力调整经济结构、大幅提高技术水平是提高能效的根本途径

我国是一个发展中国家，经济发展水平相对较低，2011年人均GDP排名位居世界第89位，按照联合国标准，还有1.5亿人生活在贫困线以下，发展经济、改善民生的任务十分艰巨。当前我国正处在全面建设小康社会的关键时期，处于工业化、城镇化加快发展的重要阶段，面临发展经济、改善民生和应对气候变化的多重压力，任务十分繁重。尽管我国不会走发达国家无约束排放实现工业化的老路，已经采取积极的措施控制温室气体排放，但随着经济的发展和人民生活水平的提高，我国温室气体排放还会有合理增长。目前我国的城市化水平刚刚突破50%，按每年1个百分点的增速，需30年才能达到75%。也就是说，从现在到2040年，中国要增加城市人口约4.5亿，相当于新增1.5个美国、1个欧盟27国的人口。在城市化快速推进过程中，城市基础设施、住房、就业、消费和能源需求不可低估。随着人民生活水平和消费能力的提高，排放需求还将会进一步扩大。此外，支撑我国城市化和居民消费提升的进程，需保持经济合理稳定增长，必须有相应的产业体系。按人均100平方米的住房和医院学校等公用设施建筑面积，即使建筑物寿命长达100年，每年也需要14亿平方米的新建面积。基础设施的维

护更新和人民对生活质量的要求都增加了减少温室气体排放的压力，构成了未来控制温室气体排放的巨大挑战。

我国经济结构性矛盾仍然突出，二产比重在较长时期仍将维持在较高水平，目前我国第二产业增加值在 GDP 中的比重高达 48.6%，是世界上二产比重最高的国家。二产占我国能源消费总量近 70%，工业中重化工业比重大，各种基础原材料的消耗量惊人。加工业普遍附加值低，面对日益精细化的国际分工和日益白热化的国际竞争，以及国内劳动力要素价格提升，大量出口产品在导致占全国二氧化碳排放总量 1/4 左右的转移排放的同时，产品的利润率却越来越低。

伴随着经济社会发展和人民生活水平的不断提高，在完成工业化迈向现代化的进程中，我国能源需求还将继续增长，这是我国控制温室气体排放面临的最大挑战。据初步测算，如果我国的经济社会能够保持平稳较快发展，到 2020 年即使采取最强有力的政策和措施，全国的一次能源需求量仍将达到 45 亿吨标准煤左右。要实现上述单位 GDP 二氧化碳排放下降目标，届时非化石能源的总消费量需达到 6.75 亿吨标准煤，将比 2005 年增加 5 亿多吨标准煤，单位 GDP 的能源消耗将在“十一五”期间降低 20% 左右的基础上，需进一步下降 30% 左右。

因此，加快转变经济发展方式、调整产业结构，大力推进节能技术进步、大幅提高能源利用效率水平是降低单位 GDP 能源强度的根本途径。

（一）各途径对实现单位 GDP 能耗下降目标的贡献度

1. 调整经济结构

通过行业结构调整节能，即通过调整、优化各行业的增加值构成来实现节能，其总的方向是大力发展服务业，提高第三产业增加值比重，尤其应加快生产型服务业和新型服务业的发展；适当控制工业部门增长速度，尤其应严格控制高耗能工业行业的增长速度，但同时应加快高附加值工业发展，进一步提高其增加值比重。在“十二五”期间，三次产业结构调整可形成节能量 6659 万吨标准煤，对实现单位 GDP 能耗下降目标的贡献度为 8.2%；工业内部行业结构调整可形成节能量 18147 万吨标准煤，对实现单位 GDP 能耗下降目标的贡献度为 22.4%，两者合计对实现单位 GDP 能耗下降目标的贡献度达到 30% 左右。“十三五”期间，随着工业化进程向中后期阶段发展，基础设施建设规模和速度也趋于平稳，主要高耗能产品产量达到或接近峰值，增速趋缓，三次产业结构调整和工业内部行业结构调整取得显著进展，第三产业比重和工业内部高新技术、高附加值产业比重相比“十二五”期间均有大幅提高，由此形成的节能量分别为21590万吨标准煤和43720万吨标准煤，对实现单位GDP能耗下降目标的贡献度分别为19.9%和40.3%（如图1－5所示）。

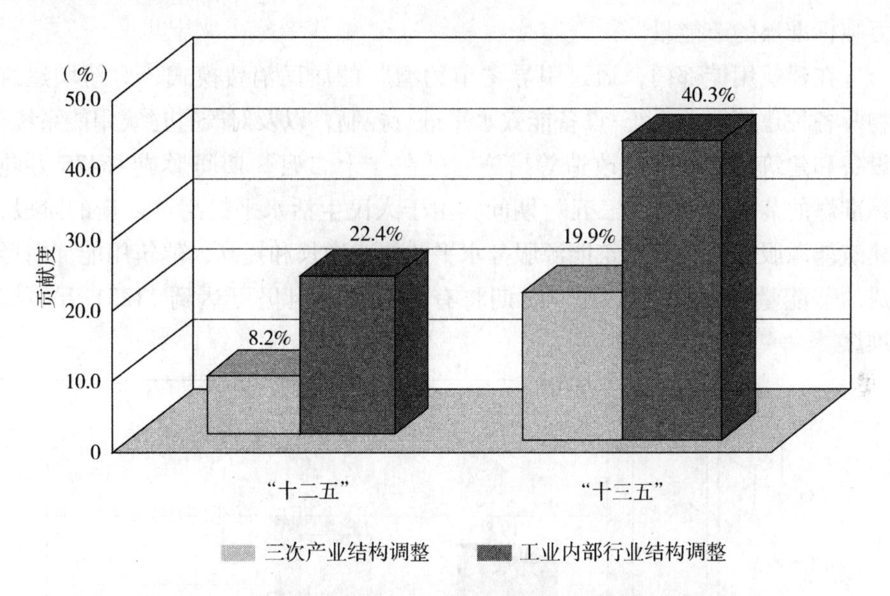

图1－5　产业结构调整途径对实现节能目标的贡献度

2. 推动技术进步

在工业部门，技术进步主要体现在两方面，一是能源利用效率不断提高，推动单位产品能耗持续下降；二是产业链延长，产品附加值和加工深度不断提高，高附加值产品比重提高。“十二五”期间，主要耗能产品单位生产能耗下降可形成节能量27400万吨标准煤，产品附加值提高可形成节能量8712万吨标准煤，对实现单位GDP能耗下降目标的贡献度分别为33.9%和10.8%。“十三五”期间，由于我国主要耗能产品能效和技术水平已接近或达到国际先进水平，单耗下降形成的节能量相对于“十一五”、“十二五”时期将有所减少，但仍可达到25319万吨标准煤，对实现节能目标的贡献度达到23.3%；随着制造业产业升级步伐加快，产业发展的质量和效益显著提高，产品附加值提高形成的节能量将达到12658万吨标准煤，对实现节能目标的贡献度达到11.7%（如图1－6所示）。

在交通运输部门，由于市场客观需求的拉动，单位服务量能耗相对较高的航空、公路客货运等运输方式比重有所升高，其结构变动呈现“不节能”

趋势；但通过加快发展铁路运输、提高运输工具能效性能、优化运营组织结构、加快淘汰老旧设备等措施提高各类运输方式的效率，降低单位服务量的能源消耗，可形成较为显著的正节能量。考虑两者的综合影响效果，交通运输部门在“十二五”、“十三五”时期可分别形成2390万吨标准煤和1020万吨标准煤的节能量。

在建筑用能部门，通过引导“节约型”的居民消费模式，对新增建筑物及各种建筑能源系统/设备能效水平进行控制，以及对既有建筑用能系统/设备和建筑物实施节能改造等措施，可在“十二五”期间形成16476万吨标准煤的节能量。“十三五”期间，由于人民生活水平提高进入新的阶段，建筑能源服务总量和建筑能源服务水平的快速增长和提高，建筑用能部门形成的节能量相比“十二五”时期将有所减少，但仍可达到11231万吨标准煤。

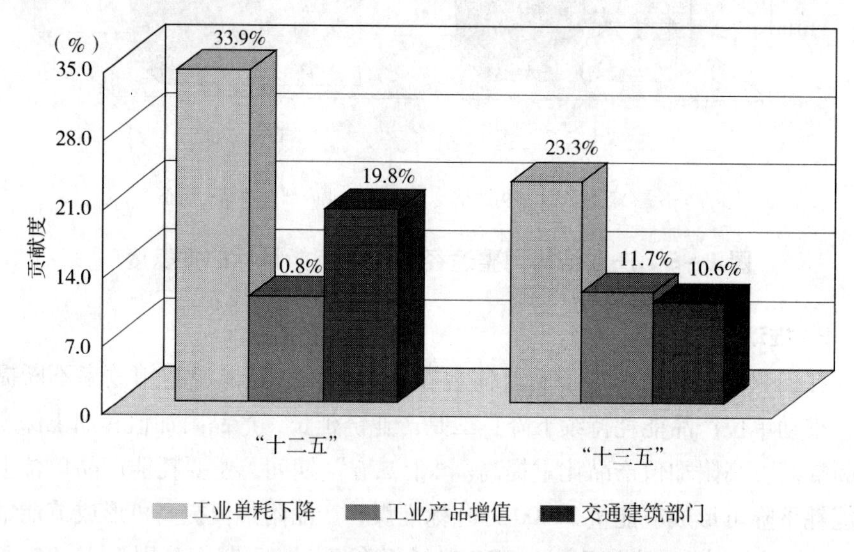

图1-6 技术进步途径对实现节能目标的贡献度

上述所列的节能途径和措施还不包括第一产业、建筑业以及交通运输辅助业、邮政通信业等行业。虽然上述行业的能源消费总量在全国能源消费总量的比重不过5%左右，但如果对相关行业的节能降耗工作加以重视，预计在“十二五”和“十三五”期间亦可分别形成1115万吨标煤左右和400万吨标煤左右的节能量，对实现节能目标发挥应有的作用。

各具体途径所能形成的节能潜力及对总节能目标的贡献率如表1-2所示。

表1-2　各具体节能途径的节能潜力及其贡献度

途径	主要内容	“十二五”		“十三五”	
		节能潜力（万tce）	贡献度（%）	节能潜力（万tce）	贡献度（%）
三次产业结构调整	➢将经济增长速度控制在适度范围内 ➢大力发展服务业，提高第三产业增加值比重 ➢尤其应加快生产型服务业和新型服务业的发展	6659	8.2	21590	19.9
工业内部行业结构调整	➢适当控制工业部门增长速度 ➢尤其应严格控制高耗能工业行业的增长速度 ➢同时应加快高附加值工业发展	18147	22.4	43720	40.3
工业单耗下降	➢严格高耗能产业市场准入制度，加强新增产能能效控制 ➢加快淘汰落后产能 ➢对现有产能实施全面技术改造	27400	33.9	25319	23.3
工业产品附加值提高	➢提高高附加值产品比重，延长产业链 ➢提高产业增长质量和效益 ➢加快产业升级步伐	8712	10.8	12658	11.7
交通运输部门技术进步	➢大力发展铁路，落实公交优先，发展节能综合交通运输体系 ➢公路运输部门：提升发动机制造技术，提高柴油车比例 ➢航空运输部门：加快飞机型号更新，提高客/货运负荷率 ➢水运部门：推动运输船只大型化，加快设备更新，提高管理水平 ➢实施汽车燃油经济性标准	2390	3.0	1020	0.9

续表

途径	主要内容	“十二五”		“十三五”	
		节能潜力（万 tce）	贡献度（%）	节能潜力（万 tce）	贡献度（%）
建筑用能部门技术进步	➢引导社会公众理性消费，合理控制住房面积，减缓建筑面积增长速度 ➢贯彻实施采暖居住建筑和公共建筑节能设计标准 ➢鼓励高效节能供热技术的推广应用 ➢强化实施家用电器设备的能效标准和能效标识制度，推行建筑能耗标识制度 ➢对既有建筑用能系统/设备和建筑物实施节能改造	16476	20.4	11231	10.4
其他	➢第一产业节能 ➢建筑业节能 ➢交通运输辅助业、邮政通信业等行业节能	1115	1.4	400	0.4
合计		80899		115938	
实现节能目标要求		80859		108436	

资料来源：课题组测算结果。

（二）实现单位 GDP 能耗下降目标的战略重点

1. 大力发展第三产业

采取更严格措施，切实从过去 30 年经济增长主要依靠第二产业带动转变为依靠第一、第二、第三产业协同带动。进一步优化三次产业结构，第三产业比重以每年 0.5 个百分点的速度提高，2020 年基本完成工业化时三产比重达到 49%，工业比重下降到 40%（表 1－3）。对照表 1－2 所列 2020 年和 2005 年的三次产业结构，按照 2008 年（开展研究时的最新数据）三次产业的能源消费量和二氧化碳排放量计算，第二产业的碳强度是第三产业的 3.45 倍，其中工业的碳强度更高，是第三产业的 3.95 倍。

据此推算，三次产业结构的上述变化可以导致2020年的碳强度比2005年下降1.9%。

表1-3　提高能效实现自主控制目标要求的三次产业结构（%）

类　别	2005年	2006年	2007年	2008年	2009年	2020年
第一产业	12.1	11.1	10.8	10.7	10.3	6.8
第二产业	47.4	47.9	47.3	47.4	46.3	44.6
其中：工业	41.8	42.2	41.6	41.5	39.7	40.1
建筑业	5.6	5.7	5.8	6.0	6.6	4.5
第三产业	40.5	40.9	41.9	41.8	42.6	48.6

资料来源：2020年数据参考国家能源局《科学发展的2030年国家能源战略研究报告》，其他年份数据取自国家统计局《2010年中国统计年鉴》。

2. 严控能源直接和间接出口

当前，我国经济增长高度依赖出口，扮演着世界工厂角色，中国制造的低端产品充斥世界各地。这些产品表面看上去既不是能源也不是高耗能产品，但产品越是终端其载能量就越高。据初步测算，我国每年直接、间接出口的能源达6亿多吨标准煤，占全国能源消耗总量的20%以上。目前，我国外汇储备居世界第一，经济总量居世界第二，综合国力显著增强。调整出口结构，发展知识经济、品牌经济、创意经济，改变世界工厂的角色已具备条件。否则，如果继续延续世界消费我买单的发展模式，能源消费还将和过去十年一样快速增长。如能顺利实现向高附加值、高技术含量产品的出口模式转变，将直接和间接出口的能源总量降低一半，就可为今后十年发展腾出3亿吨标准煤的空间。

3. 推动高耗能行业率先建立现代化产业体系

坚持以满足国内需求为主的方针，通过科学引导消费需求，严格控制高载能产品出口，不断优化出口结构，有效抑制主要高耗能产品产量的过快增长。对新增产能要制定更为严格的技术和能效准入标准，对基础较好的已有制造业产能实施大规模技术改造，淘汰落后低效的产能；尽快对主要高耗能行业的整体技术装备水平实施节能技术改造，全面提升能源效率水平。努力实现2020年水泥、平板玻璃、砖瓦、烧碱、乙烯、造纸、合成氨等行业单位产品能耗强度比2005年下降1/4左右，粗钢、电解铝、铜、电石、纯碱等产品的单位能耗与2005年相比下降1/6左右。经过20年对新增能力实施严格的能效准入制度，对落后产能的淘汰，对既有能力实施高强度的节能技术改造，2020年钢铁和乙烯行业的整体技术水平达到世界领先水平，平板玻璃、合成氨、烧碱行业达到世界先进水平（表1-4、表1-5），国际竞争力显著提高。通过上述努力，2020年与2005年相比，可实现4.87亿吨的技术节能能力，相应可减少二氧化碳排放12.9亿吨。

表1-4　我国高耗能行业主要技术指标及中长期能效水平判断

产品	主要指标	2009年	2015年	2020年
钢铁	干熄焦普及率（%）	60	70	95
	熔融还原比重（%）	—	1	5
	1000m^3以上大型高炉比重（%）	55	90	98
	吨钢综合能耗（kgce/t）	692	670	650
	与国际水平的比较	2020年接近届时国际先进水平		
水泥	新型干法水泥比重（%）	77	90	95
	纯低温余热发电比重（%）	56	75	95
	新型干法水泥熟料煤耗（kgce/t）	109	102	90
	与国际水平的比较	2020年达到届时世界领先水平		
乙烯	80万t/年以上大型装置比重（%）	60	85	90
	乙烯生产综合能耗（kgoe/t）	637	600	540
	与国际水平的比较	2020年达到届时国际先进水平		
火电	60万kW及以上机组占火电机组比重（%）	34	50	60
	火力发电供电煤耗（gce/kWh）	342	310	298
	与国际水平的比较	2020年达到届时国际先进水平		

注：所有单耗按等价值计算，便于国际比较。

资料来源：课题组根据行业专家意见综合判定。

表1-5 主要高耗能产品单耗变化及对应的节能潜力

产品	单位	产量单位	2005年	2020年	单耗下降率 2020年/2005年 (%)	2020年产量预测	节能潜力 2020年/2005年 (万tce)
钢铁	kgce/t	亿t	760	650	14	6.1	6710
水泥	kgce/t	亿t	132	101	23	16	4960
玻璃	kgce/重量箱	亿重量箱	24	18	25	6.5	390
合成氨	kgce/t	万t	1645	1328	19	5000	1585
乙烯	kgce/t	万t	1092	796	27	3400	1006
纯碱	kgce/t	万t	340	310	9	2300	69
烧碱	kgce/t	万t	1410	990	30	2400	1008
电石	kgce/t	万t	1482	1304	12	1000	178
铜	kgce/t	万t	1273	1063	16	700	147
铝	kWh/t	万t	15000	12870	14	1600	3408
造纸	kgce/t	万t	1047	840	20	11000	2277
火电	gce/kWh	亿kWh	350	305	13	60000	27000

资料来源：根据中国工程院《中国能源中长期（2030、2050）发展战略咨询项目综合报告》数据测算。

4. 大幅提高交通领域能源利用水平

（1）强化发展公共交通运输

随着我国经济社会发展水平的提高，未来我国客货运输需求均呈上升态势，但是在不同阶段的特点有所不同。2020年前，由于我国处于工业化和城市化均快速发展的阶段，客、货运输需求均呈快速上升态势；2020年至2030年，由于工业化进程基本完成而城市化进程仍在发展，客运仍将快速上升，而货运增速将略为放缓；2030年后，由于进入后工业化时期而城市化进程也趋于更加缓慢，客货运输均将呈平稳增长态势。

随着客、货运周转量的提高，交通运输用能也会快速增长，给我国保障能源供应安全，尤其是石油供应安全带来巨大压力。因此，必须及早谋划，在节能优先的前提下，逐步形成结构合理、运力充足、技术先进、管理完善的综合交通运输网络。一是在各主要城市圈普及城际客运轨道交通，基本取代公路和航空运输。二是在各大城市积极建设完善大规模公共交通体系，方便居民市内出行，加快发展城际和城市客运轨道交通，2020 年全国特大型城市（人口 1000 万以上）实现公共交通出行占机动化出行的比重达到 50% 以上。三是综合采取财政补贴、税收调节等方式，合理控制家庭小轿车的数量和行驶里程，将 2005 年的 9500 公里/年的家庭汽车出行里程降低到 2020 年的 8600 公里/年，实现交通用能的合理配置，引导节能型的交通出行和消费方式。

（2）优化交通运输网络

公路、铁路、航空、水运等运输方式的特点各有不同，在客运、货运中的定位也有所不同。航空运输的优点是速度快，缺点是成本高、运量有限、单位运量能耗高、易受天气影响，目前主要用于中长途客运，也有少量运力用于运输时间要求高的货物；水运特点则正相反，优点是成本低、运量大、单位运量能耗低，缺点是速度慢和覆盖范围有限，目前主要用于通航水系沿岸的货物运输和少量客运；铁路运输的优点是中长距离成本低、速度仅次于航空、运量大、单位运量能耗低，缺点是短途运输成本偏高、只能沿铁路网运行，目前是中长途货运的主力，在中长途客运中也发挥重要作用；公路运输优点是短距离成本低、灵活性强，缺点是运量小、成本和能耗较高，目前是中短途客运的主力，在货运中也发挥着重要作用。

未来我国应在全面提高交通运输能力的前提下，从节能优先的角度出发，合理优化交通运输网络。一是尽快开始大力发展铁路运输，尽早形成覆盖全国的高速、大容量铁路客货运输网络和与之配套的运输能力，并实现客货分运，在长途客运领域替代一部分航空运输，在货运领域替代相当一部分公路运输，实现煤炭、粮食、车辆等大宗货物主要靠铁路运输。二是在有通航条件的地区积极发展水路货运，替代部分公路和铁路运输。三是积极发展高速公路和航空运输网络，满足居民商务出行、旅游以及现代物流业发展的需要。

（3）发展普及节能型交通技术

在铁路运输领域，增大电力机车比重，逐步扩大电气化线路范围；在风机、水泵上加装变频变速调速节电技术；在电力机车牵引供电方面使用功率因数补偿技术，广泛采用再生电力制动回收能源；在内燃机车上推广使用柴油添加剂，在铁路车站使用自动照明控制技术等。

在水路运输领域，推广使用机桨配合优化技术、自抛光油漆优化船型、润滑油电子定时螺旋喷射诸如技术、无凸轮柴油机和船舶设备综合热能系统。同时，港口方面，应在集装箱码头鼓励采用轨道式场桥代替轮胎式场桥或采用超级电容装置回收能量；在干散货码头采用皮带机双电机启动单电机运行模式；液体散货码头采用新型储罐加热器热电联产。

在公路运输领域，发展汽车节能技术，降低油耗水平，争取2020年小轿车每百公里平均油耗在2005年基础上下降20%左右，2030年在2020年基础上再下降15%，2050年再在2030年基础上下降25%左右，接近届时发达国家平均水平；同时积极研制和推广混合动力和电动车技术。

在航空运输领域，要制定符合实际情况的航路选择和飞行计划，在减襟翼着陆、无反推着陆、关车滑行以及落地油管理等方面提高技术水平。

5. 控制建筑领域能源消费过快增长

（1）控制建筑面积过快增长

综合采取各种措施，在保障人民群众合理的基本住房要求前提下，加大力度限制大面积住宅、别墅等的数量，有效控制人均住房面积的增长。2020年，城镇和农村人均住房建筑面积分别控制在34m^2和37m^2以内。同时，着力提高建筑物寿命，限制提前拆除寿命期内建筑，保证建筑物的使用年限不低于50年，力争每年拆除面积不超过8亿平方米（表1-6）。

表1-6 城乡居民住房建筑面积预测

年份	人均住房面积（m^2/人）		住宅面积（亿m^2）		
	城镇	农村	城镇	农村	合计
2005	26.1	29.7	146.7	221.4	368.1
2010	30	32.5	195.8	229.8	425.7
2020	34	37	278.1	228.3	506.4

资料来源：能源所“节能优先战略”课题研究报告。住宅面积=人均住宅建筑面积×人口数。

（2）提高建筑采暖能效水平

随着居民生活水平的提高，采暖温度、天数、面积都有可能相应提高，采暖量有可能显著增加，必须采取措施提高建筑采暖能效水平。

首先，应优化采暖能源结构，在居民密集的城市地区大力推进集中供热，适度发展天然气分户空暖，因地制宜发展太阳能与地源热泵供暖，降低燃煤分散供暖的比例；在农村地区应积极发展太阳能与地源热泵供暖，适度发展燃煤供暖，降低生物质能功能的比例。力争实现城市燃煤供暖比例在

2020年下降至50%以下，此后逐年下降；农村生物质能供暖比例2020年下降至60%；太阳能与地源热泵供暖比例至2020年时在城市与农村分别达到0.5%和2%；城市天然气采暖和电采暖比例则保持基本稳定（表1－7、表1－8）。其次，应加强建筑物供暖管理，设定合理的供暖目标温度和天数，培育和完善供热市场，逐步推进供热商品化、市场化，采取按热量计费的方式收取供暖费用。最后，应提高建筑供暖装备技术水平，积极利用水力平衡、气候补偿、温控和计量等方面的先进实用技术，加大资金投入力度，加快淘汰高耗能、低效率设备，改造供热设施和管网，充分挖掘现有系统供热能力。

通过以上措施，使我国建筑单位面积采暖能耗有显著降低。北方城镇和农村居民采暖单位面积能耗由2005年的30千克标煤/平方米和44千克标煤/平方米降低到2020年的21千克标煤/平方米和32千克标煤/平方米，过渡地区城镇和农村居民采暖单位面积能耗要由2005年的19千克标煤/平方米和31千克标煤/平方米降低到2020年的17千克标煤/平方米和26千克标煤/平方米（表1－7）。

表1－7　城市居民采暖能源构成（%）

年份	电采暖	煤采暖	集中供热	天然气分户	太阳能与地源热泵	合计
2005	1	52.5	46	0.5	0	100
2020	1	48	50	0.5	0.5	100

资料来源：能源所“节能优先战略”课题研究报告。

表1－8　农村居民采暖能源构成（%）

年份	煤采暖	太阳能与地源热泵	生物质能	合计
2005	27	0	73	100
2020	38	2	60	100

资料来源：能源所“节能优先战略”课题研究报告。

表1－9　居民单位面积采暖能耗

类　别		2005年	2010年	2020年
北方地区采暖单耗（kgce/m^2）	城镇	29.7	27	21
	农村	44	41	32
过渡地区采暖单耗（kgce/m^2）	城镇	19	18.4	17
	农村	31	29.5	26

资料来源：国家发改委宏观院能源所“节能优先战略”课题研究报告。

（3）推广节能型电器

在家用电器方面，随着居民生活水平提高，城镇和农村居民对各种家用电器的需求都将显著提高，电器利用时间也会上升，从而带来居民用电量的快速增长。因此，必须完善家电能效标准，普及能效标识的应用，争取2030年主要家用电器的能效水平提高20%以上。家庭和公用电器和用能设施的技术进步和能效提高，将为建筑物节能提供有力支撑。近年来家用电器实施能效标准和标识制度，使家用电器的能源利用效率水平得到长足改善。能效等级为1级的家用房间空调器的能效比已达到7～8，比刚实行能效标识制度的2年前提高了40%～60%。照明技术的进步也十分明显，紧凑型荧光灯比白炽灯节电70%，半导体照明等先进照明技术可以使照明能效进一步提高。照明技术的进步和普及，已经带来了我国照明服务显著提高，而照明用电比例保持较低水平的效果。电视机计算机显示器不断革新，使大屏幕的显示器用电量低于过去较小屏幕电视和计算机。通过继续推动相关技术进步和普及节能性电器，实现2020年主要家用电器的能效水平平均提高25%。

五、提高能效的重大政策选择

（一）以能源强度和能耗总量双控目标形成倒逼机制

“十一五”经验表明，仅依靠单位GDP能耗下降一个指标不能控制能源需求的过快增长。“十一五”虽然单位GDP能耗大幅下降，但能源消费总量大大超出预期，压缩了未来能源需求增长的空间。“十二五”、“十三五”节能目标的制定，除继续设定单位GDP能耗强度下降的相对指标外，还应对能源消费总量进行调控。

考虑到节能目标与我国碳强度控制目标和非化石能源发展目标相衔接的要求，本研究建议在全国“十二五”经济社会发展规划及能源发展、节能减排等专项规划中，将40亿吨标煤作为2015年能源消费总量控制目标，并根据2020年比较可行的非化石能源发展规模将50亿吨标煤作为届时我国一次能源消费总量上限。

综合比较不同能源消费总量控制方案的利弊，包括适用范围、可操作性、实施保障条件、可能带来的问题等，结合现阶段我国区域发展不平衡等基本国情，我们建议：“十二五”时期通过实施单位GDP能源强度弹性控制，对全国能源消费总量进行调控。第一步，按照地区资源禀赋、经济社会发展阶段和水平、产业结构、技术水平、财政实力等因素，在既定“十二五”全国规划经济增长速度前提下，对以单位 GDP 能耗下降率表述的全国节能目标进行地区分解；第二步，在确保全国能源消费总量控制目标前提下，对地区 GDP 增速超过地方与中央协商结果的地区，相应调高地区单位 GDP 能耗下降目标。

（二）继续强化节能目标责任评价考核

节能降耗涉及全社会的发展方式、经济增长内容结构、内外需宏观调控目标、消费发展模式、投资政策以及各个领域的产业发展和技术路线等多方面因素。降低 GDP 能源强度，控制能源消费增长速度和数量，是实现发展方式转变，实践科学发展观的重要标志，也是促进发展方式转变的重要手段。节能优先，实现 GDP 能源强度的显著下降，是一种革命。必须进一步达成社会共识，形成社会目标，完善制度性保障。

继续把节能目标分解落实到各级地方人民政府和重点耗能企业，作为地方各级人民政府领导班子和领导干部任期内贯彻落实科学发展观的主要考核内容，作为国有大中型企业负责人经营业绩的主要考核内容，实行严格的问责制，完善奖惩制度，落实奖惩措施。进一步完善节能目标责任评价考核方法，强化节能目标进度考核，每年由国务院组织开展省级政府节能目标完成情况考核，考核结果向社会公布。强化部门节能责任，建立部门节能工作评价制度，每年由审计部门对有关部门落实节能政策情况和节能任务完成情况进行审计和评价，审计评价结果报国务院。

（三）合理调控高耗能产品市场需求

高耗能产业快速增长的驱动因素中既有供应侧因素，也有需求侧因素，当前看，需求侧因素应该占主流，这与地方各级政府以大量投资拉动经济、开展大规模造城运动、大搞形象工程政绩工程、大拆大建低水平重复建设不无关系。未来遏制高耗能产业过快增长、促进经济结构调整，相关产业政策应该由单纯控制产能向合理调控市场需求转变。在市场经济条件下，只有需求保持平稳，不合理需求减少，高耗能行业过快增长的局面才有可能得到根本改观。

把握房地产、基础设施、新项目建设的节奏和速度，减少重复建设和系统浪费，减少经济增长对投资的依赖是调控需求的根本举措。当前，应该对我国基础设施和城市建设的规模和前景有一个科学规划，在考虑资源环境承载力和可持续发展能力的条件下，放缓建设速度，控制在建规模，防止大起大落造成大量产能闲置和浪费，对经济发展带来不良影响；要杜绝城市发展中的急功近利和相互攀比，杜绝建设规模和速度的层层加码，切实将工作重点从追求规模和速度转移到更加注重科学规划、系统高效、财富积累和人民得实惠上来。

（四）注重宏观经济政策与节能政策的协调

要客观认识节能工作对其他经济社会活动可能造成的影响和两者间互相制约、存在矛盾的地方，全面、统筹考虑节能目标与其他发展目标的协调发展问题，使其互为促进。近中期，可考虑进一步改善中央和地方的利益分配机制，引导地方政府转变发展思路，探索经济又好又快增长的新路子，实现节能与经济增长的良性循环。应客观评价当前我国出口贸易对经济增长的拉动作用，准确审视出口贸易对国内能源消费和污染物排放的影响，确定合理的出口贸易规模和对外贸易目标，严格控制高耗能产品的出口，适度控制量大面广的、低附加值的一般载能产品的出口规模，实现节能与对外贸易的协调发展。

目前在诸多高耗能行业实行的总量控制政策，以及严格繁琐漫长的项目审批核准程序从某种程度上阻碍了产业升级和淘汰落后的步伐。建议严格按照规模、技术经济、节能环保、质量安全等市场准入条件进行新上项目的审批核准工作，将市场准入条件作为项目审批核准的充分条件，只要满足明确的、统一的准入条件即可开工建设；同时，不宜将总量控制、产能过剩等需由市场做出判断的指标作为审批核准项目的先决条件，不宜设置除市场准入条件外的软性门槛和隐形门槛；应加快项目审批核准的决策进程，减少外部环境和突发事件（如经济过热、金融危机等）对审批核准进程的影响和干扰，为先进产能进入市场建立绿色通道，为高耗能产业升级创造有利的制度条件。

（五）建立节能长效机制，以市场手段引导和激励企业和社会的节能行为

进一步加快能源资源价格改革，理顺比价关系，加大差别电价、峰谷电价实施力度，推广实施超限额能耗加价政策。对“两高一资”产品出口征收关税，研究出台能源税、碳税。在居民用能领域，加快供热体制改

革，全面推行居民用电、用热的阶梯价格，在保护低收入群体利益的同时，坚决采用价格杠杆来抑制能源浪费和奢侈性消费，促进社会公平与和谐。

进一步推动资源性产品价格改革，对于大宗、长期的资源性产品交易，如电力企业与煤炭企业之间的电煤交易，铁矿石企业与钢铁企业之间的矿石交易，应鼓励企业通过参股、联营、签订长期合约等方式，形成稳定的供求关系和价格预期；对不能或无法完全由市场决定其价格的某些垄断性、基础性的资源产品，如水资源、土地等，政府的价格管制要形成反映各方利益、能够及时灵活调整、透明度高的机制，以尽可能地反映资源稀缺程度，减少或防止资源价格的扭曲。

加快制定鼓励生产、使用节能环保产品和节能建筑以及低油耗车辆的财政税收政策；逐步扩大节能环保产品实施政府采购的范围；完善资源综合利用税收优惠政策，建立生产者责任延伸制度；完善消费税税制，要扩大消费税税种，对浪费能源和污染环境行为课以重税。

（六）转变政府节能管理职能，强化节能的基础性工作

政府节能管理职能转变的方向是：由对企业的“管制性”价值取向向“服务型”转变；由对几项节能专项行动在操作层面上事无巨细的具体管理向规范市场、制定规则方向转变。

加强政府对企业和社会的节能服务职能，主要体现在：①依法维护节能市场，加大对假冒伪劣节能产品的制造和销售的打击力度，维护正常的、良性的节能市场秩序，为节能产品生产和经营者、消费者创造一个良好的节能市场环境；②加强节能信息服务，对公益性节能信息传播机构要提供财政资助，加快建立起覆盖全国的、可满足不同群体和个人节能信息需要的、比较完善的节能信息传播体系；③加强与行业协会等中介机构在节能服务上的合作，通过它们间接地为企业和社会提供节能咨询、工程、技术、信息等内容更为广泛的服务。

强化节能的基础性工作，应着重完善以《节约能源法》为核心的节能法律法规体系，为促进全社会节约能源、提高能源利用效率提供有效的法律基础；应夯实能源统计工作、完善能源消耗统计方法，完善重点用能企业能源消费监控网络，建立全面的、科学的能源消费数据库系统；加快对先进节能环保技术、产品的研发和推广应用，支持科研单位和企业开发高效节能环保工艺、技术和产品，增强自主创新能力，解决技术瓶颈。

（七）引导节能低碳型的生活方式和消费模式

应建立长效的节能环保公众宣传机制，采用多层次、多品种、范围广的宣传教育手段，引入先进的、环保的、可持续发展的社会发展理念和生活理念，明确建立在新发展观基础上的社会发展方向，引导、鼓励社会合理的、节能低碳型的消费选择。

应充分认识到引导合理生活消费方式的重要意义，加强市场信号对合理生活方式的正确引导，如节能环保型产品的价格补贴政策、合理的能源价格政策等；同时应广泛利用能效标准、标识、认证等手段，引导市场消费；此外，完善相关基础设施建设、建立有利于可持续发展的、符合公众利益的社会基础设施和市场环境也是推动消费者选择合理生活消费方式的基础和重要手段。

参考资料

1. 国务院办公厅．国务院常务会研究决定我国控制温室气体排放目标［OL］．中央政府门户网站，2009. 11. 26.

2. 解振华．中国是全球应对气候变化的积极建设性力量［N］．经济日报，2010. 11. 28.

3. 国家能源局发展规划司．科学发展的2030年国家能源战略研究报告［M］. 2009

4. 中国工程院．中国能源中长期（2030、2050）发展战略咨询项目综合报告［M］．北京：科学出版社，2010.

5. 国家统计局能源统计司．中国能源统计年鉴2009［M］．北京：中国统计出版社，2010.

6. 国家统计局，中国统计年鉴2010［M］．北京：中国统计出版社，2010.

第二章　节能与碳强度指标关系研究

内容提要： 单位GDP二氧化碳排放下降目标与单位GDP能耗下降目标并不是相互独立的，2020年单位GDP二氧化碳排放下降40%~45%目标的提出对2020年前节能目标的设定提出了最低要求。本章分析了节能目标与碳强度目标之间的内在逻辑关系，提出了节能对单位GDP二氧化碳下降目标贡献率的计算方法，从理论上推导了能耗强度、碳强度与能源结构三者之间的数学关系，并结合能源发展规划等假设条件，定量分析了2020年单位GDP二氧化碳排放下降40%~45%目标对"十二五"和"十三五"节能目标的影响。

化石能源消费造成的二氧化碳排放是造成全球气候变化的主要原因。为应对全球气候变化，2009年11月27日，国务院常务会议提出到2020年我国单位国内生产总值二氧化碳排放比2005年下降40%~45%的宏伟目标，并把此目标作为约束性指标纳入国民经济和社会发展中长期规划。

2005年10月中国共产党第十六届中央委员会第五次全体会议通过的《中共中央关于制定国民经济和社会发展第十一个五年规划的建议》中，明确提出单位国内生产总值能源消耗比"十五"期末降低20%的节能目标，作为"十一五"时期实现国民经济持续快速协调健康发展的主要目标之一。在国务院制定的"十一五"国民经济和社会发展规划纲要中，进一步明确把单位国内生产总值能源消耗降低20%左右确立为一项重要的约束性指标，进一步明确并强化政府责任，通过合理配置公共资源和有效运用行政力量，确保实现。

我国政府先后提出了单位国内生产总值能耗下降目标（以下简称"节能目标"）和2020年单位国内生产总值二氧化碳排放下降目标（以下简称"碳强度控制目标"）两个重要指标，以此指导经济社会走入可持续发展轨道。这两个指标之间的内在关系如何？两个指标是否存在定量关系？2020年碳强度控制目标对“十二五”、“十三五”时期节能目标的要求如何？两个指标和其他指标之间存在何种逻辑关系和数理关系？通过研究两个指标之间的定性和定量关系，得到何种分析结论？本章主要对这些问题进行研究。

一、节能指标与碳强度控制指标之间的逻辑关系

（一）二氧化碳排放与温室气体和能源消费的关系

引起气候变化的原因，既有自然因素，也有人为因素。在人为因素中，气候变化主要是由于工业革命以来人类活动引起的。特别是发达国家在过去工业化过程大量燃烧化石燃料，排放大量二氧化碳等温室气体，是引起目前全球气候变化的最主要原因。

温室气体一共有六种，包括二氧化碳（CO_2）、甲烷（CH_4）、氧化亚氮（N_2O）、氢氟碳化物（HFC）、全氟化碳（PFC）和六氟化硫（SF_6）。其中，二氧化碳的排放总量最大，在新增温室气体中的份额也最大，是温室气体减排的重点和难点。目前世界各国衡量温室气体排放，都折算成当量二氧化碳计算。

我国是世界上最大的温室气体排放国之一。据我国政府2007年发布的《中国应对气候变化国家方案》，2004年我国温室气体排放总量约为61亿吨二氧化碳当量（扣除碳汇后的净排放量约为56亿吨二氧化碳当量），其中二氧化碳排放量约为50.7亿吨，占83.1%。

在能源消费排放的二氧化碳方面，我国缺乏连续性的、官方发布的统计数据。国际能源署（IEA）每年定期发布世界各国能源消费带来的二氧化碳排放数据。据国际能源署统计，我国2004年能源消费排放的二氧化碳为47.3亿吨，到2007年，迅速增长到60.3亿吨（如表2-1所示）。2002年以后，我国能源消费带来的二氧化碳排放进入快速增长期，2002~2007年年均增速达到13.0%，显著超过年均11.64%的同期经济发展增速。我国能源消费二氧化碳排放的快速增加与能源消费快速增长，特别是化石能源消费的快速增长紧密相关。

表 2-1　我国近年 GDP、能源消费和能源消费排放的二氧化碳（亿吨）

项　目	2000 年	2001 年	2002 年	2003 年	2004 年	2005 年	2006 年	2007 年	2008 年	2009 年
GDP（万亿元，2005 年价）	11.6	12.6	13.7	15.1	16.6	18.5	20.8	23.8	26.1	28.4
GDP 增速（%）		8.3	9.1	10.0	10.1	11.3	12.7	14.2	9.6	8.7
能源消费（亿吨标准煤）	14.6	15.0	15.9	18.4	21.3	23.6	25.9	28.1	29.1	30.7
能源消费增速（%）		3.3	6.0	15.3	16.1	10.6	9.6	8.4	3.9	5.2
能源消费排放的二氧化碳（亿吨）	30	30.7	32.7	37.2	47.3	50.6	56.1	60.3		
二氧化碳排放增速（%）		2.3	6.5	13.8	27.2	7.0	10.9	7.5		

资料来源：1. GDP 和能源消费数据来自《中国能源统计摘要 2010》；
2. 二氧化碳排放数据来自 IEA，Key World Energy Statistics from the IEA，2010。

为了简化起见，本研究中作出三项重要假设：第一，本研究只考虑二氧化碳排放，不考虑甲烷（CH_4）等其他温室气体排放。第二，在研究中只考虑能源消费带来的二氧化碳排放，不考虑其他非能源领域（如水泥工业生产、畜牧业等）排放的二氧化碳。第三，本研究不考虑植树造林等碳汇对二氧化碳排放的影响。上述假设使得本研究能够更加集中在能源消费与二氧化碳排放的关系上，这也是影响我国中远期二氧化碳排放的首要任务。

（二）碳强度指标与节能指标的逻辑关系

由于二氧化碳排放与能源消费量，特别是化石能源消费紧密相关，因此，碳强度控制指标与节能指标之间具有很强的内在关系，并不是相互独立的。从逻辑关系上看，如果经济增长速度为某一给定值，在假定 2020 年 GDP 能耗下降率的条件下，可以求得 2020 年一次能源消费量。假设 2020 年非化石能源比重占一次能源消费量达到 15%，并按照一定条件假设化石能源消费结构，可以分别求得 2020 年煤炭、石油、天然气分品种的能源消费量。三种化石能源消费分别再乘以相关的二氧化碳排放因子，可以求得 2020 年化石能源消费排放的二氧化碳。由于非化石能源不排放二氧化碳，则 2020 年一次能源消费排放的二氧化碳量即为化石能源消费排放的二氧化碳。同时，在给定的经济增长速度下，按照2020年碳强度控制目标要求，可以计算得到2020年二氧化碳排放控制目标。如果通过能源消耗和排放因子测算得到的二氧化碳排放不等于2020年二氧化碳排放控制目标，则可以调整最初假定的2020年单位GDP能耗下降率，直到满足排放控制要求（具体流程参见图2-1）。

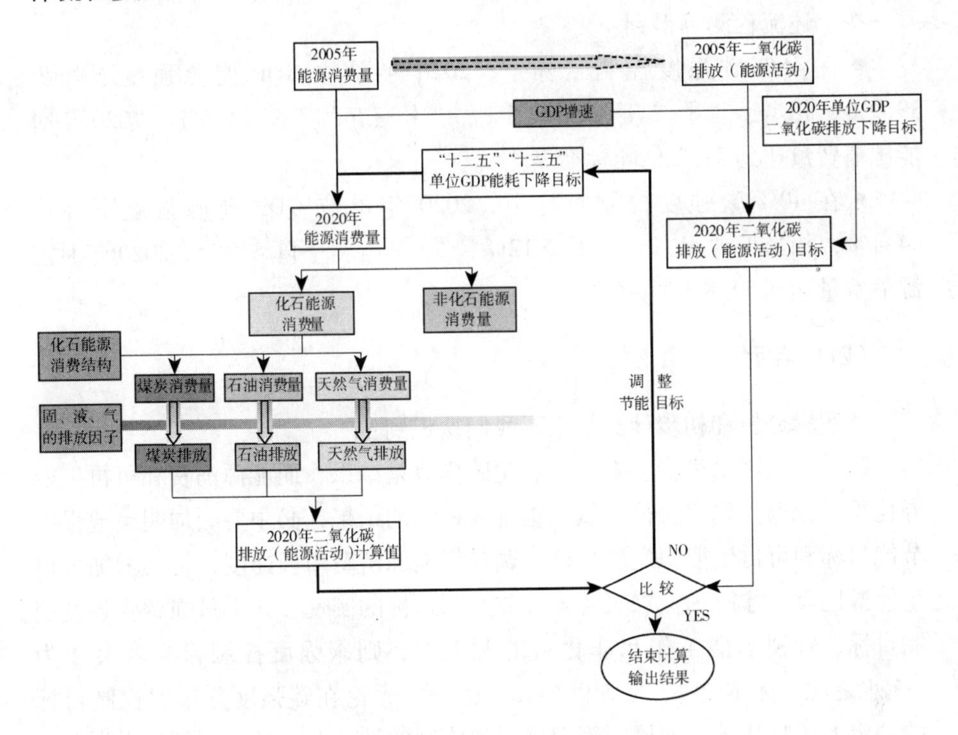

图2-1 计算流程图

从动态变化趋势上看，在给定经济增长速度的条件下，如果提高2020年单位GDP能耗下降目标，则2020年能源消费量会减少，若保持非化石能源比重15%不变，则化石能源消费和非化石能源消费都会下降，二氧化碳排放总量也会下降，单位GDP二氧化碳排放下降率会提高。因此，节能目标与碳强度控制目标的变化方向是一致的。

（三）初步计算结果

根据图2-1的计算流程，课题组进行了初步测算。

测算过程中，2005~2009年国内生产总值和能源消费量采用国家统计局数据，2005~2007年能源消费的二氧化碳排放量采用国际能源署数据。

测算所作的假设包括：2010年经济增长速度为9%；2011~2020年经济增长速度为8%，“十一五”单位GDP能耗下降20%，“十二五”、“十三五”节能目标初步假设为15%和12%（在计算中不断调整）；2020年非化石能源占一次能源消费的比重为15%；2020年煤油气消费的比例与2005年保持不变。

按上述流程测算得到：

● 在45%碳强度控制目标下，2020年单位GDP能源强度下降为39.9%，相当于“十二五”下降15%，“十三五”下降11.6%。2020年时能源消费量达到51.2亿吨标准煤。

● 在40%碳强度控制目标下，2020年单位GDP能源强度下降为34.4%，相当于“十二五”下降12%，“十三五”下降6.9%。2020年时能源消费量达到55.8亿吨标准煤。

（四）启示

从逻辑分析和初步计算结果，我们认识到：

第一，从因果逻辑上看，二氧化碳排放是结果，而能源消费和可再生能源比重是原因。要想获得二氧化碳排放控制的结果，必须要更加明确地提出节能目标和可再生能源发展目标，调控好能源消费增长速度，切实增加可再生能源比重，才能确保二氧化碳排放控制目标的实现。如果只强调碳强度控制目标，轻视节能工作和非化石能源发展，则碳强度控制目标就会成为“无水之源，无本之木”，难以落实。因此，无论在碳强度分年度控制目标的制定上还是从碳强度控制管理机制和体制的设计上，都必须要考虑到上述内在关系，制定更加明确的节能目标和可再生能源发展目标，把强化节能和发展可再生能源放在更加重要的战略地位。

第二，从控制目标上看，碳强度控制目标和单位GDP能耗目标都是相对目标，不是能源消费和碳排放绝对值的总量控制目标。与发达国家减排目标相比，我国的碳强度控制目标似乎在一定程度上略有一定的发展空间和腾挪空间，但实际上，这种腾挪空间并不大。因为经济发展尤其内在的客观规律，按照目前的估计，2011~2020年经济增长平均增速不可能超过11%，也较难低于6%。因此我国尽管没有提出明确的能源消费总量控制目标，但经济发展规律也在一定程度上划定了能源消费和碳排放增长的大致范围。

第三，2020年前节能目标必须要与2020年碳强度控制目标相衔接。初步测算表明，即使我国“十一五”单位GDP能耗下降20%目标顺利完成，我国"十二五"、"十三五"时期也需要制定比较明确的节能目标。按碳强度下降45%目标的高要求反推可得"十二五"节能目标不宜低于15%，"十三五"节能目标不宜低于12%。不同的前提假定可能在一定程度上改变这一测算结果，如非化石能源比重15%的目标较难随着化石能源消费总量变化而变化，高能源消费增长下必须要制定更高的节能目标；2020年煤油气消费的比例可能会向着有利于二氧化碳低排放的方向优化（天然气和石油消费的比重会有所增加，这有利于二氧化碳减排），可以适当降低节能目标要求等。但总体而言，2020年碳强度目标对我国"十二五"和"十三五"节能目标的制定已经形成"倒逼机制"，在规划中制定节能目标时必须要考虑到这一影响。

二、节能对二氧化碳减排贡献的测算方法

按照本章第一节的假设，本课题只研究能源领域的二氧化碳排放，不考虑碳汇的影响。本部分试图通过公式推导，推出节能与二氧化碳减排的关系公式，根据关系公式提出节能对二氧化碳减排贡献的测算方法。

（一）公式推导

假设

（1）单位GDP能耗e：

$$e = \frac{E}{GDP}$$

其中E为一次能源消费量，GDP为国内生产总值

（2）单位GDP二氧化碳排放p：

$$p = \frac{P}{GDP}$$

其中P为二氧化碳排放总量

（3）单位能源消费的二氧化碳排放f：

$$f = \frac{P}{E} = \frac{p}{e}$$

则：

二氧化碳减排量PC：

$$\begin{aligned} PC &= (p_0 - p_t) \cdot GDP_t \\ &= (f_0 e_0 - f_t e_t) \cdot GDP_t \end{aligned}$$

$$= (f_0e_0 - f_0e_t + f_0e_t - f_te_t) \cdot GDP_t$$
$$= f_0(e_0 - e_t) \cdot GDP_t + (f_0 - f_t)e_t \cdot GDP_t$$
$$= f_0 \cdot EC + (f_0 - f_t)E_t$$

即有 $$PC = f_0 \cdot EC + (f_0 - f_t) E_t \qquad (2.1)$$

其中，下标为0的表示计算初年，下标为 t 的表示计算末年。EC 为计算期内的节能量 $EC = (e_0 - e_t) \cdot GDP_t$，$E_t$ 为末年的能源消费量。

（二）物理意义

如果计算期内的经济增长、能源消费增长确定，二氧化碳排放和减排量就可以定量计算出来。

公式（2.1）意味着：计算期内的二氧化碳减排量 $= f_0 \cdot$ 计算期内的节能量 $+ (f_0 - f_t) \cdot$ 末年的能源消费量。这说明二氧化碳减排量来自两部分（参见图1-3）：

第一部分与节能量有关，与能源结构的改变没有直接关系（尽管有千丝万缕的间接关系）。这部分可以视为节能对二氧化碳减排贡献。从公式（2.1）得到，节能对二氧化碳减排的贡献，等于基年单位能源消费排放的二氧化碳排放乘以当年的节能量。

第二部分与单位能源消费的二氧化碳排放强度变化、和末年的能源消费量有关，与节能量没有直接关系。这部分体现了能源结构改变（既包括非化石能源比重的变化，也包括化石能源比例的变化）对二氧化碳减排的关系。

（三）计算结果及分析

测算过程中，2006~2009年采用统计年鉴的国内生产总值、能源消费量，能源排放的二氧化碳采用国际能源署的数据。假设2011~2020年经济增长速度按8%计算。

1. “十一五”前四年节能对二氧化碳减排的贡献

测算表明，“十一五”前四年（2006~2009年），我国环比累计减排二氧化碳共计11.86亿吨。四年间，我国环比累计节能4.83亿吨标准煤，节能带来的二氧化碳减排量为10.32亿吨，贡献率为87.01%；能源结构改变带来的二氧化碳减排量为1.54亿吨，贡献率为12.98%。初步估算，2005~2009年非化石能源比重从2005年的7.1%，提高到2009年的9.4%左右。

2. 2020年单位二氧化碳排放下降目标45%条件下节能的贡献

根据2020年碳强度45%控制目标，可推算得2005~2020年需减排二氧化碳44.8亿吨，2020年能源消费量达到51.2亿吨标准煤左右，2020年二氧化碳排放从2005年的50.6亿吨增加到100.4亿吨。

2005~2020年期间实现单位GDP二氧化碳排放下降45%目标，需要十五年内环比累计减排二氧化碳44.8亿吨。2005~2020年，环比累计节能量为18.44亿吨标准煤，节能带来的二氧化碳减排量为38.00亿吨，节能贡献84.9%；能源结构改变带来的二氧化碳减排量为6.77亿吨，贡献为15.12%。

3. 2020年单位二氧化碳排放下降目标40%条件下节能的贡献

按2020年碳强度40%控制目标推算，2005~2020年需减排二氧化碳38.1亿吨，2020年能源消费量达到55.8亿吨标准煤左右，2020年二氧化碳排放从2005年的50.6亿吨增加到109.5亿吨。

2005~2020年期间实现单位GDP二氧化碳排放下降40%目标，需要十五年内环比累计减排二氧化碳38.1亿吨。2005~2020年，环比累计节能量为15.02亿吨标准煤，节能带来的二氧化碳减排量为31.10亿吨，节能贡献81.6%；能源结构改变带来的二氧化碳减排量为7.01亿吨，贡献为18.39%。

上述测算结果说明，碳强度控制目标要求越高，对节能的需求也越高。

三、能耗强度、碳强度与能源结构之间的公式关系

从本章第一节可知，节能目标、碳强度控制目标和可再生能源比重目标之间存在紧密的逻辑关系。考虑到基于逻辑关系、采用迭代算法在计算比较麻烦，而且不便于直观分析。本节试图通过推导各个变量之间的关系式，获得更加简洁的关系公式，以深入探讨各变量之间的内在关系，并简化计算。

（一）公式推导

1. 能耗强度目标与碳强度控制目标的关系

假定：

- 碳强度下降目标 $A=1-\frac{p_t}{p_0}$，其中 $\frac{p_t}{p_0}=1-A$ （2.2）
- 能耗强度下降目标 $B=1-\frac{e_t}{e_0}$，其中 $\frac{e_t}{e_0}=1-B$ （2.3）
- 非化石能源比重 $s=\frac{E_{NF}}{E}$，其中 E_{NF} 为化石能源消费量。

● 化石能源排放因子（即单位化石能源消费的二氧化碳排放量）

$f_{NF}=\frac{P}{E_{NF}}$

则，某年的二氧化碳排放 P 可表示为：$P=E\cdot(1-s)\cdot f_{NF}$

按照上述公式，

对初始年，有 $P_0=E_0\cdot(1-s_0)\cdot f_{NF,0}$ (2.4)

对末年，有 $P_t=E_t\cdot(1-s_t)\cdot f_{NF,t}$ (2.5)

（2.4）式与（2.5）式相比，则有

$$\frac{p_0}{P_t}=\frac{E_0\cdot(1-s_0)\cdot f_{NF,0}}{E_t\cdot(1-s_t)\cdot f_{NF,t}}$$

$$\frac{p_0\cdot GDP_0}{p_t\cdot GDP_t}=\frac{e_0\cdot GDP_0\cdot(1-s_0)\cdot f_{NF,0}}{e_t\cdot GDP_t\cdot(1-s_t)\cdot f_{NF,t}}$$

$$\frac{p_0}{p_t}=\frac{e_0\cdot(1-s_0)\cdot f_{NF,0}}{e_t\cdot(1-s_t)\cdot f_{NF,t}}$$

把（2.2）和（2.3）式带入，可得

$$\frac{1}{1-A}=\frac{1}{1-B}\cdot\frac{(1-s_0)\cdot f_{NF,0}}{(1-s_t)\cdot f_{NF,t}}$$

则可得：

$$A=1-(1-B)\frac{(1-s_t)\cdot f_{NF,t}}{(1-s_0)\cdot f_{NF,0}} \tag{2.6}$$

$$B=1-(1-A)\frac{(1-s_0)\cdot f_{NF,0}}{(1-s_t)\cdot f_{NF,t}} \tag{2.7}$$

假设化石能源结构保持不变，则单位化石能源排放的二氧化碳不变，即 $f_{NF,0}=f_{NF,t}$，（2.6）式和（2.7）式可以简化为：

$$A=1-(1-B)\frac{(1-s_t)}{(1-s_0)} \tag{2.8}$$

$$B=1-(1-A)\frac{(1-s_0)}{(1-s_t)} \tag{2.9}$$

2. 2005～2020 年单位 GDP 能耗下降目标与五年规划节能目标的关系

“十一五”、“十二五”、“十三五”单位 GDP 能耗下降率目标与 2005～2020 年单位 GDP 能耗下降总目标的关系式为：

$$B=1-(1-a)\cdot(1-b)\cdot(1-c)$$

其中 B 为 2005～2020 年单位 GDP 能耗下降总目标；a 为“十一五”单位 GDP 能耗下降目标；b 为“十二五”单位 GDP 能耗下降目标；c 为“十

三五”单位 GDP 能耗下降目标。已知 B 和 a、b，可以计算得到 c，即：

$$c = 1 - \frac{1 - B}{(1 - a) \cdot (1 - b)} \tag{2.10}$$

（二）物理意义

从公式（2.6）可以看出，单位 GDP 二氧化碳排放下降目标（即变量 A）与三个因素直接相关：第一是单位 GDP 能源消费下降目标（即变量 B），这一变量反映了节能对二氧化碳减排的影响。单位 GDP 能耗下降幅度越大，单位 GDP 二氧化碳排放下降幅度越大。第二是非化石能源比重（即变量 s_0 和 s_t），这一变量反映了能源消费结构中非化石能源比重提高对二氧化碳减排的影响。2020 年化石能源比重越高，单位 GDP 二氧化碳排放下降幅度越大。第三是单位化石能源二氧化碳排放因子（即变量 $f_{NF,0}$ 和 $f_{NF,t}$），这一数值反映了能源消费中化石能源结构的变化。化石能源中天然气、石油的比例越高，单位化石能源的二氧化碳排放因子越小，单位 GDP 二氧化碳排放下降幅度越大。

从公式（2.6）还可以看出，单位二氧化碳排放下降幅度与国内生产总值和能源消费的绝对值与增长速度没有直接关系（当然，作为强度指标，有很紧密的间接关系）。这意味着，无论经济发展速度快慢、能源消费增长快慢，只要单位 GDP 能耗下降目标能够实现，且能源消费的结构能够达到既定目标（包括非化石能源比重、化石能源内部结构达到一定目标）能够实现，则单位 GDP 二氧化碳排放下降率的目标就能够确保实现，不会因为 GDP 增速的高低而发生变化。

一般而言，石油或天然气比重提高，煤炭比重下降，单位化石能源排放因子会略有下降。在测算时，出于保守起见，可假定 2020 年化石能源的内部结构等同于 2005 年。则公式（2.6）可以进一步简化为公式（2.8）。因此，化石能源内部结构不变的条件下，单位 GDP 二氧化碳排放下降目标（即变量 A）只与单位 GDP 能源消费下降目标（即变量 B）和非化石能源比重的变化（即变量 s_0 和 s_t）两个因素有关，与 GDP、GDP 增速、能源消费总量、能源消费增速不直接相关。

反之，给定了 2020 年单位 GDP 二氧化碳排放下降率（40%～45%）、2020 年非化石能源比重（15%）以及 2020 年化石能源结构后，就可以按照公式（2.7）直接计算出对 2005～2020 年单位 GDP 能耗下降率的要求。按 2020 年化石能源的内部结构等同于 2005 年简化后，公式（2.7）可进一步简化为公式（2.9）。

（三）计算结果及分析

1. 2020 年单位二氧化碳排放下降 45%，反推五年节能目标要求

已知非化石能源比重为 15%，已知 2005 年非化石能源消费比重为 7.1%，假设化石能源内部比例不变。

如果 2020 年单位 GDP 二氧化碳排放下降目标为 45%。按照简化后的公式（2.8）推算，则 2005～2020 年单位 GDP 能耗下降率 $B=1-(1-45\%)\dfrac{(1-7.1\%)}{(1-15\%)}=39.89\%$，与本章第一节的计算结果相同。

将 2020 年前单位 GDP 下降 39.89% 的总目标分解到“十二五”和“十三五”时期，分别假定“十一五”和“十二五”时期单位 GDP 能耗下降率。考虑到随着节能工作逐渐深入，节能难度逐渐增加，且我国 2020 年前仍处于工业化过程中，本着先难后易的原则，单位 GDP 能耗下降目标按逐渐递减安排，即 $a>b>c$。利用公式（2.10），可以推算出“十三五”时期单位 GDP 能耗下降目标。在计算过程中，考虑到“十一五”时期单位 GDP 能耗下降 20% 目标仍存在一定不确定性，课题组测算了多个“十一五”时期节能目标完成情况的方案。计算结果如表 2－2 所示。

如果“十一五”时期 20% 节能目标顺利实现，“十二五”节能目标为 15%，则“十三五”单位 GDP 能耗下降率要求为 11.6%，即 12% 左右。课题选取此方案为基准情景。如果“十二五”时期节能目标提高到 18%，则“十三五”单位 GDP 能耗下降幅度可以减少到 8.37%。

表 2－2　2020 年 45% 碳强度控制目标下，2005～2020 年单位 GDP 能耗下降目标与三个五年计划时期分目标的关系

单位：%

项　目	“十一五”	“十二五”	“十三五”
“十一五”单位 GDP 能耗下降 20%	20.00	15.00	11.60
	20.00	16.00	10.55
	20.00	17.00	9.47
	20.00	18.00	8.37
	20.00	19.00	7.23
	20.00	20.00	6.08

续表

项　目	“十一五”	“十二五”	“十三五”
“十一五”单位GDP能耗下降19%	19.00	15.00	12.69
	19.00	16.00	11.65
	19.00	17.00	10.59
	19.00	18.00	9.50
	19.00	19.00	8.38
	19.00	20.00	7.23
“十一五”单位GDP能耗下降18%	18.00	15.00	13.76
	18.00	16.00	12.73
	18.00	17.00	11.68
	18.00	18.00	10.60
	18.00	19.00	9.50
	18.00	20.00	8.37
“十一五”单位GDP能耗下降17%	17.00	15.00	14.80
	17.00	16.00	13.78
	17.00	17.00	12.74
	17.00	18.00	11.68
	17.00	19.00	10.59
	17.00	20.00	9.47
“十一五”单位GDP能耗下降16%	16.00	15.00	15.81
	16.00	16.00	14.81
	16.00	17.00	13.78
	16.00	18.00	12.73
	16.00	19.00	11.65
	16.00	20.00	10.55

如果“十一五”时期单位GDP能耗下降20%的目标不能如期完成，则“十一五”时期每下降一个百分点，则“十三五”节能目标需在基准情景上再提高一个多百分点来弥补。具体而言，如果“十一五”节能目标少下降1个百分点，保持“十二五”节能目标不变，则“十三五”节能目标需则原来基础上提高1.09个百分点；如果“十一五”节能目标少下降4个百分

点，则“十三五”节能目标必须提高 4.21 个百分点，从基准情景下的 11.6%提高到 15.8%，完成难度将明显增加。

另外值得指出的是，前述计算尚未考虑化石能源结构中石油、天然气比重的提高。实际上近些年石油、天然气消费需求增长很快，在化石能源结构中的比重逐渐提高。考虑到这一因素后，达到相同的 2020 年碳强度目标，对“十二五”、“十三五”节能目标的要求也会略有降低。2005 年化石能源消费结构中，煤炭占 74.4%，石油占 22.6%，天然气占 3.0%。如果 2020 年煤炭比重下降到 56%，石油提高到 23%，天然气提高到 6%，则 2005～2020 年单位 GDP 能耗下降幅度要求可以从 39.9%下降到 35.9%，“十二五”、“十三五”节能目标可以分别从 15%和 11.6%放松到 13%和 7.9%。当然，煤油气比重中，煤炭比重下降 7.2 个百分点实现起来并不容易，而且石油比重的明显上升也会带来能源安全等诸多问题，天然气比重提高也面临资源可获得性和价格偏高等实际问题。化石能源优化过程中的这些问题也都不容忽视。

2. 2020 年单位二氧化碳排放下降 45%，反推五年节能目标要求

如果 2020 年单位 GDP 二氧化碳排放下降目标为 40%，按照简化后的公式（2.6）推算，则 2020 年单位 GDP 能耗下降率 $B = 1 - (1 - 40\%) \times \frac{(1 - 7.1\%)}{(1 - 15\%)} = 34.42\%$。

将 2020 年前单位 GDP 下降 34.42% 的总目标分解到“十二五”和“十三五”时期，则计算结果如表 2－3 所示。

表 2－3 2020 年 40%碳强度控制目标下，2005～2020 年单位 GDP 能耗下降目标与三个五年计划时期分目标的关系

单位：%

项 目	“十一五”	“十二五”	“十三五”
“十一五”单位 GDP 能耗下降 20%	20.00	12.00	6.85
	20.00	13.00	5.78
	20.00	14.00	4.69
	20.00	15.00	3.56
	20.00	16.00	2.42
	20.00	17.00	1.24
	20.00	18.00	0.04
	20.00	19.00	－1.20
	20.00	20.00	－2.46

续表

项　目	“十一五”	“十二五”	“十三五”
“十一五”单位GDP能耗下降19%	19.00	12.00	8.00
	19.00	13.00	6.94
	19.00	14.00	5.86
	19.00	15.00	4.75
	19.00	16.00	3.62
	19.00	17.00	2.46
“十一五”单位GDP能耗下降18%	18.00	12.00	9.12
	18.00	13.00	8.08
	18.00	14.00	7.01
	18.00	15.00	5.92
	18.00	16.00	4.80
	18.00	17.00	3.65
“十一五”单位GDP能耗下降17%	17.00	12.00	10.22
	17.00	13.00	9.19
	17.00	14.00	8.13
	17.00	15.00	7.05
	17.00	16.00	5.94
	17.00	17.00	4.81
“十一五”单位GDP能耗下降16%	16.00	12.00	11.29
	16.00	13.00	10.27
	16.00	14.00	9.22
	16.00	15.00	8.16
	16.00	16.00	7.06
	16.00	17.00	5.94

测算表明，在2020年单位GDP二氧化碳排放下降40%目标下，如果假设“十一五”时期20%节能目标顺利实现、“十二五”时期节能目标设定为18%，则“十三五”单位GDP能耗下降目标可以放松到只下降0.04%，即基本可以不下降。如果“十二五”节能目标放松到15%，则“十三五”单位GDP能耗下降率只需达到3.56%。如果“十二五”节能目标放松到12%，则

“十三五”单位GDP能耗下降率只需提高到6.85%。总之，与45%碳强度控制目标相比，40%的碳强度控制目标对节能目标的要求会更宽松。

假设“十一五”时期单位GDP能耗下降20%的目标不能如期完成，则“十一五”时期每下降一个百分点，则需要在“十二五”或“十三五”时期提高一个多百分点来弥补。具体而言，如果“十一五”节能目标少下降1个百分点，保持“十二五”节能目标不变，则“十三五”节能目标需则原来基础上提高1.15个百分点；如果十一五节能目标少下降4个百分点，则“十三五”节能目标必须提高4.44个百分点，节能目标完成的难度会有所增加。

3. 2020年碳强度控制目标与经济增长速度的关系

如果假设2020年非化石能源15%能确保实现，则在不同经济增长速度下实现2020年45%的碳强度控制目标，计算得到对应的GDP增长情况和能源消费增长情况如表2-4所示。

表2-4 假设2020年非化石能源比重始终能达到15%，2020年单位GDP二氧化碳排放下降45%目标与经济增长速度的关系

2005~2020年GDP增速（%）	2020年GDP（亿元）	2005~2020碳强度下降目标（%）	2020碳排放（万吨）	2005~2020能耗强度下降率（%）	2020能源消费量（万tce）	2020年非化石能源消费（万tce）	2020年非化石能源比重（%）
6.00	443213	45	666945	39.9	339980	50997	15
6.50	475630	45	715725	39.9	364846	54727	15
7.00	510248	45	767819	39.9	391402	58710	15
7.50	547207	45	823434	39.9	419752	62963	15
8.00	586653	45	882792	39.9	450010	67502	15
8.50	628740	45	946124	39.9	482294	72344	15
8.93	667171	45	1003956	39.9	511774	76766	15
9.50	721500	45	1085710	39.9	553449	83017	15
10.00	772529	45	1162498	39.9	592593	88889	15
10.50	826911	45	1244332	39.9	634308	95146	15
11.00	884850	45	1331517	39.9	678751	101813	15
11.50	946559	45	1424377	39.9	726088	108913	15
12.00	1012267	45	1523254	39.9	776491	116474	15

从表2-4中可以看出，在同样实现2020年单位GDP二氧化碳排放下降45%目标情况下，无论经济增长速度如何，只要2020年非化石能源比重

能够确保达到15%，且化石能源结构保持不变，则2005~2020年单位GDP能源消费量下降率目标都保持在39.9%不变。

表2-4还可以看出，如果2020年45%碳强度目标实现，且2020年能源消费量控制在45亿吨标准煤，则2005~2020年GDP增速不能超过8%。事实上，我国2006~2009年GDP增速已经达到11.2%，如果2010年GDP增速按9%计算，则2011~2020年GDP增速不能超过6.6%。如果2011~2020年经济增长速度按8%计算，则2005~2020年GDP平均增速为8.93%，2020年能源消费量将达到51.2亿吨标准煤。

对于2020年单位GDP二氧化碳排放下降40%目标，也有类似的定量关系。测算结果见表2-5。从表2-4和表2-5对比可以看出，同样的GDP增速下，较低的碳强度控制目标对应的能源消费量更高。如果2005~2020年经济增长速度同样为8.93%，则40%碳强度控制目标下对应的能源消费量将增加到55.8亿吨标准煤。

表2-5　假设2020年非化石能源比重始终能达到15%，2020年单位GDP二氧化碳排放下降40%目标与经济增长速度的关系

2005~2020年GDP增速（%）	2020年GDP（亿元）	2005~2020年碳强度下降目标（%）	2020年碳排放（万t）	2005~2020年能耗强度下降率（%）	2020年能源消费量（万tce）	2020年非化石能源消费（万tce）	2020年非化石能源比重（%）
6.00	443213	40	727576	34.4	370888	55633	15
6.50	475630	40	780791	34.4	398014	59702	15
7.00	510248	40	837620	34.4	426984	64048	15
7.50	547207	40	898292	34.4	457911	68687	15
8.00	586653	40	963046	34.4	490920	73638	15
8.50	628740	40	1032135	34.4	526139	78921	15
8.93	667171	40	1095225	34.4	558299	83745	15
9.50	721500	40	1184411	34.4	603763	90564	15
10.00	772529	40	1268180	34.4	646465	96970	15
10.50	826911	40	1357453	34.4	691972	103796	15
11.00	884850	40	1452564	34.4	740456	111068	15
11.50	946559	40	1553866	34.4	792095	118814	15
12.00	1012267	40	1661732	34.4	847081	127062	15

四、假设非化石能源按45亿吨标准煤的15%，反推五年节能目标

（一）问题的提出

能源规划滞后于经济发展，是近十年我国能源经济发展的最突出问题。由于在能源规划制定过程中对未来能源需求的快速增长估计不足，导致规划的能源建设速度跟不上能源需求的快速增长。21 世纪初，我国能源规划是到2020 年 GDP 翻两番，能源需求翻一番，即从 2000 年我国能源消费量不到15 亿吨标准煤的基础上增加到 2020 年 30 亿吨标准煤左右，然而 2009 年我国能源消费量已经突破 30 亿吨标准煤大关，比规划需求提前了 11 年。

能源发展规划对未来能源需求估计偏低，政策制定者和政策研究者出于种种原因不敢、也不愿意对未来能源需求的高增长作出大胆判断，已经对我国能源结构优化和二氧化碳减排带来严重的不利影响。由于规划的生产能力满足不了需求的快速增长，能源供不应求、捉襟见肘的现象时有发生。为解决短期的能源瓶颈制约，国家只能大量投入煤矿、燃煤电厂等建设周期短、资金投入少但资源环境代价高的能源供应能力，核电、水电等建设周期长、资金投入大的清洁能源则发展滞后。救火式的临时性措施导致能源发展过于强调满足短期供给，忽视长期可持续发展。这种顾头不顾尾的发展方式导致短期发展与长期战略方向严重背离。

目前我国已经初步制定了 2015 年和 2020 年非化石能源发展目标。按照目前的初步规划，预计 2015 年水电装机 2.7 亿千瓦，核电装机 2010 万千瓦，风电装机接近 1 亿千瓦，太阳能发电装机 1173 万千瓦，生物质发电1750 万千瓦，其他可再生能源约 5000 万吨标准煤，共计 4.6 亿吨标准煤（见表 2－6）。占一次能源消费量的 12%左右。反推可得，规划制定部门预计 2015 年一次能源消费量为 38 亿吨标准煤。

表 2－6　2015 年非化石能源发展的初步规划

非化石能源	发展规模	折合标准煤（亿 tce）
水电（万 kW）	27227	2.84
核电（万 kW）	2010	0.45
风电（万 kW）	9645	0.52

续表

非化石能源	发展规模	折合标准煤（亿 tce）
太阳能（万 kW）	1173	0.05
生物质发电（万 kW）	1750	0.20
生物质供气（亿 m^3）	354	0.25
生物质成型燃料（万 t）	2917	0.15
生物质液体燃料（万 t）	750	0.08
地热利用		0.05
合计		4.59
非化石能源则一次能源消费量中的比例预计（%）		12
预计一次能源消费量		38.28

对2020年而言，按初步规划，预计2020年水电装机3.0亿千瓦，核电装机7000万千瓦，风电装机1.5亿千瓦，太阳能发电装机2000万千瓦，生物质发电3000万千瓦，其他可再生能源约8300万吨标准煤，共计6.76亿吨标准煤。按2020年非化石能源比重占一次能源消费量15%反推，可得2015年能源消费量为45亿吨标准煤（见表2－7）。

表2－7　2020年非化石能源发展的初步规划

非化石能源	发展规模	折合标准煤（亿 tce）
水电（万 kw）	30000	3.12
核电（万 kw）	7000	1.56
风电（万 kw）	15000	0.81
太阳能（万 kw）	2000	0.09
生物质发电（万 kw）	3000	0.35
生物质供气（亿 m^3）	500	0.36
生物质成型燃料（万 t）	5000	0.25
生物质液体燃料（万 t）	1200	0.12
地热利用		0.10
合计		6.76
非化石能源则一次能源消费量中的比例预计（%）		15
预计一次能源消费量		45.07

从发展现状看，2002～2007 年，我国新增能源消费均超过 2 亿吨标准煤，这五年年均新增能源消费 2.4 亿吨标准煤。2009 年，我国能源消费量已高达 30.66 亿吨标准煤，2010 年高耗能行业严重反弹，一次能源消费量有可能超过 33 亿吨标准煤。即使“十一五”单位 GDP 能耗下降 20% 的节能目标按期完成，按 2010 年 GDP 增速 9.0% 保守计算，2010 年能源消费量也要达到 31.6 亿吨标准煤。

假如 2015 年能源消费量控制在 38 亿吨标准煤，意味着年均新增能源消费要从高速发展阶段的 2.4 亿吨标准煤、“十五”时期的 1.8 亿吨标准煤、“十一五”时期的 1.6 亿吨标准煤，下降到“十二五”时期的不到 1.3 亿吨标准煤。对于经济总量和能源消耗总量基数越来越大、建筑和交通能源刚性需求越来越突出的发展现实来说，实现起来难度相当大。对“十三五”而言，按目前的规划，“十三五”时期年均新增能源消费约为 1.4 亿吨标准煤，也要低于“十五”、“十一五”时期 1.8 和 1.6 亿吨的年均实际增幅。另外，如果“十二五”末能源消费量不能控制在 38 亿吨以内，则 2020 年能源消费量控制在 45 亿吨目标实现起来会更难。

从非化石能源发展的特点看，水电、核电等对二氧化碳减排贡献大、技术相对成熟、大规模发展能力强的清洁能源，建设周期都要在 5 年以上。如果 2015 年前规划的项目不能开工，则 2020 年前难以投产发电。

从能源规划与能源消费快速增长的现实情况看，如果面对未来能源需求可能的快速增长，再次作出偏理想的、总量偏低的规划，并按照偏低的规划去布局非化石能源的发展，那么一旦能源需求超过规划，2020 年非化石能源占一次能源消费 15% 的目标就会面临很大风险。在这种形势下，势必要对节能目标提出更高要求，才能更好地弥补非化石能源规划偏低的潜在风险，更好地保障 2020 年碳强度控制目标实现。

（二）公式推导

在已知 2020 年非化石能源消费规模 $E_{NF,t}$ 为某一固定数值的条件下，推导 2005～2020 年单位 GDP 能耗下降目标与碳排放控制目标的关系。

1. 假设经济增长已知

假设：

计算初始年二氧化碳排放 $P_0=(E_0-E_{NF,0})\cdot f_{NF,0}$

计算末年二氧化碳排放 $P_t=(E_t-E_{NF,t})\cdot f_{NF,t}$

上面两式相比，可推出$\frac{P_t}{P_0}=\frac{(E_t-E_{NF,t})\cdot f_{NF,t}}{(E_0-E_{NF,0})\cdot f_{NF,0}}$　(2.11)

由2005～2020年单位GDP能耗下降$B=1-\frac{e_t}{e_0}=1-\frac{\frac{E_t}{GDP_t}}{\frac{E_0}{GDP_0}}$

推出$E_t=(1-B)\cdot\frac{E_0}{GDP_0}\cdot GDP_t$　(2.12)

考虑到2005～2020年单位GDP二氧化碳排放下降率

$$A=1-\frac{P_t}{P_0}$$

$$=1-\frac{\frac{P_t}{GDP_t}}{\frac{P_0}{GDP_0}}$$

把公式（11）带入上式，得

$$A=1-\frac{(E_t-E_{NF,t})\cdot f_{NF,t}}{(E_0-E_{NF,0})\cdot f_{NF,0}}\cdot\frac{GDP_0}{GDP_t}$$

把公式（12）代入上式，得

$$A=1-\frac{\left[(1-B)\cdot\frac{E_0}{GDP_0}\cdot GDP_t-E_{NF,t}\right]\cdot f_{NF,t}}{(E_0-E_{NF,0})\cdot f_{NF,0}}\cdot\frac{GDP_0}{GDP_t}$$

$$=1-\frac{\left[(1-B)\cdot E_0-E_{NF,t}\cdot\frac{GDP_0}{GDP_t}\right]\cdot f_{NF,t}}{(E_0-E_{NF,0})\cdot f_{NF,0}}$$

整理上式，则可推出

$$B=1-\frac{(1-A)\cdot(E_0-E_{NF,0})\cdot f_{NF,0}}{E_0\cdot f_{NF,t}}-\frac{E_{NF,t}}{E_0}\cdot\frac{GDP_0}{GDP_t}$$

把始年的非化石能源结构比重$s_0=\frac{E_{NF,0}}{E_0}$带入上式，可推出

$$B=1-(1-A)\cdot(1-s_0)\cdot\frac{f_{NF,0}}{f_{NF,t}}-\frac{E_{NF,t}}{E_0}\cdot\frac{GDP_0}{GDP_t}\qquad(2.13)$$

假设化石能源结构保持不变，则单位化石能源排放的二氧化碳不变，即$f_{NF,0}=f_{NF,t}$，则上式简化为：

$$B=1-(1-A)(1-s_0)-\frac{E_{NF,t}\cdot GDP_0}{E_0\cdot GDP_t}\qquad(2.14)$$

通过公式（2.14），可以求得已知未来经济增长情况下的节能目标。

2. 假设2020年能源消费量已知

如果 E_t 为已知，由于公式（7）始终成立、不随化石能源比重变化而变化，则把带 $s_t = \frac{E_{NF,t}}{E_t}$ 带入公式（7），得到：

$$B = 1 - (1 - A) \cdot \frac{(1 - s_0)}{(1 - \frac{E_{NF,t}}{E_t})} \cdot \frac{f_{NF,0}}{f_{NF,t}} \quad (2.15)$$

通过公式（15）可以计算得到不同一次能源消费情景下，对应的节能目标要求。

（三）计算结果及分析

1. 不同GDP增速下的节能目标

下面假设化石能源结构保持不变，则单位化石能源排放的二氧化碳不变。

（1）45%碳强度控制目标

假如要实现2020年单位GDP二氧化碳排放下降45%目标，按照国家统计局发布的数据，取各数值如下：$A = 45\%$，$E_{NF,t} = 6.76$，$E_0 = 23.60$；$GDP_0 = 184937.4$，$s_0 = 7.1\%$。给定不同的GDP增速后，可以计算得到不同的 GDP_t，则通过公式（2.14）计算得到不同经济增长速度下，实现单位GDP二氧化碳排放强度下降45%目标对应的节能目标需求（参见表2-8）。

表2-8 2020年碳强度45%目标条件下，固定非化石能源规模对应节能目标

2005～2020年GDP增速（%）	2020年GDP（亿元）	2005～2020年碳强度下降目标	2020年碳排放（万t）	2005～2020年能耗强度下降率需求（%）	2020年能源消费量（万tce）	2020年非化石能源消费（万tce）	2020年非化石能源比重（%）
6.00	443213	45.0	666945	36.95	356583	67600	18.96
6.50	475630	45.0	715725	37.77	377719	67600	17.90
7.00	510248	45.0	767819	38.52	400291	67600	16.89
7.50	547207	45.0	823434	39.22	424389	67600	15.93
8.00	586653	45.0	882792	39.88	450109	67600	15.02
8.50	628740	45.0	946124	40.48	477550	67600	14.16

续表

2005～2020年GDP增速（%）	2020年GDP（亿元）	2005～2020年碳强度下降目标	2020年碳排放（万t）	2005～2020年能耗强度下降率需求（%）	2020年能源消费量（万tce）	2020年非化石能源消费（万tce）	2020年非化石能源比重（%）
8.93	667171	45.0	1003956	40.96	502608	67600	13.45
9.50	721500	45.0	1085710	41.56	538032	67600	12.56
10.00	772529	45.0	1162498	42.05	571304	67600	11.83
10.50	826911	45.0	1244332	42.50	606762	67600	11.14
11.00	884850	45.0	1331517	42.92	644539	67600	10.49
11.50	946559	45.0	1424377	43.31	684774	67600	9.87
12.00	1012267	45.0	1523254	43.67	727617	67600	9.29

表2－8说明，如果“十二五”、“十三五”经济增长速度达到6.6%（2005～2020年年均经济增长8.0%），要想实现2020年45%的碳强度控制目标，2020年能源消费需控制在45.0亿吨标准煤左右，按照6.76亿吨标准煤的初步规划，2020年非化石能源比重可以达到15.02%。

如果“十二五”、“十三五”经济增长速度达到目前看比较可能的8%（2005～2020年年均经济增长8.93%），要想实现2020年45%的碳强度控制目标，2020年能源消费将达到50.3亿吨标准煤左右，按照6.76亿吨标准煤的初步规划，2020年非化石能源比重只能达到14.16%，15%的预期目标存在风险。节能目标必须要从本章第三节预测的39.88%提高到40.96%，提高1.08个百分点，2020年能源消费量从第三节预测的51.18亿吨标准煤，再减少0.92亿吨标准煤。

如果2010～2020年经济发展速度超过8%，则一次能源消费量更高，初步规划的2020年6.76亿吨标准煤的非化石能源供应量，更难满足占一次能源消费比重15%的预期目标，必须要提出更高的节能目标，以弥补可再生能源规划的不足，控制能源消费和二氧化碳排放的过快增长。

（2）40%碳强度控制目标

假如要实现2020年单位GDP二氧化碳排放下降40%目标，按照国家统计局发布的数据，取各数值如下：$A=40\%$，$E_{NF,t}=6.76$，$E_0=23.60$；$GDP_0=184937.4$，$s_0=7.1\%$。给定不同的GDP增速后，可以计算得到不同的GDP_t，则通过公式（2.14）计算得到不同经济增长速度下，实现单位

GDP二氧化碳排放强度下降45%目标对应的节能目标需求（参见表2-9）。

表2-9说明，如果“十二五”、“十三五”经济增长速度达到5.88%（2005~2020年年均经济增长7.5%），要想实现2020年40%的碳强度控制目标，2020年能源消费需约为45.6亿吨标准煤，按照6.76亿吨标准煤的初步规划，2020年非化石能源比重可以达到14.8%，比较接近15.0%的预期目标。

表2-9　2020年碳强度40%目标条件下，固定非化石能源规模对应节能目标

2005~2020年GDP增速（%）	2020年GDP（亿元）	2005~2020年碳强度下降目标（%）	2020年碳排放（万t）	2005~2020年能耗强度下降率（%）	2020年能源消费量（万tce）	2020年非化石能源消费（万tce）	2020年非化石能源比重（%）
6.00	443213	40.0	727576	32.31	382855	67600	17.66
6.50	475630	40.0	780791	33.12	405912	67600	16.65
7.00	510248	40.0	837620	33.88	430536	67600	15.70
7.50	547207	40.0	898292	34.58	456825	67600	14.80
8.00	586653	40.0	963046	35.23	484882	67600	13.94
8.50	628740	40.0	1032135	35.83	514818	67600	13.13
8.93	667171	40.0	1095225	36.32	542154	67600	12.47
9.50	721500	40.0	1184411	36.92	580798	67600	11.64
10.00	772529	40.0	1268180	37.40	617095	67600	10.95
10.50	826911	40.0	1357453	37.85	655776	67600	10.31
11.00	884850	40.0	1452564	38.27	696988	67600	9.70
11.50	946559	40.0	1553866	38.66	740881	67600	9.12
12.00	1012267	40.0	1661732	39.03	787619	67600	8.58

如果“十二五”、“十三五”经济增长速度达到目前看比较可能的8%（2005~2020年年均经济增长8.93%），要想实现2020年40%的碳强度控制目标，2020年能源消费将达到54.2亿吨标准煤左右，按照6.76亿吨标准煤的初步规划，2020年非化石能源比重只能达到12.47%，15%的预期目标存在很大风险。为此，节能目标必须要从本章第三节预测的34.42%提高到36.32%，提高1.90个百分点，2020年能源消费量从第三节预测的55.83

亿吨标准煤，再减少1.61亿吨标准煤。

如果2010~2020年经济发展速度超过8%，则一次能源消费量更高，初步规划的2020年6.76亿吨标准煤的非化石能源供应量，更难满足占一次能源消费比重15%的预期目标，必须要提出相对更高的节能目标。

因此，与45%碳强度控制目标相比，探讨40%碳强度控制目标时这一问题的重要性更高，更加迫切。

2. 不同能源消费量对应的节能目标

（1）45%碳强度控制目标

在45%碳强度目标条件下，如果2020年能源消费量不能控制在45亿吨，达到48亿吨标准煤，则2020年非化石能源比重从15%下降到14.1%，对应的2005~2020年节能目标需提高0.7个百分点，如果“十一五”、“十二五”节能目标分别保持20%和15%不变，则“十三五”节能目标需要提高1.0个百分点，此时对应的经济增长速度是2010~2020年平均增速8.54%。如果2020年一次能源消费量更高，意味着达到同样单位GDP能耗下降目标的条件下，经济增长速度更快，因此节能对确保二氧化碳下降45%目标必须要对节能提出更高的要求（参见表2-10）。

表2-10　45%碳强度控制目标条件下，不同的2020年一次能源消费量对应的节能目标要求和GDP增速

项目	2020年一次能源消费量（亿tce）	2020年非化石能源规划（亿tce）	2020年非化石能源比重（%）	2005~2020年节能目标要求（%）	“十三五”节能目标（%）	2020年GDP（万亿元）	GDP增速（%）
初步规划	45	6.76	15.0	39.9	11.6	58.6	8.00
需求情景1	48	6.76	14.1	40.5	12.5	63.2	8.54
需求情景2	51	6.76	13.3	41.1	13.4	67.9	9.05
需求情景3	54	6.76	12.5	41.6	14.1	72.5	9.53
需求情景4	57	6.76	11.9	42.0	14.7	77.1	9.98

（2）40%碳强度控制目标

在40%碳强度目标条件下，如果2020年能源消费量不能控制在45亿吨，达到48亿吨标准煤，则2020年非化石能源比重从15%下降到14.1%，对应的2005~2020年节能目标需提高0.7个百分点。如果“十一五”、“十二五”节能目标分别保持12%和6.85%不变，则“十三五”节能目标需要提高 1.0 个百分点。此时对应的经济增长速度是 2010～2020 年平均增速 8.54%。未来一次能源消费越高，15%非化石能源目标越难实现，对节能目标的要求也越高（参见表 2－11）。

表 2－11 40%碳强度控制目标条件下，不同的 2020 年一次能源消费量对应的节能目标要求和 GDP 增速

项目	2020 年一次能源消费量（亿 tce）	2020 年非化石能源规划（亿 tce）	2020 年非化石能源比重（%）	2005～2020 年节能目标要求（%）	"十三五"节能目标（%）	2020 年 GDP（万亿元）	GDP 增速（%）
初步规划	45	6.76	15.0	34.4	6.8	53.8	7.37
需求情景 1	48	6.76	14.1	35.1	7.8	58.0	7.92
需求情景 2	51	6.76	13.3	35.7	8.7	62.2	8.42
需求情景 3	54	6.76	12.5	36.3	9.5	66.4	8.90
需求情景 4	57	6.76	11.9	36.8	10.2	70.6	9.34

与 45%碳强度控制目标方案相比，对应同样的 2020 年能源消费量，40%碳强度控制方案中允许的经济增长速度偏低，节能目标要求也偏低。

五、各变量关系小结

本章探讨的主要是碳排放目标与非化石能源比重目标、能源消费强度目标之间的关系。在假设化石能源结构不变的简化情况下，这三个目标之间能够相互推算，相互形成一个三角形。在图 2－2 中，这三个变量组成了一个立体图形的基础。

上述三个指标本质上都是相对指标，是 GDP 目标、一次能源消费目标、二氧化碳排放总量目标、非化石能源供应目标四个指标的有机组合。这四个指标以 GDP 目标为定点，形成一个立体三角形，向下衍射至最下层的三角形，形成了对应关系。

经过前几节的公式推导和定量分析可知，对上述七个指标而言，在碳强度控制目标确定的条件下：

● 如果给定最底层的任意一个指标，则底层的另外一个指标可以推算得到。同时，顶层的四个指标是可以动态变化。

● 如果给定最底层的任意一个指标，且在顶层的立体三角形各指标中指定任意 1 个指标，则全部 7 个指标都能够推算得到固定数值。

• 如果给定顶层的立体三角形各指标中任意两个指标，则全部七个指标都能够推算得到固定数值。

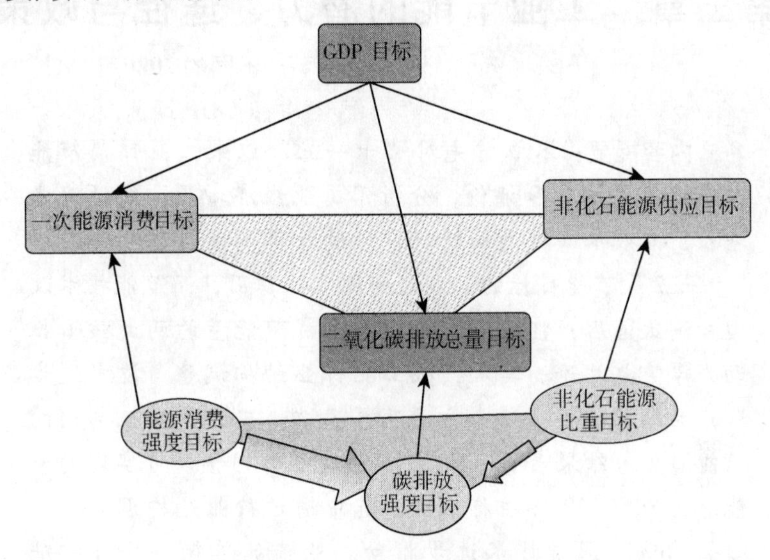

图2-2 各变量之间的关系

参考资料

1. 国家统计局，中国统计年鉴2010［M］. 北京：中国统计出版社，2010.

2. 国家统计局能源统计司. 中国能源统计年鉴2009［M］. 北京：中国统计出版社，2010.

3. International Energy Agency. Key World Energy Statistics［OL］. 国际能源署网站 www.iea.org，2010.

第三章　工业节能的潜力、途径与政策

内容提要：本章首先对“十一五”以来工业部门节能进展进行了总结和评价，分析了工业经济增长、能源消费增长、能效水平提高等情况，通过计算，提出工业部门对“十一五”节能目标的完成起到决定性作用，而节能技术改造和淘汰落后产能又是工业部门形成节能量的两大核心推动力等重要结论。其次，从工业行业结构调整、技术进步和产品结构调整等三个方面测算了“十二五”工业部门的节能潜力。结果表明，到2015年工业部门预计可实现的节能潜力为50720万吨标准煤，其中通过行业结构调整可贡献20.6%，通过技术进步推动工业产品单耗下降可贡献59.1%，通过行业内产品结构调整及其他因素可贡献25.4%。在假定的前提条件下，上述节能潜力可以保障完成工业节能目标和任务。最后，从新增产能能效控制、推进节能技术进步、强化节能管理和基础工作等方面提出了政策建议。

一、“十一五”工业部门节能进展的总结与评价

（一）工业发展与能源消费现状

1. 工业发展现状

（1）“十五”以来工业引领中国经济快速增长，重化趋势明显

进入21世纪，中国工业化、城市化进程加快，对工业产品的需求量急速增加，带动了工业的快速发展。2001～2009年，中国工业部门增加值年均增长速度达到11.1%，同期全国GDP年均增长速度为10.4%，工业增加值增速高于全国GDP增速0.7个百分点，工业对经济总量增长的贡献率保持在45%以上，工业部门成为GDP增长的主要推动部门。

与此同时，产业结构"重化"趋势明显，工业增加值占全国GDP比重在2002~2006年一直处于上升态势（图3-1）。2001年工业增加值占全国GDP的比重为39.7%，2006年达到42.2%，比2002年提高了2.5个百分点。虽然2006年以后比重有所降低，但在2009年仍保持40.1%的较高水平。

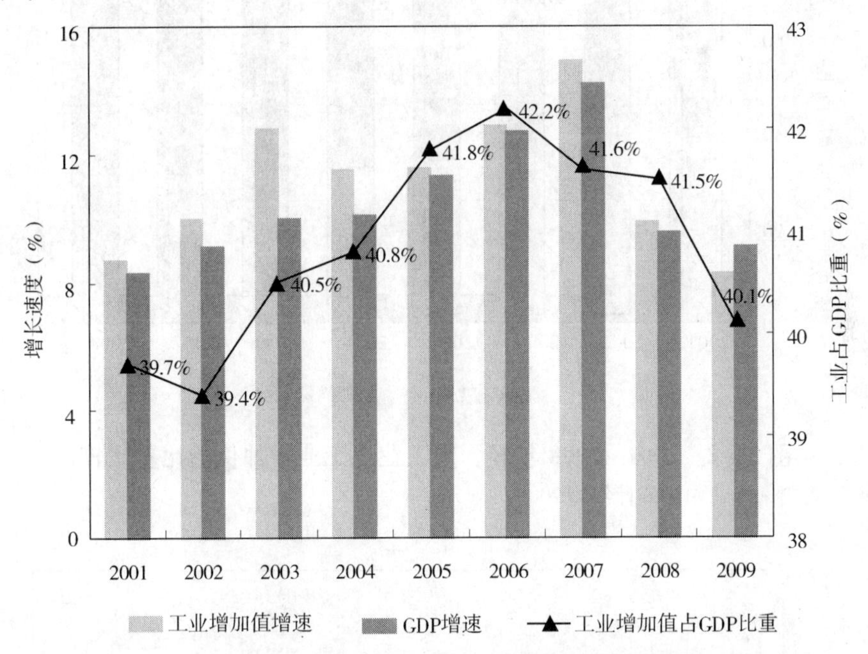

图3-1　2001~2009年中国GDP和工业增加值增长情况

注：GDP及工业增加值增速按不变价格计算，比重按当年价格计算。

资料来源：中国统计摘要2010。

在工业内部，以钢铁、有色、建材、化工、石化等高耗能行业为代表的重工业增长更为迅速，重工业在工业中的比重进一步提高，由2001年的62.9%提高到2008年的70.5%，增长了7.6个百分点（见图3-2和图3-3）。

（2）主要高耗能产品产量增速惊人

"十五"以来，随着中国国民经济的快速增长，基础设施建设以及广大人民生活水平的改善和提高，对工业产品的需求不断增加，工业得到了快速发展。目前钢铁、有色、建材、化工、石化等重要基础原材料行业的产品产量增长迅速，产量年均增长速度均显著高于同期GDP增长速度，主要高耗能工业产品生产弹性系数大都大于1（表3-1）。

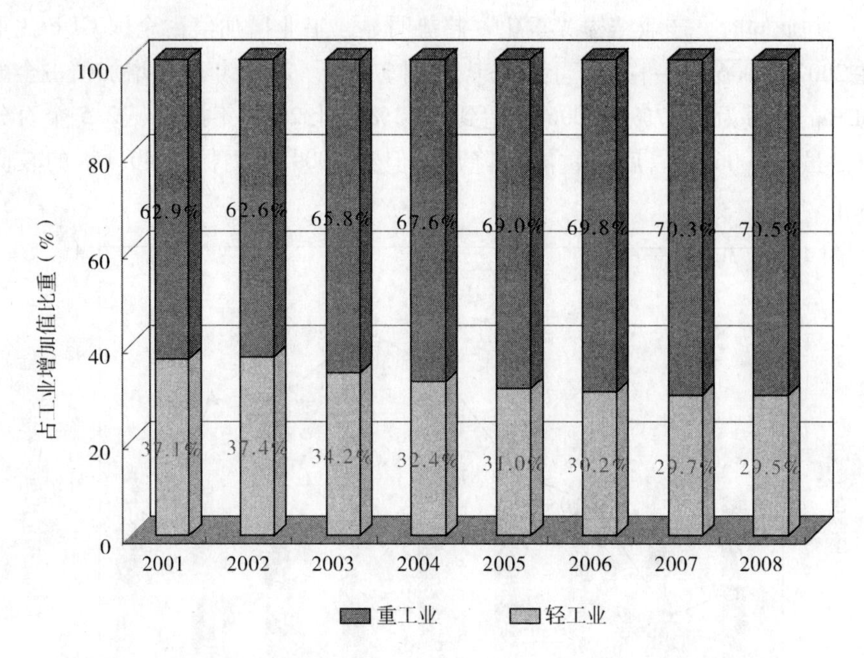

图3-2　2001~2008年轻、重工业占工业增加值的比重比较

资料来源：中国统计年鉴2009。

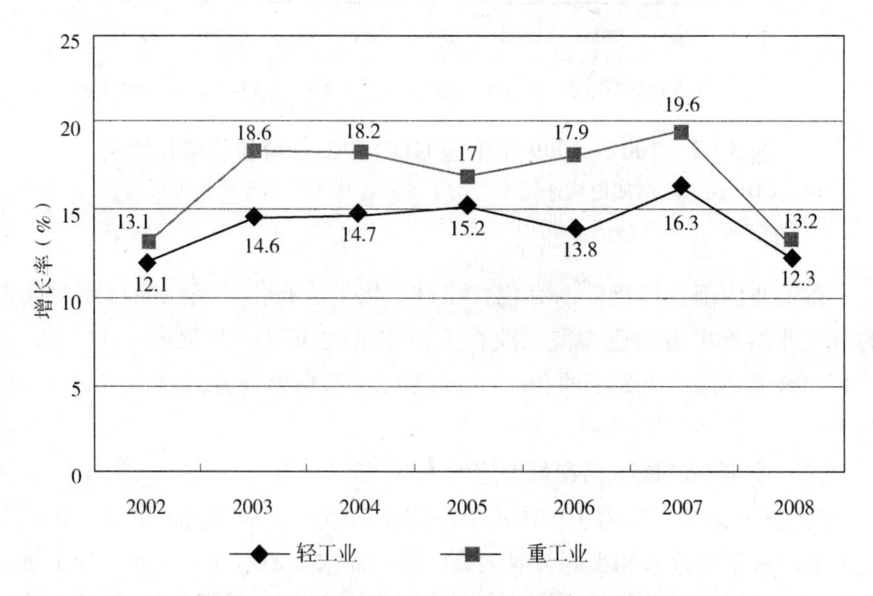

图3-3　轻、重工业增加值增长速度比较

资料来源：中国统计年鉴2009。

表3-1 主要高耗能产品产量变化与国民经济增长的关系

项　目	1980~1990年	1990~2000年	2000~2010年
1. GDP年均增长率（%）	9.28	10.43	10.48
2. 主要产品产量年均增长率（%）			
1）钢	5.98	6.83	17.37
2）十种常用有色金属	6.73	12.60	14.87
3）水泥	10.14	11.03	12.17
4）平板玻璃	12.58	8.57	13.71
5）合成氨	3.58	4.68	3.97
6）乙烯	12.36	11.57	11.70
7）烧碱	5.72	7.13	12.81
8）纯碱	8.93	8.19	9.33
9）纸和纸板	9.88	6.13	14.74
3. 主要产品生产弹性系数			
1）钢	0.64	0.65	1.66
2）十种常用有色金属	0.73	1.21	1.42
3）水泥	1.09	1.06	1.16
4）平板玻璃	1.36	0.82	1.31
5）合成氨	0.39	0.45	0.38
6）乙烯	1.33	1.11	1.12
7）烧碱	0.62	0.68	1.22
8）纯碱	0.96	0.79	0.89
9）纸和纸板	1.06	0.59	1.41

资料来源：根据历年《中国统计年鉴》相关数据进行整理。

2005~2009年，粗钢产量由35324万吨增加到56803万吨，增长0.61倍，年均增长速度达12.6%；焦炭产量由25412万吨增加到35510万吨，增长0.40倍，年均增长速度达8.7%；十种常用有色金属产量由1635万吨增加到2681万吨，增长0.64倍，年均增长速度为13.2%，其中电解铝产量由779万吨增加到1297万吨，增长0.66倍，年均增长速度13.6%；水泥产量由10.7亿吨增加到16.5亿吨，增长0.54倍，年均增长速度11.5%；平板玻璃产量由40210万重箱增加到56073万重箱，增长0.39倍，年均增长速度8.7%；乙烯产量由756万吨增加到1066万吨，增长0.41倍，年均增长速度9.0%；烧碱产量由1240万吨增加到1832万吨，增长0.48倍，年均增长速度10.3%；纯碱产量由1421万吨增加到1938万吨，增长0.36倍，年均增长速度8.1%（图3-4）。

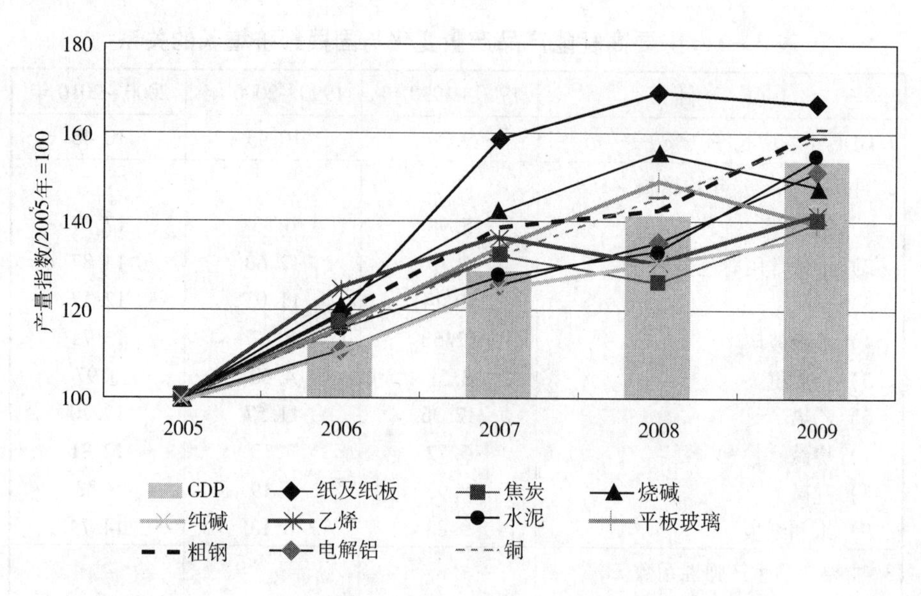

图3－4　GDP增速及主要高耗能产品产量增长指数比较

资料来源：根据历年《中国统计年鉴》相关数据进行整理。

近年来中国工业在国际上的地位不断提高，一些重要工业产品已多年位居世界第一位，占全世界总产量的比重也保持在20%以上，部分产品甚至高达50%（见图3－5）。

自1996年起，钢铁产量连续14年保持世界第一，并且遥遥领先于其他国家。到2009年底，十种有色金属总产量已连续8年位居世界第一位。水泥产量自1985年起已连续25年保持世界第一位；平板玻璃产量已连续20年位居世界第一位；自1993年起，建筑陶瓷、卫生陶瓷产量就位居世界第一位。2009年，原油一次加工能力约4.2亿吨/年，为仅次于美国的世界第二大炼油国。1993年，烧碱产量首次超过日本，成为世界第二大生产国；2006年烧碱产量以1512万吨超过美国后，连续4年产量居世界第一。2008年纯碱产量达到1881.3万吨，居世界首位。2008年中国机制纸及纸板的产量达到8391万吨，超越美国居世界第一位。

2. 工业能源消费

（1）工业能源消费总量同步增长，比重有所提高

工业是中国能源消费的最大部门，工业能源消耗占全国能源消费总量的比重始终保持在70%左右。2005～2009年，中国工业能源消费以年均6.6%的速度增长，比同期能源消费总量增长速度低0.2个百分点（见图3－6，2009年工业能源消费量为估计值）。

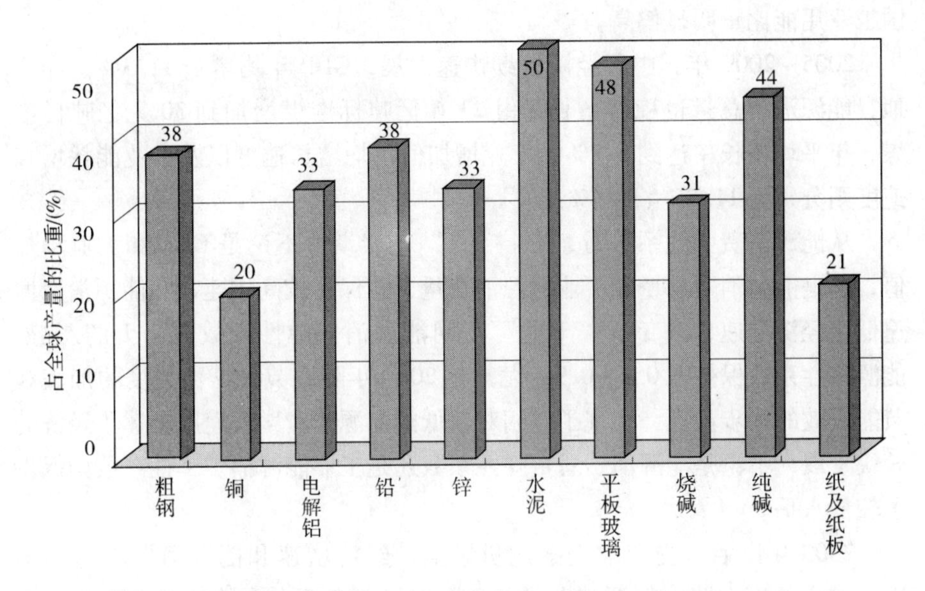

图3-5 2008年中国主要高耗能产品产量占全球总产量的比重

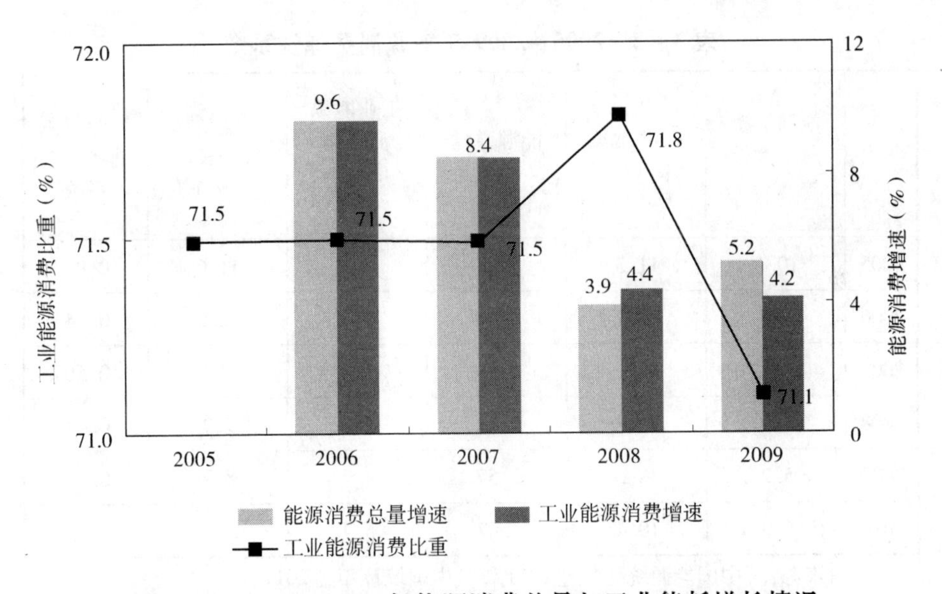

图3-6 2005~2009年能源消费总量与工业能耗增长情况

注：能源消费均按等价值计算，2009年工业能源消费量为估计值。

据初步估计，2009年中国工业总能源消费量约为217993万吨标准煤，约占全国能源消费总量的71.1%，比2000年提高了近3个百分点。与世界发达国家工业能源消费一般只占能源消费总量的30%左右的格局比较，中国工业用能比重明显偏高。

2005~2009年，中国经济持续快速发展，GDP年均增长11.3%，相应地，能源消费总量也稳步增长，由23.6亿吨标准煤增加到30.7亿吨标准煤，年平均增长率达到6.8%；工业增加值年均增长速度以及工业能耗增长速度则分别为11.5%、6.6%。

从能源消费弹性系数看，“十一五”前半期，不论是GDP和工业增加值，还是能源消费总量和工业能源消费量，均保持较高增速，但能源消费增速低于经济增速，改变了“十五”期间能源消费弹性系数大于1的态势，能源弹性系数保持在0.6~0.9；尤其是2007年随着节能工作力度的加大和节能成效的逐步显现，实现了以相对较低的能源消费增长速度支撑了经济的较快发展，不论是能源消费总量弹性系数还是工业能源消费弹性系数均保持了较低水平。

2007年以后，受全球金融危机影响，经济增速和能源消费增速均出现了较大幅度下降，能源消费弹性系数保持在0.5左右的较低水平（见表3-2）。

表3-2 2005~2009年能源消费弹性系数

年份	能源消费总量增长率（%）	GDP增长率（%）	能源弹性系数	工业能源消费量增长率（%）	工业增加值增长率（%）	工业能源消费弹性系数
2005	10.6	11.3	0.94	11.3	11.6	0.97
2006	9.6	12.7	0.76	9.6	12.9	0.74
2007	8.4	14.2	0.59	8.4	14.9	0.56
2008	3.9	9.6	0.41	4.4	9.9	0.44
2009	5.2	9.2	0.57	4.7	8.7	0.54
2010	6.0	10.4	0.57	5.4	12.2	0.45

资料来源：《中国能源统计年鉴2011》；《中国统计年鉴2011》。

（2）高耗能工业能源消费量增长呈现前高后低态势

“十一五”前期，高耗能工业①主要产品产量增长迅速（如图3-4所

① 本文所指的高耗能工业包括采矿业、造纸业、石油化工业、建材工业、钢铁工业、有色金属工业、电力蒸汽热水生产业等。

示)，带来这些行业能源消费量也高速增长。如2006年和2007年，高耗能工业能源消费量增长速度分别达到9.5%和8.6%。2007年以后，随着整体经济增速和工业经济增速的回落，高耗能工业的能源消费增长速度也出现大幅下降，维持在4.0%左右的低增长水平，2008年增速低于工业能源消费增速0.7个百分点，2009年增速与工业部门能源消费平均增速持平。

相应地，高耗能工业能源消费占工业能源消费总量的比重也呈现先升后降的趋势（如图3-7所示)。2005年和2006年，高耗能工业能源消费占工业能源消费总量的比重为81.5%，2007年这一比重升至81.6%；2008年和2009年比重呈下降趋势，为81.1%，低于2005年。

从具体行业看，2005~2009年，采矿工业能源消费量从13717万吨标准煤增长到18490万吨标准煤，年均增长7.8%，高于工业能耗平均增速0.9个百分点；钢铁工业能源消费量从38967万吨标准煤增长到53430万吨标准煤，年均增长8.2%，高于工业能耗平均增速1.3个百分点；石油化工工业能源消费量从36345万吨标准煤增长到42632万吨标准煤，年均增长4.1%，低于工业能耗平均增速2.8个百分点；建材工业能源消费量从19983万吨标准煤增长到23595万吨标准煤，年均增长4.2%，低于工业能耗平均增速2.7个百分点；有色金属工业能源消费量从7567万吨标准煤增长到11625万吨标准煤，年均增长11.3%，高于工业能耗平均增速4.4个百分点；电力工业能源消费量从16633万吨标准煤增长到20571万吨标准煤，年均增长5.5%，低于工业能耗平均增速1.4个百分点；造纸工业能源消费量从3446万吨标准煤增长到4603万吨标准煤，年均增长7.5%，高于工业能耗平均增速0.6个百分点。可以看到，钢铁工业和有色金属工业属于能源消费量增长相对较快的行业，而石油化工工业、建材工业和电力工业的能源消费量增长相对偏缓的水平，但相对于2000年水平，这一比重仍上升了6.5个百分点。

从2009年各高耗能行业能源消费比重看，钢铁行业能源消费比重最大，占到24.2%；其次是石油化工工业，占到19.3%；建材工业和电力工业紧居其后，所占比重分别为10.7%和9.3%。其余几个行业所占比重保持在2%~8%。所有这些高耗能行业能源消费量占工业能源消费量的比重达到79.4%，对工业能源消费状况起着举足轻重的影响作用（见表3-3）。

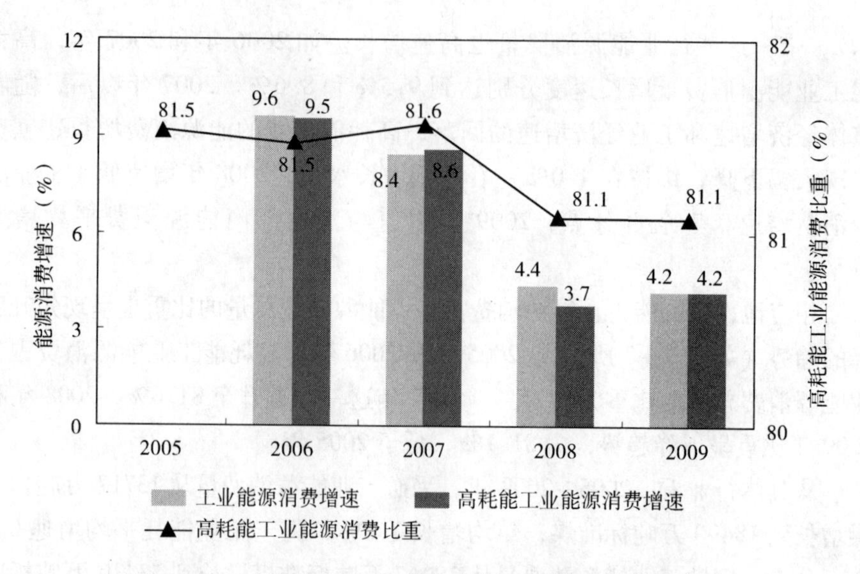

图 3－7　2005～2009 年高耗能行业能耗增长情况及占工业能源消费量的比重

资料来源：根据 2005～2008 年中国能源统计年鉴中的数据进行整理，2009 年数据为估算值，仅供参考。

表 3－3　2005～2009 年按主要高耗能行业分类的能源消费量及构成

项　目	单位	2006 年	2007 年	2008 年	2009 年	2010 年
工业能源消费量	万 tce	184945	200531	209302	219197	231102
煤炭工业能耗	万 tce	7673	8270	9356	10207	10574
占工业能耗比重	%	4.1	4.1	4.5	4.7	4.6
纺织工业能耗	万 tce	6109	6528	6396	6251	6205
占工业能耗比重	%	3.3	3.3	3.1	2.9	2.7
造纸工业能耗	万 tce	3792	3643	3999	4101	3962
占工业能耗比重	%	2.1	1.8	1.9	1.9	1.7
石化工业能耗	万 tce	12499	13445	13747	15328	16583
占工业能耗比重	%	6.8	6.7	6.6	7.0	7.2
化工工业能耗	万 tce	25995	28621	28961	28946	29689
占工业能耗比重	%	14.1	14.3	13.8	13.2	12.8
建材工业能耗	万 tce	22638	23112	25461	26882	27683
占工业能耗比重	%	12.2	11.5	12.2	12.3	12.0

续表

项　目	单位	2006年	2007年	2008年	2009年	2010年
钢铁工业能耗	万tce	44730	50187	51863	56404	57534
占工业能耗比重	%	24.2	25.0	24.8	25.7	24.9
有色金属工业能耗	万tce	8862	10868	11288	11401	12841
占工业能耗比重	%	4.8	5.4	5.4	5.2	5.6
电力工业能耗	万tce	18004	18892	18676	19575	22584
占工业能耗比重	%	9.7	9.4	8.9	8.9	9.8

注：电力按发电煤耗法折算为标准煤。

资料来源：国家统计局，国家能源局．中国能源统计年鉴（2011）。

（二）工业领域能源效率状况

1. 工业总体能源利用效率不断提高

工业部门在中国国民经济体系中居于主导地位，同时也是最大的能源用户，历来是政府节能管理的重点领域。单位GDP能耗降低20%这一“十一五”国家节能目标的提出，为工业节能的推进提供了极好的机遇。

2007年，工业部门能源效率约为53.8%，比2005年的53.4%提高了0.4个百分点。1980～2007年中国工业能源效率的变化见表3-4。工业部门能源利用效率的提高，归因于工业部门大力淘汰小火电等高耗能落后产能、高耗能行业的节能技术改造以及新建高耗能产能大多具有较高的能源效率水平。

表3-4　1995～2007年中国工业能源效率水平变化（%）

项　目	1995年	2000年	2005年	2007年
1. 中间环节效率	75.8	67.8	69.6	68.4
2. 终端利用效率（3×4×5×6）	45.21	49.2	52.2	52.9
3. 农业	29.5	32.0	33.0	33.0
4. 工业	44.16	49.6	53.4	53.8
5. 交通运输	30.0	28.1	28.6	26.6
6. 民用与商业	45.0	66.2	71.5	73.3
7. 能源效率（1×2）	34.3	33.4	36.3	36.2
8. 能源开采	—	33.5	35.8	33.2
9. 能源系统总效率（7×8）	—	11.2	13.0	12.0

资料来源：1. 周凤起，周大地．《中国中长期能源战略》；
2. 王庆一．《中国能源数据2011》。

2. 主要工业产品单位能耗持续下降

“十一五”以来，政府推进工业节能的努力，主要是针对钢铁、有色、煤炭、电力、石油石化、化工、建材等高耗能工业行业。为推进工业节能，政府在建立和完善有关工业节能的法律、法规、标准的同时，在产业发展、投资、税收、价格、科技等方面制定并实施了一系列新的工业节能支持政策和措施，以引导、激励、约束工业部门调整和优化内部产业结构和产品结构，加强能源管理，推广应用工业节能新技术、新工艺、新产品，淘汰高能耗、低能效的工业生产能力。在政府和工业部门的共同努力下，工业节能工作取得了明显成效，主要高耗能产品单耗指标不同程度地下降，工业能源利用经济效率不断提高。

2010 年，火电供电煤耗 333 克标煤/千瓦时，吨钢可比能耗 604 千克标煤/吨，电解铝交流电耗 13979 千瓦时/吨，氧化铝、铜冶炼、水泥、炼油、乙烯、合成氨、烧碱、纯碱、电石、纸和纸板单位产品综合能耗分别为 632 千克标煤/吨、360 千克标煤/吨、100 千克标煤/吨、73 千克标油/吨、628 千克标油/吨、1380 千克标煤/吨、720 千克标煤/吨、330 千克标煤/吨、1000 千克标煤/吨和 380 千克标煤/吨；上述产品单位能耗分别比 2005 年下降 10.0%、13.0%、4.1%、36.7%、50.9%、20.6%、7.9%、10.6%、5.5%、16.2%、18.9%、14.1% 和 28.4%（见图 3-8，表 3-5）。

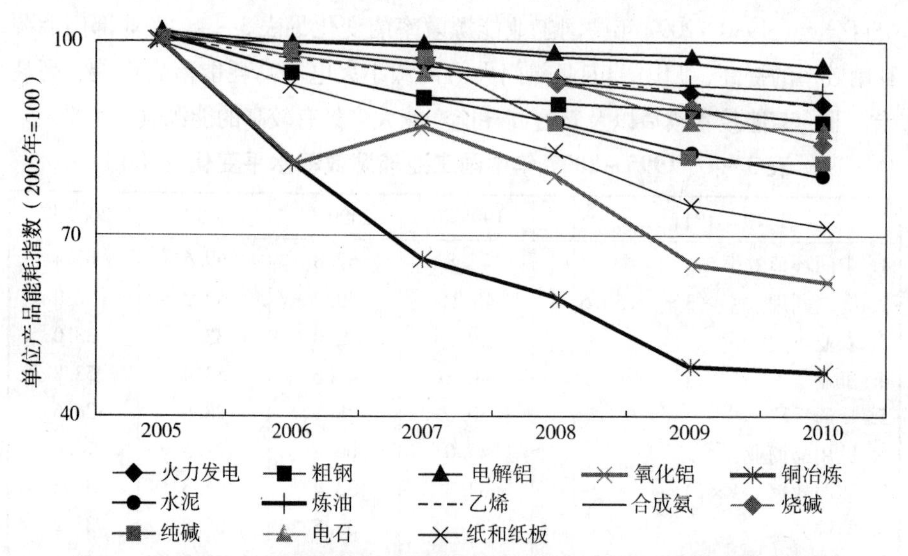

图 3-8 2005～2010 年主要高耗能产品单位综合能耗变化指数图

注：单位产品综合能耗中电力按当量值 0.1229 千克标煤/千瓦时折算。

资料来源：根据国家统计局和各行业协会有关资料整理。

表3－5　2005～2010年主要高耗能产品单位综合能耗变化情况

产品	单位	2005年	2006年	2007年	2008年	2009年	2010年	五年累计下降（%）
火力发电	gce/kWh	370	366	356	345	340	333	10.0%
粗钢	kgce/t	694	640	632	627	620	604	13.0%
电解铝	kWh/t	14575	14661	14488	14323	14171	13979	4.1%
氧化铝	kgce/t	998	803	868	794	657	632	36.7%
铜冶炼	kgce/t	733	595	486	444	366	360	50.9%
水泥	kgce/t	126	120	115	110	104	100	20.6%
炼油	kgoe/t	79.3	76.9	75.2	74.4	73.8	73.0	7.9%
乙烯	kgoe/t	1004	967	956	942	925	897	10.6%
合成氨	kgce/t	1460	1456	1426	1426	1400	1380	5.5%
烧碱	kgce/t	859	828	814	791	770	720	16.2%
纯碱	kgce/t	407	401	397	355	333	330	18.9%
电石	kgce/t	1164	1141	1107	1095	1018	1000	14.1%
纸和纸板	kgce/t	531	494	468	440	395	380	28.4%

资料来源：同图3－8。

3. 工业部门形成的节能量对全国节能目标的完成起到重要的支撑作用

“十一五”期间，全国万元GDP能耗累计下降19.1%，形成节能量63334万吨标准煤；其中工业部门单位工业增加值能耗累计下降20.6%（全口径），形成节能量49930万吨标准煤，对全国总节能量的贡献率达到78.8%（见表3－6），工业部门节能对全国节能目标的完成发挥了至关重要的作用。

表3－6　“十一五”工业部门节能对全国节能量的贡献度

年　份	万元GDP能耗（tce/万元）	下降率（%）	全国节能量（万tce）	单位工业增加值能耗（全口径）（tce/万元）	下降率（%）	工业节能量（万tce）	工业节能贡献率（%）
2005	1.2761			2.1847			
2006	1.2411	2.7	7292	2.1211	2.9	5543	76.0
2007	1.1785	5.0	14900	2.0016	5.6	11971	80.3
2008	1.1172	5.2	15988	1.9010	5.0	11082	69.3
2009	1.0764	3.6	11614	1.8315	3.7	8314	71.6
2010	1.0334	4.0	13538	1.7344	5.3	13020	96.2
五年累计		19.1	63334		20.6	49930	78.8

注：①GDP、工业增加值均按2005年可比价计算；

②工业增加值为全部工业。

资料来源：根据《中国统计年鉴2011》有关数据测算。

在工业部门实现的节能量中，由于技术进步、节能改造和淘汰落后产能等措施带来的主要工业产品单位能耗下降所形成的技术节能量占据了相当比重。本文选取了26种主要工业产品，计算了自2005年以来由于单位产品能耗下降所形成的技术节能量情况（如图3－9所示）。可以看到，技术节能量对工业部门总节能量的贡献率除个别年份（2008年）外，均保持在90%以上，2009年甚至超过工业部门总节能量，弥补了由于其他原因带来的不节能因素。

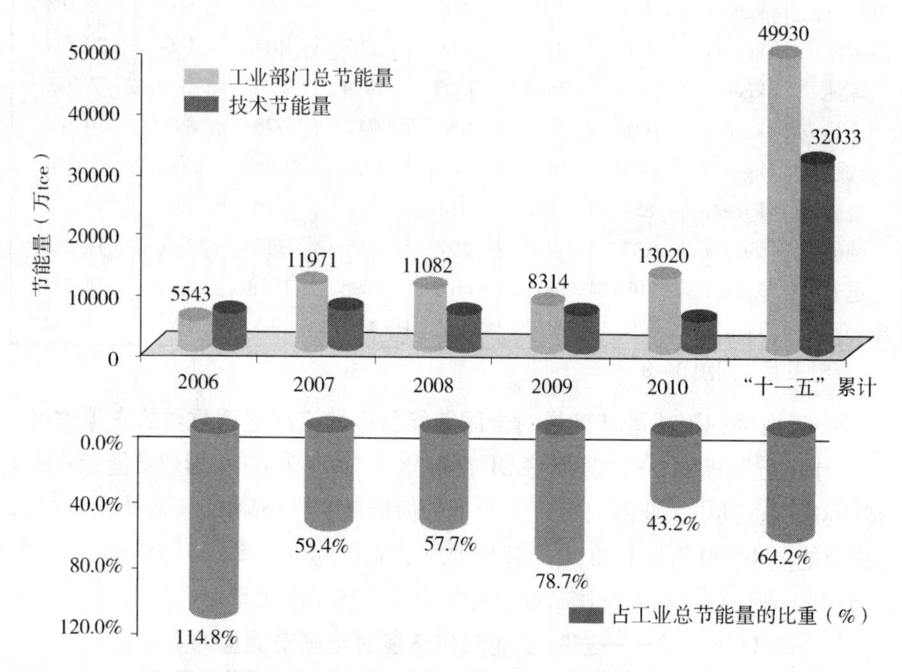

图3－9 技术节能量对工业部门节能的贡献度

注：电耗按等价值进行折算。相关产品单耗数据来自国家统计局和各行业协会。

“十一五”期间，由26种工业产品单耗下降形成的技术节能量为32033万吨标准煤，对工业部门节能的贡献率达到64.2%。通过节能技术改造和淘汰落后产能提高主要产品能源利用效率是工业部门形成节能量的重要源泉之一，是推动工业部门节能工作取得显著成效的决定性因素，对工业节能乃至全社会节能发挥了关键性的贡献和作用。

通过一系列技术政策措施，中国工业部门尤其是高耗能工业部门的生产技术水平和能源利用效率得到了大幅提高，部分指标甚至达到了国际先进水平。表3－7列出了近年来主要工业行业相关技术指标的提高和进步情况。

表3-7 中国主要工业行业相关技术指标的进步情况

指 标	2000年	2006年	2008年	2010年	节能效果
电力 300MW 及以上机组占火电装机容量比重（%）	42.7	48.3	66.1	72.7	<100MW 机组供电煤耗 380~500gce/kWh，>300MW 机组 290~340gce/kWh
钢铁 连铸比（%）	82.5	98.6	99.2	99.8	加工1t钢坯可节能200kgce/t，成材率提高12%
干熄焦普及率（%）	6	40	50	73	处理100万t红焦可节能10万tce
TRT普及率（%）	50	95	98.6	100	吨铁发电量可达30kWh
炼焦 机焦占焦炭产量比重（%）	72	88	96.3	99	生产1t机焦比改良焦和土焦节省炼焦煤0.17t
电解铝 大型预焙槽产量比重（%）	52	82	86	97	160kA以上大型预焙槽比自焙槽节电9%
建材 新型干法水泥产量比重（%）	12	50	61.8	80.7	大型新型干法生产线热耗比机立窑低40%
浮法工艺玻璃产量比重（%）	57	82	83	85	浮法工艺综合能耗比垂直引上工艺低16%
新型墙体材料占墙材产量比重（%）	28	40	50	68	利用工业废渣生产空心砖的能耗比实心粘土砖低1/2~2/3

资料来源：中国电力企业联合会；中国钢铁工业协会；中国炼焦行业协会；中国有色金属工业协会；中国建筑材料工业协会。

二、“十二五”工业部门节能潜力与实现途径分析

（一）“十二五”工业部门的节能任务

工业是节能潜力最大的部门，历来是政府节能管理的重点领域。在“十一五”已经深入有效地挖掘工业部门节能潜力的基础上，继续支持实现“十二五”节能目标，工业部门到底需要承担多大的节能责任？鉴于未来发

展的不确定性，要准确回答这一问题是一件十分困难的事；但在适当设定有关约束条件的情况下，是可以对“十二五”工业节能任务进行测算的，这一工作也是有意义的。

测算方法的基本思路是：在支持实现“十二五”单位GDP能耗降低目标下，基于对工业与全国经济发展之间的关系、“十二五”工业占全国能源需求比重的可能变化趋势的研判，分析并设定一组工业节能任务测算约束性条件，并据此测算“十二五”工业节能任务。采用该测算方法，需要分析并设定一组共四个工业节能任务测算约束性条件：

◆“十二五”全国节能目标；

◆“十二五”全国GDP年均增长速度；

◆“十二五”工业增加值年均增长速度（或产业结构）；

◆ 2015年工业占全国能源需求比重。

一旦设定了上述四个约束性条件，即可具体测算“十二五”单位工业增加值能耗下降任务，以及2015年/2010年工业部门定比节能量任务，并相应确定实现“十二五”全国节能目标对工业节能的贡献率要求。

1. “十二五”GDP增长速度及全国节能目标

“十一五”前四年中国GDP年均增长率为11.3%，国家统计局近日公布2010年上半年GDP增长率为11.1%，预计“十一五”期间中国GDP年均增长率将达到11.1%。对“十二五”中国GDP的年均增长速度，课题组考虑了驱动经济增长的各种因素发展变化态势，资源环境可承受的压力和容量空间，以及各地初步确定的“十二五”经济增长目标，结合国内外相关机构和专家学者的判断，设定中国“十二五”期间GDP增长的理想目标是9%。

在衔接到2020年中国单位GDP二氧化碳排放强度比2005年降低40%~45%、非化石能源比重达到15%的中长期目标条件下，课题组提出到2015年中国能源消费总量应控制在41亿吨标准煤左右。据此设定“十二五”期间中国万元GDP能耗下降目标为16%，相当于2015年万元GDP能耗比2005年下降33%。

2. 对工业增加值增速及产业结构的判断

改革开放以来全国GDP和工业部门增加值之间的增长关系表明，两者的增速之比存在着强相关：在全国经济高速增长过程中，工业部门增加值和全国GDP增速之比越大；全国经济发展速度较低时，工业部门增加值和全国GDP增速之比越小（见图3-10）。

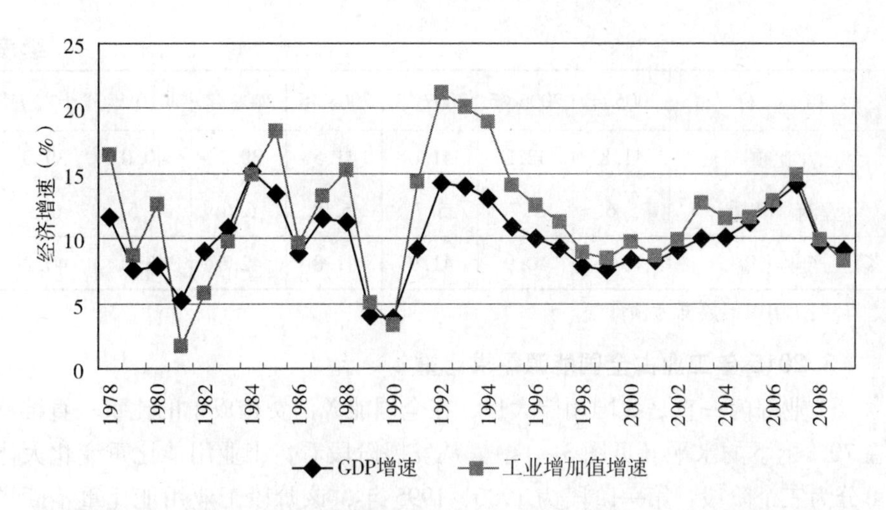

图3-10 工业增加值和全国GDP增长速度比较（1978~2009年）

资料来源：中国统计摘要2010。

“八五”（1991~1995年）期间，我国GDP年均增速为12.3%，同期工业增加值年均增速则达到17.7%，工业增加值与全国GDP增速之比为1.44；而在经济增长相对平缓的“九五”期间，全国GDP年均增速为8.6%，工业增加值年均增速为10.2%，二者之比为1.18。“十一五”前四年，GDP年均增速为11.3%，同期工业增加值年均增速为11.5%，二者之比为1.02。

可以看到，近年来，随着经济结构的调整以及经济增长质量的提高，中国经济发展对工业和投资的依赖性有所减弱，工业增加值的增长速度与同期GDP的增长速度相当。预计“十二五”期间中国经济结构将更加优化，全国及工业经济增长建立在优化结构、提高效益和降低消耗的基础上，全国及工业部门可以保持适度的增长速度，第三产业比重将进一步上升（见表3-8）。

表3-8 “十二五”工业增加值增速及产业结构预测 单位:%

指　标	2005年	2006年	2007年	2008年	2009年	2010年	“十二五”
GDP增速	11.3	12.7	14.2	9.6	9.1	9.8	9.0
工业增速	11.6	12.9	14.9	9.9	8.3	9.4	8.4
第一产业比重	12.1	11.1	10.8	10.7	10.3	10.5	9.5
第二产业比重	47.4	47.9	47.3	47.4	46.3	46.5	45.3

续表

指　标	2005 年	2006 年	2007 年	2008 年	2009 年	2010 年	“十二五”
#工业比重	41.8	42.2	41.6	41.5	39.7	40.0	39.0
#建筑业比重	5.6	5.7	5.7	5.9	6.6	6.5	6.3
第三产业比重	40.5	40.9	41.9	41.8	42.6	43.0	45.2

注：2010 年数据为预计值。

3. 2015 年工业占全国能源需求比重

工业部门一直是我国用能大户，在全国能源消费构成中的比重一直维持在 70% 上下的水平（见图 3 – 11）。从发展阶段看，工业用能比重变化大体可分为三个阶段，第一阶段为 1980 ~ 1995 年，该阶段工业用能比重不断增加，其比重从 1980 年的 64.7% 增至 1995 年的 73.3%，15 年间工业用能比重年均递增 0.6 个百分点；第二阶段为 1996 ~ 2002 年，该阶段工业用能比重趋于下降，2002 年工业用能比重降为 68.6%，比 1995 年的峰值低了 4.8 个百分点，平均每年下降 0.7 个百分点，这主要受亚洲金融危机、国企改革以及卖方市场等因素的影响；第三阶段为 2002 年至今，随着工业化和城市化进程的加快，工业产能扩张和基础设施建设需求持续高涨，也带动了工业部门用能的快速增长，表现在全行业的能源消费构成上，工业用能比重从 2002 年的不到 69% 反弹至 2009 年的 71.1%，但进入“十一五”后增幅明显降低。

预计在“十二五”期间，工业经济增长速度得到合理控制，冶金、建材、石化等高耗能行业的快速扩张势头将进一步缓解，并且技术水平和能源利用效率不断提高；同时在考虑服务业快速发展，“住”（民用）、“行”（交通）方面的能源需求将处于较快增长阶段的条件下，工业能源消费比重将有所下降，设定 2015 年该比重为 69.4%，低于“十一五”水平，回归至 2003 年水平。

4. 主要测算结果

基于上述假设，要完成“十二五”期间全国万元 GDP 能耗下降 16% 左右、能源消费总量控制在 41 亿吨标准煤以内的目标，工业部门应力争实现如下任务（如图 3 – 12 所示）：

◆ 工业增加值年均增速应保持在 8.4% 左右，占 GDP 的比重不超过 39%；

◆ 五年工业能源消费增量不超过 6 亿吨标准煤，2015 年工业能源消费

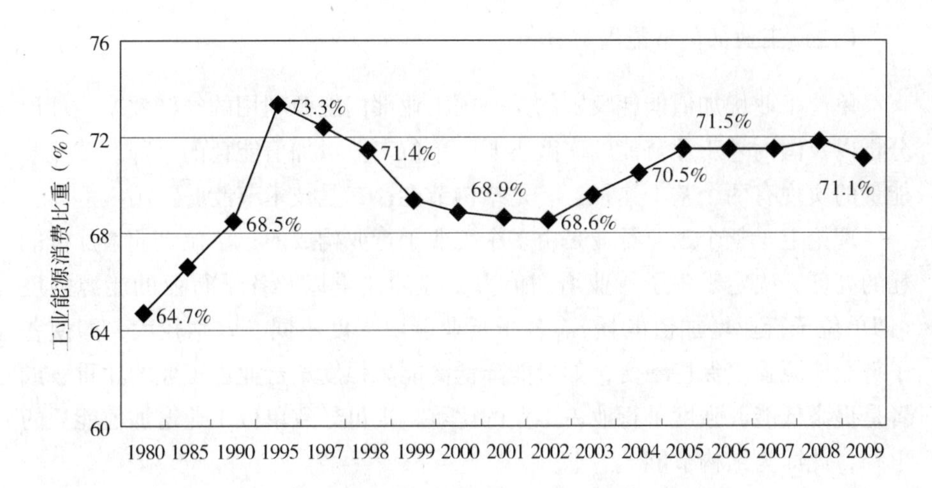

图3－11　工业能源消费比重变化（1980～2009年）

注：2009年数据为估计值。

资料来源：中国统计摘要2010。

量控制在28.5亿吨标准煤以内；

◆ 2015年万元工业增加值能耗达到1.52吨标准煤以下（增加值按2005年可比价计算），比2010年至少下降16%；

◆ 到2015年形成节能能力5.43亿吨标准煤，对全国完成节能目标的贡献率达到67%以上。

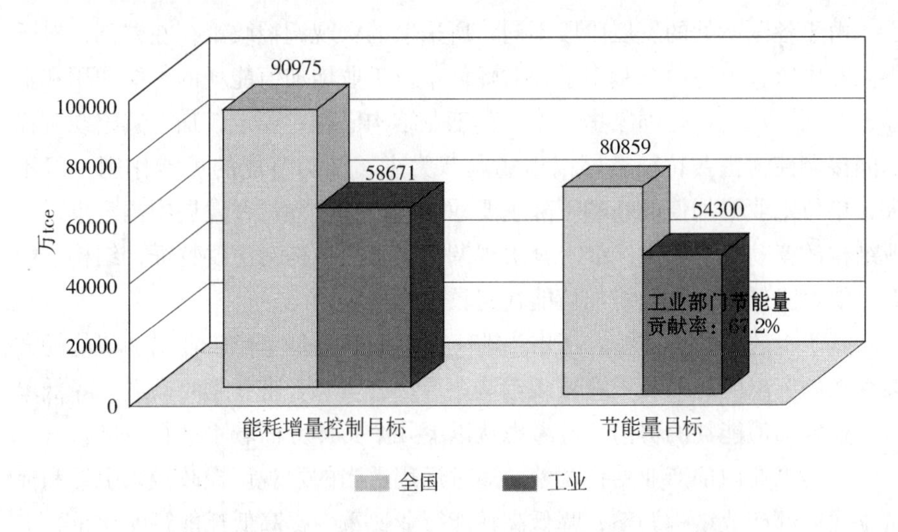

图3－12　完成全国节能目标工业部门应承担的任务

（二）工业部门节能潜力分析

单位工业增加值能耗反映的是一国工业部门能源利用的经济效率。理论分析以及国内外工业节能的实践表明，单位工业增加值能耗的下降、工业节能量的实现有两个基本途径：一是结构节能；二是技术节能。

理论上，整个工业行业是由多个工业子行业构成的；单位工业增加值能耗的高低，决定于各子行业增加值占工业的比重以及各子行业的能源强度（即单位子行业增加值能耗）。各子行业能源强度不同、差别较大；即使各子行业能源强度保持不变，如果能降低高能源强度子行业占工业的比重、或者是提高低能源强度子行业占工业的比重，则可导致单位工业增加值能耗的下降，此即为结构节能。

另一方面，对于每一个具体的工业子行业，其产品一般有多种，而生产各种产品的单位能耗一般不同，不同单位产品带来的增加值也有高有低。如果各产品占子行业增加值的比重保持不变，通过适当措施来改进生产工艺和技术、降低产品单耗，则可导致子行业能源强度的下降，此即通常意义上的技术节能。如果现有各产品的单耗保持不变，但通过子行业产品结构调整，如提高现有的低单耗、高附加值产品占子行业增加值的比重，或者是通过技术创新开发并生产出新的低单耗、高附加值产品，则也可导致子行业能源强度的下降。对于由子行业产品结构调整带来的节能效果，有人将其归为广义结构节能，也有人将其归为广义技术节能。

由于各国所处的发展阶段不同、所采取的宏观调控政策存在差别，对于不同的国家，上述两个基本途径对降低单位工业增加值能耗的可能作用和贡献也不同。在工业化国家里，由于其工业结构已相对稳定，加上其宏观调控以间接调控为主要特征，即以市场调节为主，结构节能的可能作用一般不大，单位工业增加值能耗的下降主要地依靠技术节能。在发展中国家里，工业结构的变动相对较大，加上其宏观调控以直接调控为主要特征，结构节能有可能对降低单位工业增加值能耗起较大作用。

基于上述分析，并综合考虑当前工业部门在降低单位工业增加值能耗方面存在的突出问题以及工业发展趋势，“十二五”工业节能的推进、降低单位工业增加值能耗的努力，应考虑从以下几个具体方面着手进行。

一是工业内部产业结构调整。通过运用适当的宏观调控政策来引导和促进工业内部产业结构调整，降低高耗能行业比重、提高低耗能行业比重，应是“十二五”工业节能的继续努力方向。

二是推动工业节能技术进步。这里工业节能技术进步指的是：旨在通过降低现有工业产品单耗来降低各工业子行业的能源强度。

三是工业子行业内部产品结构调整。主要是引导和促进多产品工业子行业、特别是高耗能工业子行业努力提高技术创新能力，加大低单耗、高附加值新产品的开发力度，并设法提高现有产品中低单耗、高附加值产品的比重。

需要特别说明的是，对工业部门节能潜力的分析和测算采用的是“自下而上”的方法，即不考虑工业部门在“十二五”期间应该承担的任务或必须完成的节能目标，而是从技术分析和行业分析出发，探讨工业部门存在的节能潜力是多少，实现的可能性有多大，实现的途径和保障措施是什么等问题。即主要讨论的是客观上存在多少潜力可挖的问题，而不是讨论在既定目标下如何实现目标和完成目标的问题。

当然，任何节能潜力的测算是基于一定的假设条件和约束条件的，也取决于政策制定和执行的力度及效果。在不同的政策力度下，可以挖掘的节能潜力也是不同的。本文测算节能潜力的总体假设是：充分考虑经济发展和节能工作的惯性和延续性，重视当前客观存在的各种问题和障碍的现实性和长期性，行业发展态势和政策力度与“十一五”时期基本相当。

1. 工业内部行业结构调整节能潜力

测算工业内部行业结构调整所具有的现实节能潜力，需要如下几项条件：①2010年工业分行业增加值及构成（全口径）；②2010年工业分行业单位增加值能耗；③2015年工业分行业增加值及构成。

（1）2010年工业分行业增加值及构成

从行业划分看，国家统计局将工业部门划分为三十九个行业进行统计。在本研究中为突出重点，对相关行业进行了合并和调整，合并后行业总数为二十个，详见表3－9。

国家统计局公布的分行业的工业增加值数据为全部国有及规模以上企业（占全口径的80%左右），非全行业口径。针对上述问题，课题组对相关数据进行了适当的技术处理。

按历年中国统计年鉴，各工业行业的增加值数据均为全部国有及规模以上企业口径，且均按当年价格计算。因此必须完成两项折算：一是将按现价计算的增加值折算为2005年可比价；二是以全口径的工业增加值总量为依据，将各行业的增加值扩大到全口径。

对前者，利用国家统计局每年公布的各行业工业品出厂价格指数，将相应年份的增加值现价折算到2005年可比价。如2010年行业增加值（2005

年可比价）=2010 年行业增加值现价 ÷2010 年对应工业品出厂价格指数 ÷2009 年对应工业品出厂价格指数 ÷2008 年对应工业品出厂价格指数 ÷2007 年对应工业品出厂价格指数 ÷2006 年对应工业品出厂价格指数 ×105。

对第二项折算，利用每年国家公布的全口径的工业增加值总量数据（折算至 2005 年可比价），将全部国有及规模以上企业口径的行业增加值等比例扩大至全口径（各行业增加值结构保持不变）。2010 年工业部门分行业的增加值数据按国家统计局公布的上半年各行业增加值增速进行估算。

通过上述折算，2005 ~ 2010 年工业内部各行业增加值构成情况如表 3 - 9 所示。

表 3 - 9　2005 ~ 2010 年工业内部各行业的增加值及构成

行业	增加值（亿元）			增加值构成（%）			2005 ~ 2010 年年均增速（%）
	2005 年	2009 年	2010 年	2005 年	2009 年	2010 年	
工业总计	77304	114242	125001	100	100	100	10.1
采矿工业	9474	13048	14165	12.3	11.4	11.3	8.4
森林工业	960	1770	1948	1.2	1.5	1.6	15.2
食品工业	7651	11470	12500	9.9	10.0	10.0	10.3
纺织服装业	6007	8189	8683	7.8	7.2	6.9	7.6
造纸工业	1229	1690	1914	1.6	1.5	1.5	9.3
印刷及文教业	903	1208	1265	1.2	1.1	1.0	7.0
石油及化工工业	6831	9856	10932	8.8	8.6	8.7	9.9
医药制造业	1640	2395	2690	2.1	2.1	2.2	10.4
合成材料制品业	2522	3767	4033	3.3	3.3	3.2	9.8
建材工业	3009	5066	5603	3.9	4.4	4.5	13.2
钢铁工业	6192	8344	9158	8.0	7.3	7.3	8.1
有色金属工业	2068	4419	5069	2.7	3.9	4.1	19.6
金属制品业	1815	2967	3171	2.3	2.6	2.5	11.8
普通及专用机械	4982	8417	9303	6.4	7.4	7.4	13.3
汽车工业	4105	7411	8516	5.3	6.5	6.8	15.7
电子设备制造业	10749	14561	15842	13.9	12.7	12.7	8.1
其他制造业	612	1039	1143	0.8	0.9	0.9	13.3
电力热水供应业	6130	7963	8359	7.9	7.0	6.7	6.4
煤气生产和供应	144	347	391	0.2	0.3	0.3	22.1
自来水生产供应	280	314	316	0.4	0.3	0.3	2.4

注：各行业增加值绝对数已折算为 2005 年可比价，全口径。

从2010年工业行业增加值的结构看，以钢铁工业、建材工业、石油和化学工业、有色金属工业、造纸工业等为代表的高耗能行业的增加值比重仍保持在40%左右，重化工业化趋势明显。

（2）2010年工业分行业单位增加值能耗

工业分行业单位增加值能耗由各工业行业的能源消费量除以相应的行业增加值而得到。2009年及以前万元增加值能耗均通过国家统计局公布的数据计算得到。2010年数据为估计值，即通过分析"十一五"前四年各行业单位增加值能耗的变化趋势，并结合"十一五"各行业单位增加值能耗下降目标，给出2010年各行业单位增加值能耗的下降幅度，并与2010年工业能源消费总量预测值进行匹配，估算2010年各行业的单位增加值能耗（如表3-10所示）。

表3-10　2005~2010年工业内部各行业万元增加值能耗

行　业	万元增加值能耗（tce/万元）						2005~2010年降幅（%）
	2005年	2006年	2007年	2008年	2009年	2010年	
工业平均	2.18	2.10	2.03	1.93	1.91	1.81	17.2
采矿工业	1.46	1.43	1.29	1.43	1.43	1.43	2.0
森林工业	0.90	0.83	0.73	0.68	0.65	0.59	35.0
食品工业	0.60	0.56	0.54	0.67	0.65	0.66	-10.0
纺织服装业	1.03	1.04	1.04	0.97	0.97	0.97	6.0
造纸工业	2.82	2.65	2.39	2.78	2.75	2.74	3.0
印刷及文教业	0.55	0.52	0.53	0.47	0.48	0.46	16.0
石油及化工工业	5.36	5.37	4.83	4.47	4.37	4.18	22.0
医药制造业	0.72	0.67	0.64	0.69	0.66	0.64	12.0
合成材料制品业	1.62	1.51	1.42	1.31	1.28	1.17	28.0
建材工业	6.68	5.87	5.23	4.93	4.71	4.28	36.0
钢铁工业	6.34	6.22	6.61	6.49	6.47	6.08	4.0
有色金属工业	3.68	3.51	2.98	2.74	2.66	2.39	35.0
金属制品业	1.30	1.24	1.17	1.04	1.04	0.97	25.0
普通及专用机械	0.71	0.64	0.61	0.53	0.52	0.46	35.0
汽车工业	0.50	0.46	0.42	0.38	0.36	0.32	36.0
电子设备制造业	0.28	0.28	0.31	0.30	0.30	0.31	-9.0
其他制造业	2.28	2.07	1.54	1.49	1.49	1.32	42.0
电力热水供应业	2.73	2.75	2.61	2.54	2.61	2.60	4.9
煤气生产和供应	4.62	3.82	2.51	2.05	1.96	1.62	65.0
自来水生产供应	2.61	2.68	2.73	2.76	2.87	2.92	-12.0

资料来源：课题组计算得到。

（3）2015 年工业分行业增加值及构成

测算工业内部行业结构调整节能潜力的关键，是要预测“十二五”期间各行业的增长和发展趋势，确定届时工业部门的行业增加值结构。课题组通过两种方法测算、确定各行业在未来五年间的增长趋势。

第一种方法是多元线性回归法，主要用于预测高耗能行业的未来增长趋势，包括建材、钢铁、有色金属、石油及化工、造纸、煤炭、电力等行业。具体做法是：选取 2000～2009 年历年各高耗能行业主导产品产量作为自变量（可选择多个），以同时段行业增加值作为回归变量，通过数学回归方法建立并校验行业增加值和主要产品产量间的线性关系。相对而言，产量指标具有较高的确定性和可能性，以各行业设定的高耗能产品产量指标为基础，应用通过历史数据回归得到的增加值同产量之间的线性关系，可大致确定高耗能产业在“十二五”期间的增加值增长状况（详见表 3－11）。

表 3－11 “十二五”期间主要高耗能产品产量预测指标

产品	2005 年	2009 年	2010 年（预测）	2015 年（预测）	“十一五”年均增长（%）	“十二五”年均增长（%）
原煤（亿 t）	23.5	29.7	32.0	40.0	6.4	4.6
原油加工量（亿 t）	2.9	3.9	4.2	6.2	7.8	8.1
烧碱（万 t）	1240	1832	1900	2750	8.9	7.7
纯碱（万 t）	1421	1938	2000	2500	7.1	4.6
乙烯（万 t）	756	1066	1200	2500	9.7	15.8
水泥（亿 t）	10.7	16.5	17.5	20.0	10.4	2.7
粗钢（亿 t）	3.5	5.7	6.0	7.0	11.2	3.1
电解铝（万 t）	779	1297	1400	2100	12.4	8.4
火力发电量（亿 kWh）	20473	29828	34004	57299	10.7	11.0
纸和纸板（万 t）	6205	9389	10000	14500	10.0	7.7

资料来源：课题组预测。

对其他工业部门，其未来五年增长趋势的预测，主要通过历史数据分析、未来市场前景和需求预测、专家判断等方式确定。在确定具体增长速度的过程中，主要考虑了以下几方面内容：“十一五”以来行业增长状况；“十二五”期间市场需求状况；行业“十二五”发展规划；政府在行业结构调整、优化产业布局方面的政策和考虑；行业竞争力和比较优势分析等。在确定具体数值过程中，既考虑了推动行业增长的内在驱动力，也考虑了工业增长的总体目标和各相关行业间的协调发展；在确定过程中，也听取了部分行业专家和综合部门专家的意见。

通过以上两种方法，确定的2015年工业部门分行业增加值及构成如表3－12所示。

表3－12 2015年工业部门分行业增加值及构成情况

行 业	增加值（亿元）		增加值构成（%）		2010～2015年年均增速（%）
	2010年	2015年	2010年	2015年	
工业总计	125001	204209	100	100	10.3
采矿工业	14165	23869	11.3	11.7	11.0
森林工业	1948	3137	1.6	1.5	10.0
食品工业	12500	21064	10.0	10.3	11.0
纺织服装业	8683	13359	6.9	6.5	9.0
造纸工业	1914	3225	1.5	1.6	11.0
印刷及文教业	1265	1991	1.0	1.0	9.5
石油及化工工业	10932	17209	8.7	8.4	9.5
医药制造业	2690	4741	2.2	2.3	12.0
合成材料制品业	4033	6495	3.2	3.2	10.0
建材工业	5603	8425	4.5	4.1	8.5
钢铁工业	9158	14091	7.3	6.9	9.0
有色金属工业	5069	8164	4.1	4.0	10.0
金属制品业	3171	5107	2.5	2.5	10.0
普通及专用机械	9303	16395	7.4	8.0	12.0
汽车工业	8516	15008	6.8	7.3	12.0
电子设备制造业	15842	25514	12.7	12.5	10.0
其他制造业	1143	1840	0.9	0.9	10.0
电力热水供应业	8359	13463	6.7	6.6	10.0
煤气生产和供应	391	689	0.3	0.3	12.0
自来水生产供应	316	424	0.3	0.2	6.0

资料来源：课题组研究结果。

从上表看，“十二五”期间工业部门增长有如下趋势：

◆ 工业部门整体增速与“十一五”期间基本持平；

◆ 不同高耗能行业呈现不同的增长趋势，建材、钢铁等行业保持相对低速增长态势（年均增速低于9%），而造纸、化工石化、有色金属等行业受市场需求拉动，仍保持相对较快的增速（9.5%～11%）；

◆ 新兴产业和高附加值行业仍保持较快的增速，如医药制造业、汽车工业和普通及专业机械设备制造业年均增速达到12%；

◆ 纺织服装、食品等轻工业行业的增速基本与“十一五”期间保持一致，略有升高。

从总体上看，到2015年工业部门内部行业结构将进一步优化，高耗能行业增加值比重将持续降低，而机械装备制造业等高附加值产业的比重进一步上升。

（4）主要测算结果

根据结构调整节能量的计算方法（见本章附件），“十二五”期间工业部门通过内部行业结构调整可以实现节能量10432万吨标准煤；与“十一五”期间工业内部行业结构调整实际形成的节能量780万吨标准煤相比，提高了12.4倍（见图3－13）。这一方面说明了“十一五”期间工业内部行业结构调整进展和效果并不理想，高耗能行业增长仍然过快，对全国节能目标的完成没有形成强有力的推动作用；另一方面也预示着“十二五”将是进行工业行业结构调整的关键时期，具有实施的有利条件，推动行业结构调整将成为“十二五”节能工作的重点任务之一，通过行业结构调整实现节能量将是完成“十二五”节能目标的重要保证和支撑。

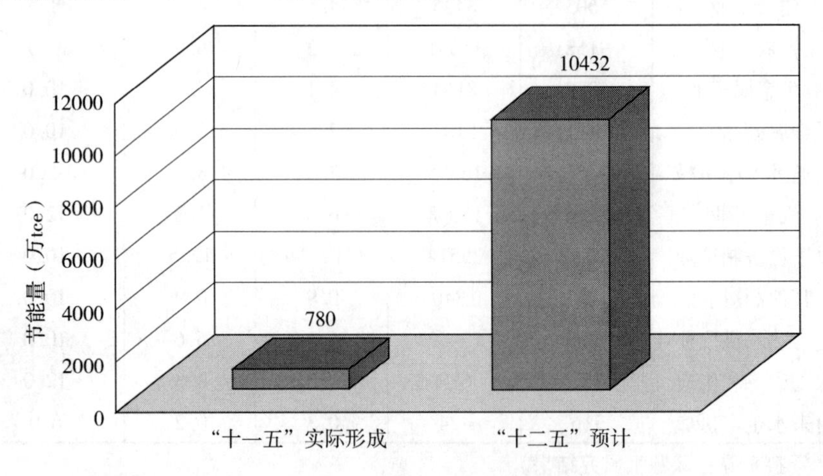

图3－13 “十二五”工业行业结构调整预计节能量与“十一五”实际形成的对比

2. 主要工业耗能产品技术节能潜力

工业节能技术进步具体指的是旨在通过降低现有工业产品单耗来降低各工业子行业的能源强度。计算技术节能潜力需要预测主要工业产品的产量，以及各产品单位能耗的变化情况。单位产品能耗下降量乘以目标年份的产品产量即是该产品的技术节能潜力。本研究选取了26种工业产品，其能源消费量可占到工业能源消费量的85%以上。

（1）“十二五”主要工业产品产量增长情况

根据“十一五”期间26种工业产品产量的增长状况，考虑“十二五”期间的市场需求和发展前景，并结合行业发展规划和部门专家意见，提出2015年主要工业产品产量预测（如表3-13所示）。

表3-13　“十二五”期间26种工业产品产量预测指标

产品	2005年	2009年	2010年（预测）	2015年（预测）	“十一五”年均增长（%）	“十二五”年均增长（%）
原煤（亿t）	23.5	29.7	32.0	40.0	6.4	4.6
原油（万t）	18135	18949	19200	19800	1.1	0.6
铁矿石（万t）	42049	88000	96000	130000	18.0	6.3
化学纤维（万t）	1665	2730	3000	5400	12.5	12.5
纱线（万t）	1451	2394	2550	4500	11.9	12.0
织布（亿m）	484	740	770	1250	9.7	10.2
印染布（亿m）	420	540	570	880	6.3	9.1
纸及纸板（万t）	6205	9389	10000	14500	10.0	7.7
焦炭（亿t）	2.5	3.6	3.7	4.5	7.8	4.0
原油加工量（亿t）	2.9	3.9	4.2	6.2	7.8	8.1
烧碱（万t）	1240	1832	1900	2750	8.9	7.7
纯碱（万t）	1421	1938	2000	2500	7.1	4.6
电石（万t）	892	1524	1700	2700	13.8	9.7
黄磷（万t）	50	90	120	220	19.1	12.9
乙烯（万t）	756	1066	1200	2500	9.7	15.8
合成氨（万t）	4596	5136	5200	5700	2.5	1.9
水泥（亿t）	10.7	16.5	17.5	20.0	10.4	2.7
平板玻璃（亿重箱）	4.0	5.6	6.0	7.2	8.3	3.7
墙体材料（亿块）		9000	9200	9800	2.4	1.3
粗钢（亿t）	3.5	5.7	6.0	7.0	11.2	3.1
铜（万t）	261	414	450	680	11.5	8.6
氧化铝（万t）	859	2379	2600	4200	24.8	10.1
电解铝（万t）	779	1297	1400	2100	12.4	8.4
铅（万t）	238	371	420	650	12.0	9.1
锌（万t）	271	430	470	660	11.6	7.0
火力发电量（亿kWh）	20473	29828	34004	57299	10.7	11.0

资料来源：课题组预测。

（2）“十二五”主要工业产品单位能耗变化情况

课题组详细分析了“十一五”以来26种工业产品单位能耗的变化情况及其主要影响因素，分析了主要耗能行业先进技术应用、节能技术改造和技术装备水平提高的进展状况，在对这些行业“十二五”期间乃至2030年设备规模、装备水平、布局调整、节能技术运用和淘汰落后产能等方面趋势进行总体判断的基础上（见表3-14），给出了到2015年26种工业产品单位能耗的变化情况（如表3-15所示）。

表3-14 中长期中国高耗能行业主要技术指标及能效水平判断

行业	产品	主要指标	2015年	2020年	2030年
钢铁工业	钢铁	干熄焦普及率（%）	80	90	95
		熔融还原比重（%）	1	5	15
		高炉喷煤量（kg/吨铁）	180	200	220
		TRT普及率（%）	90	95	100
		转炉煤气回收量（m^3/吨钢）	70	90	120
		电炉钢比重（%）	20	25	45
		铁钢比	0.80	0.75	0.65
		轧钢先进技术普及率（%）	65	70	80
		与国际水平的比较	2030年整体能源效率和技术水平已接近或达到世界领先水平		
建材工业	水泥	新型干法水泥比重（%）	85	90	100
		可燃废弃物利用比重（%）	15	20	30
		纯低温余热发电比重（%）	70	80	100
		新型干法水泥熟料煤耗（kgce/t）	102	90	83
		与国际水平的比较	2020年整体能效技术水平处于世界领先地位		
	玻璃	浮法玻璃比重（%）	95	100	100
		优质浮法玻璃比重（%）	30	40	>50
		窑炉全保温技术应用率	65	80	100
		单位玻璃产品油耗（kgce/重箱）	18	16	15
		与国际水平的比较	2020年达到届时国际先进水平		
有色金属工业	铜	闪速熔炼工艺比重（%）	90	95	100
	铝	大容量预焙电解槽比重（%）	2010年即全部采用大容量预焙电解槽		
		与国际水平的比较	2020年达到届时国际先进水平 2030年处于世界领先水平		

续表

行业	产品	主要指标	2015年	2020年	2030年
化工及石化工业	合成氨	大型合成氨产量比重（%）	35	42	58
		大型合成氨中气头比重（%）	55	75	85
		大型合成氨装置综合能耗（kgce/t）	1200	1030	930
		与国际水平的比较	2020年达到届时国际先进水平 2030年达到世界领先水平		
	烧碱	离子膜烧碱产量比重（%）	80	90	100
		离子膜烧碱综合能耗（kgce/t）	1000	990	950
		与国际水平的比较	2020年离子膜设备达到世界领先水平，烧碱行业总体技术水平达到届时国际先进水平		
	纯碱	氨碱法工艺产量比重（%）	62	60	58
		氨碱法综合能耗（kgce/t）	420	400	360
		联碱法综合能耗（kgce/t）	280	260	230
		与国际水平的比较	2010年氨碱法工艺达到世界先进水平 2020年联碱法工艺达到世界领先水平		
	乙烯	大型装置比重（%）	75	80	90
		石脑油原料比重（%）	72	74	78
		重质原料催化裂解制烯烃技术运用率（%）	8	10	20
		乙烯生产综合能耗（kgoe/t）	600	540	520
		与国际水平的比较	2020年达到届时国际先进水平 2030年处于世界领先地位		

资料来源：国家发改委能源研究所课题组．节能优先若干重大问题研究，2010年．

表3－15 “十二五”期间26种工业产品单位能耗指标预测

产品名称	2005年	2009年	2010年（预测）	2015年（预测）	“十一五”累计下降（%）	“十二五”累计下降（%）
原煤采选（kgce/t）	23.1	17.9	17.6	17.4	23.8	1.1
油气开采（kgce/t）		92	92	93	N.A	－1.1
铁矿采选（kgce/t）	13.5	7.3	7.2	6.8	46.7	5.6
化学纤维（kgce/t）	1421	1245	1235	1160	13.1	6.1

续表

产品名称	2005 年	2009 年	2010 年（预测）	2015 年（预测）	“十一五”累计下降（%）	“十二五”累计下降（%）
纱线（kWh/t）	2256	2190	2160	2060	4. 3	4. 6
织布（kWh/百米）	55	48	47	42	14. 5	10. 6
印染布（kgce/百米）	30	27. 5	27	24	10. 0	11. 1
纸及纸板（kgce/t）	531	430	425	390	20. 0	8. 2
焦炭（kgce/t）	295	180	170	140	42. 4	17. 6
原油加工（kgoe/t）	79. 3	73. 8	73	72	7. 9	1. 4
烧碱（kgce/t）	779	670	660	620	15. 3	6. 1
纯碱（kgce/t）	467	420	410	380	12. 2	7. 3
电石（kgce/t）	1164	1080	1050	1000	9. 8	4. 8
黄磷（kgce/t）		3400	3350	3100	N. A	7. 5
乙烯（kgce/t）	1004	925	910	880	9. 4	3. 3
合成氨（kgce/t）	1460	1400	1380	1300	5. 5	5. 8
水泥（kgce/t）	126	104	100	92	20. 6	8. 0
平板玻璃（kgce/重箱）	19	15. 5	15	14	21. 1	6. 7
墙体材料（kgce/万块）	862	750	730	620	15. 3	15. 1
钢（kgce/t）	694	622	615	590	11. 4	4. 1
铜（kgce/t）	589	430	420	390	28. 7	7. 1
氧化铝（kgce/t）	848	760	730	680	13. 9	6. 8
电解铝（kWh/t）	15932	14300	14250	13800	10. 6	3. 2
铅（kgce/t）	756	490	482	450	36. 2	6. 6
锌（kgce/t）	1204	1050	1030	980	14. 5	4. 9
火力发电（gce/kWh）	370	342	335	310	9. 5	7. 5

注：单位产品综合能耗中电力按当量值折算。
资料来源：课题组预测。

（3）主要测算结果

根据上述预测数据，估算到 2015 年 26 种主要工业产品技术节能潜力为 26986 万吨标准煤，相对于“十一五”期间工业部门实现的技术节能量 29632 万吨标准煤，减少了 2646 万吨标准煤，下降幅度 8. 9%（如图 3 - 14 所示）。说明通过“十一五”大批节能技改工程的有效实施和淘汰落后产能工作的强力推进，技术节能潜力已挖掘出相当份额，“十二五”技术节能潜力的空间有所缩小，对完成节能目标的贡献率可能不如“十一五”期间那么大，“十二五”期间需要寻找新的节能量来源和实现节能目标的支撑。同时也要看到，虽然“十一五”期间挖掘出的技术节能潜力非常惊人，但远未达到无潜力可挖和“吃干榨净”的地步，只要加大工作力度和投入，“十二五”期间可实现的技术节能量仍然非常巨大。

对于26种产品之外的其他工业产品的技术节能潜力，课题组大致估计在3000万吨标准煤左右，若加上这部分技术节能潜力，则工业部门“十二五”期间可实现的技术节能潜力为3亿吨标准煤左右。

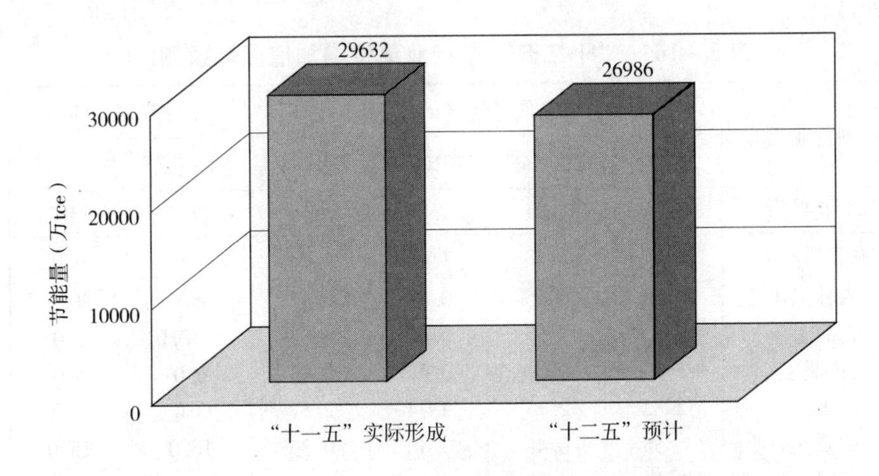

图3-14　“十二五”工业部门预计技术节能量与“十一五”实际形成的对比

3. 行业内产品结构调整及其他节能潜力

与降低单位产品能耗一样，提高单位产品的附加价值和现有产品中低单耗、高附加值产品的比重，是降低行业单位增加值能耗强度的另一重要方面。但大多数行业产品众多、结构复杂；要对每一个行业“从下至上”逐一测算“十二五”产品结构调整所具有的节能潜力是一项非常复杂的工作，也缺乏足够的数据支持。因此本研究采用“反算法”，即首先估计各行业由于单位增加值能耗下降形成的节能量，此节能量减去主要产品单位能耗下降形成的技术节能量，其差值即是由于行业内部产品结构调整及其他因素所形成的节能量。这种方法不一定非常准确，但也可以大致估计产品结构调整对完成节能任务的影响和贡献。

（1）各行业因单位增加值能源强度变化形成的节能潜力

测算各行业因单位增加值能源强度变化形成的节能潜力，需要对“十二五”期间各行业单位增加值能耗的下降（或上升）情况进行估计。估计的依据包括：“十一五”行业单位增加值能耗的变化情况；“十二五”行业内主要耗能产品的产量及其能源消费量；“十二五”行业内主要产品产量增长与行业增加值增长的关系，行业增加值的构成和来源等。

课题组在分析各行业推动其单位增加值能耗变化的各种因素发展变化趋势的基础上，结合“十一五”各行业单位增加值能耗的实际变化情况，对“十二五”期间各行业单位增加值能耗的变化状况进行了预测（如表3－16所示）。

表3－16 “十二五”各行业单位增加值能耗预测

行业	单位增加值能耗（tce/万元）				累计降幅（%）	
	2005年	2009年	2010年	2015年	“十一五”	“十二五”
工业平均	2.18	1.91	1.81	1.56	17.2	13.7
采矿工业	1.46	1.43	1.43	1.43	2.0	0.0
森林工业	0.90	0.65	0.59	0.47	35.0	20.0
食品工业	0.60	0.65	0.66	0.65	－10.0	1.0
纺织服装业	1.03	0.97	0.97	0.93	6.0	4.0
造纸工业	2.82	2.75	2.74	2.57	3.0	6.0
印刷及文教业	0.55	0.48	0.46	0.39	16.0	15.0
石油及化工工业	5.36	4.37	4.18	3.43	22.0	18.0
医药制造业	0.72	0.66	0.64	0.56	12.0	12.0
合成材料制品业	1.62	1.28	1.17	0.94	28.0	20.0
建材工业	6.68	4.71	4.28	3.51	36.0	18.0
钢铁工业	6.34	6.47	6.08	5.17	4.0	15.0
有色金属工业	3.68	2.66	2.39	2.03	35.0	15.0
金属制品业	1.30	1.04	0.97	0.78	25.0	20.0
普通及专用机械	0.71	0.52	0.46	0.39	35.0	16.0
汽车工业	0.50	0.36	0.32	0.26	36.0	18.0
电子设备制造业	0.28	0.30	0.31	0.33	－9.0	－8.0
其他制造业	2.28	1.49	1.32	0.99	42.0	25.0
电力热水供应业	2.73	2.61	2.60	2.52	4.9	3.0
煤气生产和供应	4.62	1.96	1.62	1.42	65.0	12.0
自来水生产供应	2.61	2.87	2.92	3.22	－12.0	－10.0

注：2010年、2015年数据均为预测值。

资料来源：课题组预测。

根据上表确定的各行业单位增加值能耗变化情况，同时结合表3－12列出的到2015年各行业增加值数据，计算得到2015年工业各行业由于单位增加值能源强度变化所能形成的节能潜力为42894万吨标准煤。如前所述，这一节能潜力是由单位产品能耗下降带来的技术节能潜力和行业内产品结构调整带来的结构节能潜力两项共同构成的。

（2）行业内产品结构调整及其他节能潜力测算结果

行业内产品结构调整及其他节能潜力是各行业由于单位增加值能耗下降形成的节能量与主要产品单位能耗下降形成的技术节能量的差值。计算得到2015年行业内产品结构调整及其他节能潜力为12908万吨标准煤，与“十一五”期间实际形成的产品结构调整及其他节能量8169万吨标准煤相比，增加了4739万吨标准煤，增长58%（如图3－15所示）。这一数据显示在行业内产品结构调整方面，“十二五”期间具备较大的潜力、较好的基础和较强的可行性，应加大力度，充分挖掘此方面的节能潜力，以实现比“十一五”期间对完成节能目标更有力、更有效的支持。

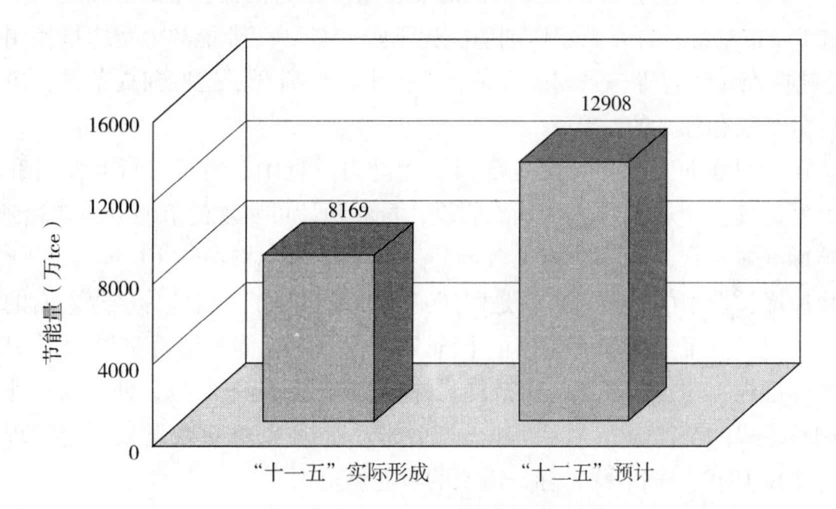

图3－15 “十二五”工业行业内部产品结构调整及其他节能量与“十一五”实际形成的对比

4. 工业部门节能潜力与其节能任务的比较

综合以上三方面的节能潜力分析，到2015年，工业部门预计可实现的节能潜力总量为50720万吨标准煤，其中通过行业结构调整可贡献20.6%，通过技术进步推动工业产品单耗下降可贡献59.1%，通过行业内产品结构调整及其他因素可贡献25.4%（如图3－16所示）。

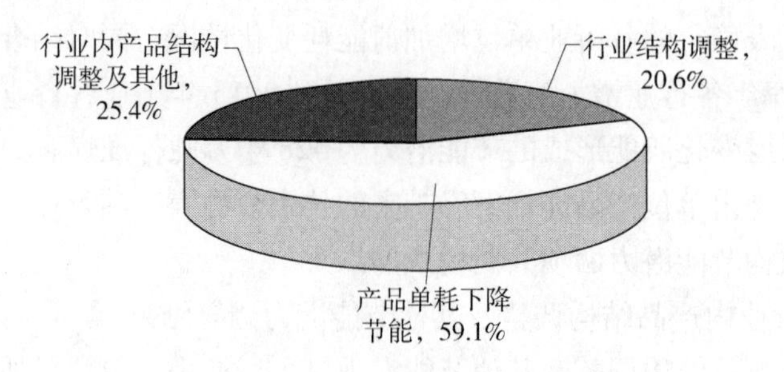

图3－16 各因素对工业部门节能量的贡献度

若单从节能量上看，实现“十二五”全国单位GDP能耗下降16.5%的节能目标，工业部门需要承担的节能量任务为54300万吨标准煤，而通过“自底向上”的技术分析和部门分析，预计可实现的节能潜力为50720万吨标准煤，仅比任务节能量少6.6%，看似可以支撑工业部门节能任务的完成。

但应该清楚地看到，工业部门的节能量任务是在工业增加值年均增速保持在8.4%左右、万元工业增加值能耗下降16%、工业能源消费增量控制在6亿吨标准煤以内等一系列前提条件下提出的，离开了这些前提条件，单谈节能量是没有意义的。

在“自底向上”测算工业部门节能潜力过程中，由于有行业发展和政策力度延续“十一五”这一基本假设，虽然预计可实现的节能潜力能达到5亿吨标准煤左右，但与之相关联的是工业增加值年均增速10.3%。工业部门快速增长带来的直接后果就是即使工业部门实现了5亿吨标准煤左右的节能量，但单位工业增加值能耗仅下降13.7%，工业能源消费量增加至31.8亿吨标准煤。这也改变了全国节能目标在各部门的分配格局，使三次产业结构调整形成的节能潜力大大缩小，同时带动全国GDP更快增长，使实现同样的单位GDP能耗下降目标，需要的节能量更大。

通过上述节能潜力分析可以看到，如果不转变经济发展方式，不花大力气推动结构调整，工业部门在趋势照常条件下存在的节能潜力难以对完成全国节能目标形成有力的支撑，实现节能目标面临重大挑战。

三、“十二五”强化工业节能的政策建议

从推进工业节能、促进工业与国民经济的全面协调可持续发展的大局着眼，综合考虑“十二五”经济社会发展趋势、工业能源消费现状与节能潜

力、工业节能推进面临的挑战和一些实际问题，借鉴我国以往工业节能的基本经验以及国际工业节能的相关经验，从加强和完善新增工业生产能力能效控制、推动工业企业节能技术进步、强化工业节能管理基础工作、健全工业节能管理的执行机制、发挥市场力量的作用以及加强节能法制建设等角度，提出以下强化工业节能的若干具体政策建议。

（一）加强和完善新建工业生产能力能效控制体系

1. 针对所有高耗能行业普遍建立和实施行业准入制度

控制好高耗能行业新增生产能力的能效水平，对优化高耗能行业产业结构、完成“十二五”工业节能任务至为重要。

针对高耗能行业建立和实施行业准入制度，不失为抑制高耗能行业低水平盲目扩张、控制高耗能行业新增生产能力能效水平的有效措施之一。事实上，近年里国家针对焦碳、铁合金行业分别制定了《焦化行业准入条件》和《铁合金行业准入条件》，其实施已经取得了初步效果，对抑制焦碳、铁合金行业盲目扩张，促进这两个行业结构升级发挥了积极作用。有鉴于此，建议国家有关部门针对其他高耗能行业研究普遍建立行业准入制度，并在企业生产规模、技术装备能效水平方面设置较高的门槛，以期将今后高耗能行业新增生产能力控制在较高的能效水平；同时，研究制定与行业准入制度实施配套的投资、信贷、环保、土地政策措施，以确保行业准入制度具有较好的可操作性。

2. 加快修订和健全工业节能设计规范

制定和实施工业节能设计规范，是对工业新增生产能力的能源效率水平进行控制的重要环节，也是我国提高工业能源效率的一项基本经验。针对现有工业节能设计规范陈旧这一突出问题，国家有关部门要尽快组织落实对现有工业节能设计规范的修订工作。同时，针对尚没有节能设计规范的行业，组织研究制定相应的节能设计规范，以期使工业节能设计规范重新发挥从设计源头上控制新增工业生产能力能效的应有作用。

3. 加强终端用能产品能效标准建设

针对终端用能产品制定和实施产品能效标准，是从源头上控制新增工业生产能力能效的另一重要方面。事实上，大力发展终端用能产品能效标准，已成为市场经济国家推进节能的首选政策之一，目前已有34个国家实施了产品能效标准计划。对于我国这样一个发展中大国来说，由于工业新增生产能力扩张较快，终端用能产品能效标准对从源头上控制新增工业生产能力能效的作用应比发达国家大。国家有关部门要加强和完善终端用能产品能效标准建设，特别是要针对性地加强主要供工业部门使用的用能产品能效标准的开发；加强超前能效标准的研究、逐步扩大超前能效标准的范围；在新标准的制定和旧标准的修订时应充分考虑超前能效指标等，使产品能效标准从源头上控制新增工业生产能力能效、支持和促进工业节能的作用较好地发挥出来。

4. 落实投资项目审批工作责任制

为推进产能过剩行业结构调整，国家已出台了有关的宏观调控政策，并发布了加强固定资产投资调控从严控制新开工项目的配套政策，要求各地区进一步加强建设项目的投资准入管理，从严控制钢铁、电解铝、铜冶炼、铁合金、电石、焦炭、水泥、煤炭、电力等行业新上项目特别是高耗能项目；严禁投资新建或改扩建违反国家产业政策、行业准入标准和缺乏能源、环境支撑条件的高耗能生产项目。要落实这一配套政策，关键是要落实投资项目审批工作责任制，要坚持谁审批、谁负责，谁主管、谁负责的原则，国家要加强对建设项目投资审批的跟踪、监督，强化责任追究，如此才能从源头上把住高耗能行业准入关。

（二）加强和完善工业节能进步支持政策体系

1. 加大企业技术创新政策引导性资金的投入，调整技术创新引导性资金使用方向，提升企业技术创新、特别是引进技术消化吸收再创新能力

技术进步是推进工业节能的基本途径之一。全面促进工业企业提升技术创新能力，是推动工业节能技术进步的关键。工业内部产品结构的调整、提升高技术产品占工业产品出口额的比重、现有工业生产能力的技术改造都依赖于技术创新，而这些都将对“十二五”工业节能任务的完成产生重大支持作用。

技术创新能力弱是我国工业企业的通病。政府对这一问题有比较清醒的认识，并提出了建设创新型国家的战略构想。就促进工业企业提升技术创新能力而言，当务之急是加快落实国家中长期科技发展规划的配套政策，特别是要加大企业技术创新政策引导性资金的投入。在该类资金的使用方面，要注意平衡和协调对企业提升自主创新能力、集成创新能力、消化吸收再创新能力的资助比例。考虑到企业技术创新能力特别是自主创新能力提升的不确定性，而企业对引进技术的消化吸收方面的投入不足问题一直以来都比较突出，将希望更多地寄托在提升企业消化吸收再创新能力上较为现实，故此政

府应适当加强对企业消化吸收再创新政策性引导资金的投入，特别是在资金的具体使用上要注意引导企业加大对引进技术的消化吸收投入。

2. 把握当前高耗能行业产能普遍过剩这一有利时机，加强并充分运用信贷、国债等经济政策手段，引导和促进高耗能行业加快整合步伐，重点推进在装备大型化基础上的企业组织规模化，提高生产集中度

推进工业装备大型化、企业组织规模化是国际工业节能的成功之道，也是我国工业节能的一条基本经验。“十一五”期间钢铁、水泥等行业在这一方面的工作已取得进展，“十二五”要进一步加强。政府要加强并充分运用信贷、国债等政策手段，重点推进在装备大型化基础上的企业组织规模化，普遍提高高耗能行业生产集中度。要尽量避免采用行政干预来推行企业间简单重组，因为不是建立在装备大型化基础上的简单企业重组是低水平的，正所谓木船绑起来不等于军舰，这对推动工业节能技术进步、提高工业能源效率是于事无补的。

3. 强化节能经济杠杆

一是要加强和完善有利于节能的价格体系。这包括：对电解铝、铁合金、电石等高耗能行业，坚决执行差别电价政策不动摇，并坚决取消地方上自行制定出台的、对高耗能企业用电实行电价优惠的政策；积极推进资源性产品市场化改革进程，逐步形成反映资源稀缺程度和供求关系的价格形成机制；在不损害经济发展、不影响社会稳定的前提下，合理的能源资源价格的设定，不仅将有利于工业节能技术进步，也可抑制高耗能行业盲目扩张，同时还对全社会合理消费能源起到引导作用，可以说是一举多得。

二是要强化节能税收激励和约束政策。在税收优惠问题上，财税部门不要把目光只盯在当前税收收入的增减、出口增长率数字上，要有长远眼光、算大账：节能搞好了、全国能源供需平衡了、经济发展平稳了、社会就业充分了，来年的税收才有保障；否则，企业因缺电开不了工、产品生产不出来，拿什么来给国家交税？再者来说，高效节能新产品生产企业做大了、节能服务企业做大做强了，又可带来新的税源。

税收方面，主要考虑以下几点：对高效节能新产品的生产或销售实行优惠税率，而且要有较大的优惠幅度，要保证高效节能新产品卖得出去、生产者和销售者有钱可赚；对提供节能服务的企业要给以有吸引力的税收优惠，以吸引投资者把资金投到节能产业上，大家都愿意来做节能服务，这样节能产业才能搞大；要加快出口退税政策的调整步伐，同时可考虑对资源性/高耗能产品征收出口税、实行严格配额，并在条件成熟时完全取消出口退税政策。

三是要加强和改善中小企业金融扶持政策。中小企业属于社会的弱势群体，政府理应在金融政策上对中小企业节能给予更多的支持。国际上，制定和实施适当的中小企业金融扶持政策（如建立中小企业信用担保体系）以改善中小企业金融环境、扶持中小企业发展、促进中小企业节能是市场经济国家的通行做法。但这方面国内做得还很不够，中小企业节能融资困难是客观事实。目前乡镇企业产值占工业总产值的半壁河山，但其信贷规模占整个信贷规模的比重却只有10%左右。由于难以获得银行贷款，中小企业的设备更新和技术升级困难，节能技改项目难以付诸实施。中小企业融资困难既有其自身的原因（如缺乏自我积累机制和自我积累意识、诚信度不高、财务管理混乱、企业资产信用不足、担保难等），中小企业金融扶持政策较弱也是一个很重要的制约因素。政府部门应加强和改善中小企业金融扶持政策，改善中小企业节能融资环境，包括：进一步完善中小企业贷款担保体系；设立中小企业政策性银行等。

（三）强化工业节能管理基础工作

受市场化、机构改革等多方面因素影响，最近十年来政府工业节能管理基础工作趋于弱化是不争的事实，这方面的工作亟待加强。

1. 继续夯实工业能源统计工作

政府工业能源统计工作弱化人所共知，工业能源统计数据、特别是工业能源消费统计数据的缺失，已是各级政府部门在节能决策中经常遇到的一个令人头痛的问题。目前政府工业能源统计工作中存在的具体问题主要是：统计机构和人员能力嫌弱；工业能源消费统计指标体系不完善；统计渠道不畅、不同部门统计口径不统一，数据的可获得性、可靠性差等。

政府统计部门应尽快夯实工业能源统计工作，包括充实能源统计队伍、完善工业能源消费统计指标体系、改进数据的可靠性等，以期使工业能源统计工作更好地服务于政府工业节能管理工作。

2. 完善重点用能企业能源消费监控网络

重点用能企业能源消费占工业能源消费量的比重在60%以上，历来是政府工业节能管理的重点对象。对重点用能企业能源消费状况进行全面、动态监控，跟踪分析其产品能耗、能源利用效率水平及变化趋势，是抓好重点用能企业节能的重要基础。目前国家、地区在重点用能企业能源消费监控网络建设已取得不同程度的进展，但问题也比较突出，主要是：国家统计部门虽然针对7000多家大企业建立了统计数据直报系统，但其能源消费监控功能过于简单，要求这些企业报告的能源消费数据偏少，只有企业能源消费总量数据，难以满足对其能效水平及变化趋势进行全面、深入分析的需要；在地区层面，只有浙江等少数省份针对省级重点用能企业的能源管理信息系统，而且尚未达到100%覆盖率。

鉴于这一情况，有关部门要加快推进重点用能企业能源消费监控网络建设，完善大企业统计数据直报系统的能源消费监控功能，各地区要普遍建立针对省重点用能企业的能源管理信息系统，最终形成覆盖全部重点用能企业、功能完备的能源消费监控网络，以便为政府部门针对重点用能企业的节能决策奠定充分、及时的数据基础。

（四）完善和加强工业节能管理的执行机制

一项工业节能政策，从字面上看即使再好，若无人执行或执行不力，其执行效果将大打折扣，甚至沦为一纸空文。事实上，工业节能政策实施难、执行不力是一个长期以来没有得到较好解决的问题，近年来这一问题更显突出，小钢铁、小水泥屡禁不绝就是典型的例子。工业节能政策执行机制建设与工业节能政策建设具有同等重要性，这方面的需要更为迫切。

1. 建立高效的工业节能管理工作协调机制

工业节能的推进，客观上要求多种政策的协同作用，财税、信贷、国土、价格、税收、环保、建设以及质检等多个部门的通力协作，故此需要建立高效的工业节能管理工作协调机制。虽然近年里这方面的工作有所进展，但相对于完成“十二五”工业节能任务的要求还有较大差距，需要大力加强。

在结构调整方面，近年国家陆续颁发了推进钢铁、水泥、铁合金、焦化、铝、电石、纺织、煤炭等高耗能行业结构调整的文件，其中涉及投资、信贷、土地等一揽子政策，但在政策的协作方面，只是提出了建立结构调整工作日常联系制度，这是很不够的。要使高耗能行业结构调整政策见到实效，需要建立高效、规范的政策联动机制。此外，还需建立高效、透明的政策调整机制，以便针对结构调整政策执行中出现的偏差或暴露的问题，及时对相关政策进行调整、改进。只有如此，才能使各项政策形成合力，才能增强结构调整政策的执行效力。

2. 建立和完善落后工业生产能力的退出机制

尽快淘汰落后工业生产能力是推进工业节能技术进步的重要途径，也是调整和优化工业内部产业结构的突出内容。政府部门应把握当前高耗能行业产能普遍过剩、高耗能产品市场总量供大于求这一有利于结构调整的时机，尽快建立和完善落后工业生产能力的退出机制。具体来说，一是可考虑建立地方工业产能新建与淘汰的捆绑机制，国家在审批地方拟新建的工业投资项目时，要求地方淘汰相应的落后工业产能作为先决条件；二是参照浙江设立专项资金、专门用作拆除水泥立窑补贴的成功做法，建立淘汰落后工业产能的补贴机制，即由中央、地方财政拿出专款，用于关闭小水泥、小钢铁、小火电等的补贴。

3. 建立健全工业节能政策执行监督检查机制

工业节能政策执行监督是政府工业节能管理工作中的一个薄弱环节，存在的问题不少。一些产品能效标准自颁布以来，至今有关部门没有对标准的执行情况进行过一次抽样调查。对于建筑节能标准，建设部门虽有标准执行监督权，却没有违标处罚权。另一个比较突出的问题是工业节能政策执行监督检查工作的临时性，没有形成相应的制度，致使监督工作流于形式，检查组一走，一切照旧。

要增强工业节能政策的执行效力，加强监督检查是工业节能政策执行机制建设的一个重要方面；建立健全工业节能政策执行监督检查机制是一项不可或缺的工作。特别是对于高耗能行业结构调整政策等重大工业节能政策，迫切需要建立、健全相应的执行监督调查机制，力求使监督检查工作制度化、规范化、权威化。

（五）加快节能法规体系建设

工业节能的推进，最终还需纳入法制的轨道。在节能法规体系建设方面，当前主要地要加快以下几方面的工作：尽快出台《电力需求侧管理办法》，以期引导、约束、激励工业部门节约用电、合理用电、科学用电；加快与节能相关的行业技术标准的修订，等等。

附件　节能潜力的分析方法

单位GDP能耗是多方面因素综合影响的结果，反映了经济发展中能源利用效率及对能源的依赖程度。若通过定量方法对单位GDP能耗作数学分解，可得到：

$$e=\frac{E}{G}=\frac{E_G+E_R}{G}=\sum\left(\frac{E_i}{G_i}\times\frac{G_i}{G}\right)+\frac{E_R}{G}=\sum(ie_i\times p_i)+\frac{E_R}{G} \quad (1)$$

式中，e 为单位 *GDP* 能耗，E 为全国能源消费总量，G 为全国 GDP 总量；

E_G 为产业部门（直接创造增加值的生产部门）所消费的能源量，E_R 为居民生活部门（不直接创造增加值）的能源消费量；

若将国民经济系统划分为若干个行业部门，则 ie_i 为第 i 个行业/部门的能源强度，其值等于该部门能源消费量除以该部门增加值；p_i 为第 i 个行业/部门增加值占全国GDP总量的比重，其值等于该部门增加值除以全国GDP；

E_R/G 为居民生活部门能源消费量除以全国GDP总量，反映了居民生活部门的能源综合利用状况，可称之为“虚拟的居民生活部门能源消费强度”。

从上式不难看出，虽然影响单位GDP能耗的因素是多方面的，但从单位GDP能耗的数学分解上看，能对其产生直接影响和作用的是：①产业部门内各行业的部门能源强度（单位增加值能耗，广义的效率/技术因素）；②各行业增加值比重（所谓的结构因素）；③居民生活部门能源消费情况。

1. 产业部门结构和效率因素对单位GDP能耗的影响

从公式（1）中可以看出，单位GDP能耗由产业部门单位增加值能耗和虚拟的居民生活部门能源消费强度构成，从宏观层面看，产业部门和居民生活消费部门对单位GDP能耗都将产生重要影响，但相对而言，产业部门起主导作用。

产业部门是由若干子行业、子系统构成的，影响产业部门单位增加值能耗的因素可归纳为两方面：一是各子行业、子系统增加值在整个产业部门增加值中的构成状况，即所谓的结构因素；二是各行业的部门能源强度（部门单位增加值能耗），即所谓的广义技术或效率因素。

由于产业部门平均单位增加值能耗下降而形成的宏观节能量也可分解为结构节能量和广义的效率（技术）节能量。所谓结构节能量是指在某一划分层次上由于各子系统（行业或产品等）比重变化而形成的节能量；广义的效率（技术）节能量是指在相同的行业/部门划分层次上由于各子系统能源强度（单位增加值能耗或单位产品能耗等）变化所形成的节能量。

应该看到，结构节能和广义效率（技术）节能的界定是相对的，同行业划分的层次密切相关；在不同的经济系统划分层次下，结构因素和广义效率（技术）因素所包含的内容是不同的。

理论上，一个复杂的国民经济系统，可按一定层次逐级将其划分为若干个子系统，如在第一层次可分为一、二、三次产业，在第二层次可对三次产业进行细分，将每个产业划分为若干行业，在此基础上，每个行业还可划分为若干子行业，依此类推，每一子行业又可划分为若干企业，每一企业层次下又可按不同产品类别划分为若干产品子系统。最终，国民经济系统可按最基本的生产单元——产品划分为若干子系统，每一产品子系统组合起来便构成了整个国民经济系统（如附图1）。

（1）细分至产品层次上的结构节能和技术节能。一般意义上，技术节能仅指构成国民经济系统的最基本单元——各类产品由于综合单耗下降而形成的节能量，其值为每种产品按单位产品能耗下降计算得到的节能量之和；结构节能则包含了产品层次以上各层次结构（产品结构、行业结构、产业结构等）变动所形成的节能量，其值等于各层次结构节能量的累加。理论上，只要将国民经济系统分解到最基本产品经济活动单元层次上，通过最基本经济单元单耗的变化，可以计算出“纯粹”的技术节能量；将每一层次上的结构节能量逐级累加，可得到结构节能的“真值”或“绝对值”。实际上，对国民经济系统进行这种超精细分解来计算技术节能和结构节能既没必要也不可行。一是因为在如此精细的结构划分层次上，子系统数目繁多且处于不断变动中，二是相关的数据难以获得。有鉴于此，在产品层次上计算结构节能和技术节能一般采用“统算”和“分算”法。

具体方法是：以计算年和基年产业部门平均单位增加值能耗的差值乘以计算年的全国GDP，得出产业部门总节能量（“统算”）；基于数据可获得性，选择若干主要产品类别，考察各主要产品基年和计算年单位产品综合能耗的变化，以每种产品单位能耗的差值乘以计算年该产品产量，得到以单位产品能耗为基础的各产品节能量，将其加和即为以产品单耗为基础、分产品累加的节能量（可称之为“分算”，也即是所谓的“技术节能量”），“统

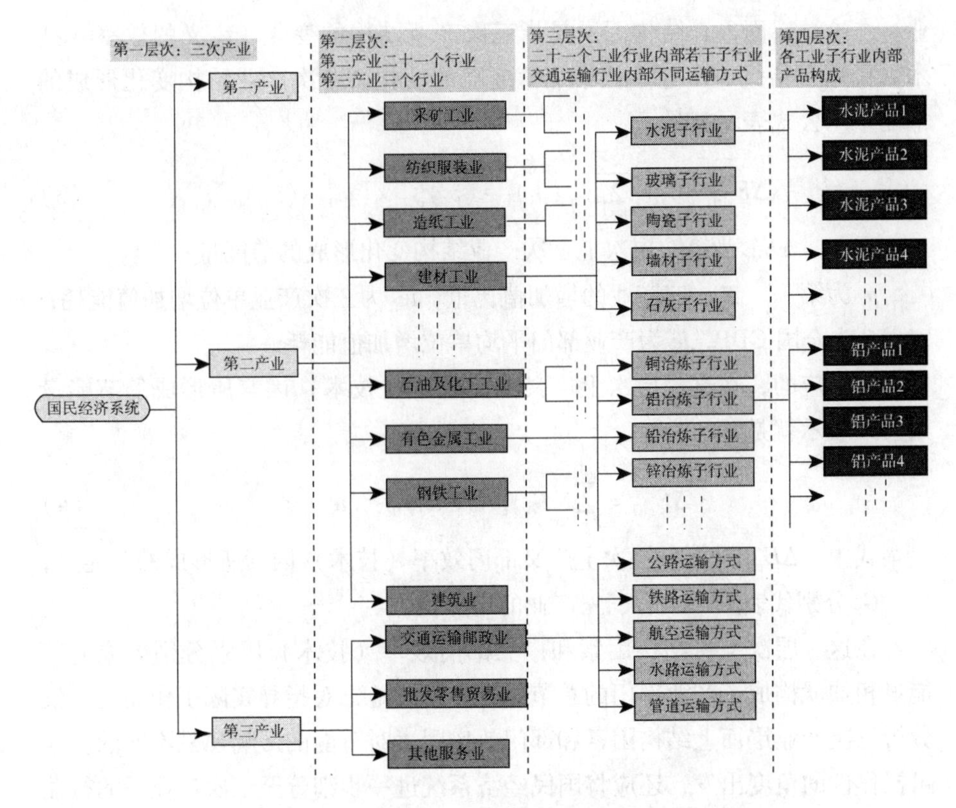

附图1　国民经济系统划分层次示意图

算”和“分算”节能量的差值即视为结构节能量。用公式表示就是：

$$\Delta E_{sir}=\Delta E_{total}-\Delta E_{tech}=G_t\times(ie_0-ie_t)-\sum(P_i)_t\times[(pe_i)_0-(pe_i)_t]\quad(2)$$

式中，ΔE_{total}为“统算”节能量，ΔE_{tech}为“分算”的所谓技术节能量；

G表示全国GDP，ie为产业部门平均单位增加值能耗；

P_i为第i种产品产量，pe_i为第i种产品的单位产品能耗；

脚标t和0分别代表计算年和基年（下同）。

（2）三次产业和产业内各行业层次上的结构节能和广义部门效率节能。将国民经济系统细分至产品层次，在该层次上所分析、计算的结构节能包含了产品结构节能、行业结构节能和产业结构节能等多层次的内容，受“统算分算”方法的局限，无法对各层次的结构节能予以界定；但从行业管理和实施宏观调控的角度看，很有必要将产业结构、产业内行业结构变化对节能的影响从上述多层次的结构节能里分离出来，并使其定量化。

如附图1所示，国民经济划分的第一层次是第一、第二、第三等三次产业，在这一层面上，结构因素是指三次产业结构的变化，广义的效率（技术）因素是指每一产业单位增加值能耗的变化。三次产业结构变化形成的节能量用公式表示就是：

$$\Delta E_{\mathrm{strl}} = G_{\mathrm{t}} \times \sum_{\mathrm{i}=1}^{3} \{[(p_{\mathrm{i}})_{\mathrm{t}} - (p_{\mathrm{i}})_{0}] \times [ie_{0} - (ie_{\mathrm{i}})_{0}]\} \tag{3}$$

式中，ΔE_{strl}为第一层次上三次产业结构变化形成的节能量；

p_{i} 为第一、二、三产业的增加值比重，ie_{i} 为三次产业单位增加值能耗；

G 为全国 GDP，ie 为产业部门平均单位增加值能耗。

相对应的，在这一层次上广义部门效率（技术）因素所形成的节能量用公式表示就是：

$$\Delta E_{\mathrm{eff1}} = \sum_{\mathrm{i}=1}^{3} (G_{\mathrm{i}})_{\mathrm{t}} \times [(ie_{\mathrm{i}})_{0} - (ie_{\mathrm{i}})_{\mathrm{t}}] \tag{4}$$

式中，ΔE_{eff1}是第一层次上广义部门效率（技术）因素所形成的节能量；

G_{i} 分别代表第一、二、三产业的增加值。

在这一层次上将结构因素和广义部门效率（技术）因素分别形成的节能量相加就构成了产业部门的总节能量。一般地，对指导实际工作而言，仅分析三次产业层面上结构因素和部门效率因素对节能的影响还是不够的。从可操作性的角度出发，还应将国民经济系统进一步细分至三次产业下的行业层次。第二产业作为最重要的能源消费部门和增加值创造部门，对整体节能产生着至关重要的影响，进一步分析其内部结构因素和效率因素的影响就显得尤其重要而必要。

在第二产业内部，可按研究工作的需要和数据可获得性原则将工业部门分为若干行业或部门（如轻、重工业部门或按国家统计条目分为三十九个行业等），在这一层次上，分析目标就是第二产业的总节能量（或者是工业部门整体平均单位增加值能耗的变化），主要任务就是定量化第二产业总节能量中行业结构因素和部门效率因素分别形成的节能量（或者是结构因素和效率因素对第二产业平均单位增加值能耗变化的贡献度）。在这一层次上，结构因素是指第二产业内部各行业增加值比重的变动，而效率因素则指各行业单位增加值能耗的变化。

第二产业内部行业结构调整所形成的节能量用公式表示就是：

$$\Delta E_{\mathrm{str-ind}} = (G_{2})_{\mathrm{t}} \times \sum_{\mathrm{j}=1}^{\mathrm{n}} [(p_{2\mathrm{j}})_{\mathrm{t}} - (p_{2\mathrm{j}})_{0}] \times [(ie_{2})_{0} - (ie_{2\mathrm{j}})_{0}] \tag{5}$$

式中，G_2 为第二产业增加值，$p_{2\mathrm{j}}$为第二产业内部各行业增加值占第二产业总增加值的比重；

ie_2 为第二产业平均单位增加值能耗，ie_{2j} 为二产各行业单位增加值能耗。

相应的，第二产业内部广义的部门效率（技术）因素形成的节能量为：

$$\Delta E_{eff-ind} = \sum_{j=1}^{n} (G_{2j})_t \times [(ie_{2j})_0 - (ie_{2j})_t] \quad (6)$$

式中，G_{2j} 为二产内部各行业增加值，ie_{2j} 为二产各行业单位增加值能耗。

若在上述划分基础上对各行业进一步细分为若干子行业，通过同样方法可得到各行业内部子行业结构变动所形成的节能量，将不同层次上的结构节能量逐级累加起来即可得到在确定的行业划分层次上所有结构因素形成的总节能量；若将国民经济系统细分至产品层次，在有充足数据支持的条件下，通过逐级累加各层次结构节能量所得到的总结构节能量与采用“统算分算”法计算得到的结构节能量应是一致的。

2. 居民生活部门能源消费对单位GDP能耗的影响

由公式（1）可知，居民生活部门的能源消费状况对单位GDP能耗也将产生一定影响。虽然居民生活部门不直接创造增加值，不能用增加值单耗指标来计算其节能量，但可选择其他特定指标或通过其他途径对其节能状况进行定量评价。

对居民生活部门节能状况的评价可通过两类方法，一种方法是以单位GDP能耗和产业部门平均单位增加值能耗为基础，分别计算出全国总节能量和产业部门节能量，两者差值即视为居民生活部门节能量，用公式表示就是：

$$\Delta E_{res} = G_t \times (e_0 - e_t) - G_t \times (ie_0 - ie_t) \quad (7)$$

另一种方法是以“虚拟的居民生活部门能源消费强度”为基础，考察其在不同年份的变化情况，得到居民生活部门节能量，用公式表示就是：

$$\Delta E_{res} = G_t \times [(\frac{E_r}{G})_0 - (\frac{E_r}{G})_t] \quad (8)$$

采用上述两种方法计算得到的居民生活部门节能量是一致的，通过居民生活部门节能量与全国总节能量的比较，就可以定量分析该部门能源消费状况对单位GDP能耗变化的影响和贡献。

第四章　建筑节能的潜力、途径与政策

内容提要：本章阐述了建筑能耗的概念和影响因素。对我国建筑能耗现状进行了测算，并与其他研究的测算结果进行了比较。对“十一五”时期建筑领域采取的节能政策措施，从法律法规、组织领导、目标责任、监督检查、标准规范、经济激励、重点工程、宣传引导等方面进行了全面回顾，并分析发现“十一五”前期的节能工作已经初见成效，但同时还存在一些问题。基于建筑类型、用能类别和能源品种对建筑领域能耗进行了分类，分别就各类用能的节能途径进行了剖析，并量化测算了“十二五”时期的节能潜力。在此基础上，提出节能产品推广、建筑节能改造、能力建设等方面的若干重点工程，以及相应保障措施。

一、建筑能耗概述

（一）建筑能耗的概念和口径

建筑能耗，指建筑物内各种用能系统和设备的运行能耗，[①] 主要包括采暖、空调、照明、家用电器、办公设备、热水供应、炊事、电梯、通风等能耗。通常所说的建筑能耗仅指非生产性建筑的能耗，即民用建筑能耗。依据建筑功能，民用建筑可以分为公共建筑和居住建筑两大类。第三产业能耗除用于交通工具的能耗外，基本都发生在各类公共建筑中（如办公楼、商场、酒店、学校、医院、火车站、航站楼等），属于公共建筑能耗。居民生活用能（除私人交通外）基本都发生在各类住宅建筑中，属于居住建筑能耗。

（二）建筑能耗的影响因素

建筑能耗受气候、建筑功能和服务水平、建筑设计情况、建筑设备能

① 康艳兵．建筑节能政策解读．北京：建筑工业出版社，2008.

效、使用者行为等众多因素影响。

（1）气候是影响建筑能耗的自然因素。对同一栋建筑而言，处在越寒冷的地区，采暖能耗越高；处在越炎热的地区，空调能耗越高。建筑设计上根据气候条件将全国分为五个建筑热工分区：严寒地区、寒冷地区、夏热冬冷地区、夏热冬暖地区、温和地区，不同气候区有不同的建筑热工设计要求。

（2）使用功能和服务水平对建筑能耗的影响很大。同一地区一栋酒店和一栋住宅的单位面积能耗往往相差很多，因为二者功能不同，提供的室内环境和服务不同，比如：宾馆可能采用集中空调全天连续供冷，住宅通常采用分体空调间歇供冷；宾馆提供24小时生活热水，住宅只在需要的时候制备热水；宾馆大堂、楼梯间等公共区域全天照明，住宅往往只在晚间才进行照明。

（3）建筑设计的好坏，包括建筑的外形，墙、窗、屋顶等围护结构的热工性能，建筑的能源供应系统形式等，也是影响建筑能耗的重要因素。在提供同样室内环境的情况下，建筑热工性能不达标或能源系统形式选择不当的建筑会消耗更多的能源。

（4）建筑设备能效在很大程度上决定着建筑的实际能源消耗。同一栋建筑为满足同一服务水平，如果使用的用能设备效率不同，则消耗的实际能源量也不同。高效的用能设备和系统可以有效降低建筑能耗。

（5）建筑使用者的行为也是不可忽视的方面。设定的采暖温度高低、使用空调的时间长短、使用热水的频率、是否有开窗通风的习惯、是否做到人走关灯、是否使用烘干机等高能耗设备等，这些行为都会影响建筑的实际能耗。很多调研数据显示，同一栋住宅楼中，同样户型的不同住户的生活能耗，由于行为方式的不同存在巨大差别。

二、建筑能耗现状

（一）我国建筑能耗统计

建筑能耗统计是能源消费统计的一部分，但长期以来，我国能源统计工作以产业部门为划分依据、以法人为单位进行能耗统计，建筑能耗与工业、交通等能耗混杂在一起，被计入各个产业部门中。在能源平衡表中，生活部门能耗大部分属于建筑能耗，但同时包括私家车的交通能耗；第三产业中批发零售贸易餐饮业和其他行业的大部分能耗也属于建筑能耗，但同时包括公务车等交通工具的交通能耗；第三产业中交通运输、仓储及邮电通信业的能耗大部分属于交通能耗，但同时包括火车站、航站楼等交通场站的建筑能耗。此外，工业、建筑业、交通运输业能耗中，也包括企业附属的非独立核算的、非生产经营性服务单位（科研单位、学校、医院、托儿所等）的能耗，而这部分能耗大多属于建筑能耗；农林牧副渔业中一些经营管理设施的能耗也属于建筑能耗。[①] 可见，能源平衡表不能直观地反映出我国建筑能耗。

为解决建筑能耗统计问题，原建设部于2007年制定印发了《民用建筑能耗统计报表制度》（试行），并在全国23个城市试行。在总结试行经验的基础上，住房城乡建设部于2010年正式出台《民用建筑能耗和节能信息统计报表制度》。在这一制度的推动下，全国基本建立了民用建筑能耗统计渠道和体系，并初步获得了近几年的建筑能耗数据。但由于该方面工作刚刚起步，实施过程还存在一些问题，所获得的能耗数据目前尚未对外公布。尽管住房城乡建设部曾在2006年指出我国建筑能耗已占全社会终端能耗的27.5%，[②] 但该数据是根据建筑保有量、建筑地区气候差别及相关节能标准推算的，[③] 只是个概数。所以，我国目前依然没有官方的、权威的全国建筑能耗数据。

（二）建筑能耗测算方法

一些研究机构和学者对我国建筑能耗进行了测算，其中比较有代表性的是清华大学建筑节能研究中心采用的基于微观数据的自下而上方法，以及王庆一教授采用的基于宏观数据的自上而下方法。

清华大学建筑节能研究中心开发的中国建筑能耗模型（China Building Energy Model，CBEM），考虑了气候、建筑面积、建筑类别、建筑物特性、系统形式、生活方式等因素对建筑能耗的影响。模型将建筑能耗分为北方城镇采暖用能、城镇住宅采暖外用能、公共建筑采暖外用能、农村住宅用能四

① 国家统计局能源司．中国主要统计指标诠释．中国统计出版社，2010.

② 中央政府门户网站．目前我国建筑能耗已占到全社会终端能耗的27.5%．http://www.gov.cn/jrzg/2006-07/14/content_336140.htm.

③ 马琳．中国建筑节能出现新拐点 能耗数据统计制度明年启动．中国房地产报，2007-08-06.

部分，根据各类统计信息确定家庭户数、人口、建筑面积等基础数据，根据研究中心实测、调研等研究成果确定各类用能的强度数据（单位面积能耗、人均能耗等），进而计算得到四类建筑用能以及全国建筑总能耗。① 模型测算结果表明，2010年，我国建筑总能耗为6.77亿吨标准煤，② 占全国能源消费总量的20.9%。③ 清华也将自下而上计算的结果与统计局公布的能源平衡表数据进行了比较，指出能源平衡表对建筑采暖能耗的统计（主要是煤炭和热力消费量）偏低大约低1亿吨标准煤。④

王庆一教授基于统计局发布的能源平衡表计算得到我国分部门终端能源消费量及结构，其中也包括建筑部门能耗。他在计算时按照国际通行的能源平衡定义和算法对能源平衡表进行了调整，并参考行业统计、专项调研报告等资料对能源平衡表部分数据进行了修正。与建筑部门能耗相关的调整和算法包括：①将终端用能部门按照国际惯例划分为农业，工业，交通运输，民用、商用和其他四个部门，其中民用、商业和其他部门的能耗即为建筑能耗；②电力按照热电当量折算成标准煤；③扣除原能源平衡表居民生活、商业、服务业能耗中的交通能耗，认为服务业能源消费中95%的汽油、35%的柴油，居民生活能源消费中全部的汽油、95%的柴油为交通能耗，余下的能耗即为建筑能耗。④指出交通运输部门的煤炭主要用于铁路车站等建筑采暖和辅助生产供热，铁路牵引已不用煤；⑤认为建筑煤炭消费量（用于采暖、炊事和热水）的统计数据偏低，根据民用煤炉数量、农村每户采暖用煤量、炊事用煤量等相关调研结果重新计算得到。⑤ 王庆一测算得到的2009年全国建筑部门能源消费量为3.5亿吨标准煤，占全国终端能源消费量的18.4%。⑥

本研究旨在分析实现我国2020年碳强度下降目标的途径和措施，因此所采用的能耗数据需要与统计局发布的能耗统计数据相衔接，同时需要能耗

---

① 清华大学建筑节能研究中心. 中国建筑节能年度发展研究报告2011. 中国建筑工业出版社，2011.

② 电力按照发电煤耗法折算，2010年折算系数为1kWh = 0.318kgce。

③ 清华大学建筑节能研究中心. 中国建筑节能年度发展研究报告2012. 中国建筑工业出版社，2012.

④ 清华大学建筑节能研究中心. 中国建筑节能年度发展研究报告2009. 中国建筑工业出版社，2009.

⑤ 王庆一. 中国可持续能源项目参考资料：2009能源数据.

⑥ 王庆一. 中国可持续能源项目参考资料：2011能源数据.

数据具有一定的连续性。所以，本研究选择以全国能源平衡表为分析基础，参考王庆一教授的方法，扣除第三产业和居民生活能耗中的交通用能，具体扣除方法如表4-1所示。第三产业扣除交通用能后剩余的能耗即为公共建筑能耗；居民生活扣除交通用能后剩余的能耗即为居住建筑能耗，又可进一步分为城镇住宅能耗和农村住宅能耗。由于农村公共建筑非常少，暂且认为农村住宅能耗即为农村建筑能耗。电力按照发电煤耗法折算。

表4-1 各行业能耗中应算作交通用能的能源品种及其比例 单位：%

分类	汽油	煤油	柴油	燃料油	天然气	电力
交通运输、仓储及邮电通信业	100	100	95	90	50	80
批发和零售贸易业、餐饮业	95		35			
其他	95		35			
生活消费	100		95			

注：批发和零售贸易餐饮业、其他行业、生活消费部门的交通能耗扣除方法参考王庆一的算法。交通运输、仓储及邮电通信业的交通能耗扣除方法由课题组估算。每年都按照该比例扣除交通能耗。

第一产业和第二产业能耗中也包括部分建筑能耗，但由于缺少相关资料，本研究暂不考虑这部分能耗。由于要与统计局公布的全国能耗数据以及工业、交通部门的能耗测算结果相衔接，本研究也未考虑清华大学和王庆一教授都指出的采暖能耗统计偏低的问题，没有对煤炭数据进行修正。尽管按照这种方法测算出的结果不能代表全口径的建筑能耗，数据可能偏低，但依然可以反映出我国建筑能耗的一些特点和发展变化趋势。本研究将基于该算法对我国建筑部门“十二五”节能潜力进行分析。

我国北方地区冬季寒冷，城镇建筑通常需要连续采暖，南方地区也有部分建筑在冬季进行采暖，因此采暖能耗是建筑能耗中比重较高的部分。本研究通过对城镇住宅和公共建筑各能源品种消费量的进一步分析，将城镇采暖能耗剥离出来，作为单独的用能类别进行考虑。参考清华大学建筑节能中心对城镇各种采暖方式能耗的分析结果，① 本研究将城镇住宅能耗中全部的煤炭、焦炭、热力和7.5%的天然气、12%的电力算作城镇住宅采暖能耗，将公共建筑能耗中全部的煤炭、焦炭、柴油、燃料油和热力算作公共建筑采暖

① 清华大学建筑节能研究中心．中国建筑节能年度发展研究报告2009．中国建筑工业出版社，2009.

能耗，二者合计为城镇采暖能耗。① 进而根据清华的研究成果将城镇采暖能耗拆分为北方地区城镇采暖能耗和夏热冬冷地区城镇采暖能耗。

对建筑能耗的进一步分析还需要知道建筑面积、建筑能耗强度等数据。本研究建筑面积的测算参考了清华大学建筑节能研究中心的方法，② 即城镇建筑面积由《中国统计年鉴》中各地区城市建设情况表获得，认为表中年末实有房屋建筑面积即为城镇建筑面积，表中年末实有住宅建筑面积即为城镇住宅建筑面积，二者的差值即为公共建筑面积；③ 认为农村全部为住宅建筑，农村住宅建筑面积由《中国统计年鉴》中农村人口乘以农村人均住房面积得到；根据《中国统计年鉴》各地区城市建设情况表，计算得到北方地区城镇建筑面积和夏热冬冷地区城镇建筑面积，④ 认为北方城镇全部采暖，夏热冬冷地区约一半的城镇建筑面积进行采暖，即可得到城镇建筑采暖面积。各类建筑能耗除以相应的建筑面积或人口，即得到各类建筑或用能的单位面积能耗指标和人均能耗指标。

（三）建筑能耗测算结果

根据上述算法测算得到，2010年，我国建筑部门能源消费量为5.31亿吨标准煤，占全国能源消费总量的16.4%。其中，城镇采暖能耗为1.21亿吨标准煤，占全国建筑能耗的22.8%；城镇住宅除采暖外能耗为1.36亿吨标准煤，占全国建筑能耗的25.7%；公共建筑除采暖外能耗为1.43亿吨标准煤，占全国建筑能耗的27.0%；农村建筑能耗为1.30亿吨标准煤，占全国建筑能耗的24.5%。

2010年，全国建筑面积为459亿平方米。其中，城镇住宅151亿平方米，公共建筑79亿平方米，农村建筑229亿平方米。北方城镇采暖面积约为95亿平方米，夏热冬冷地区采暖面积约为45亿平方米。

---

① 城镇采暖能耗中的煤炭、热力消费也部分用于炊事和生活热水，柴油也部分用于发电，但由于缺少相应的数据和信息，本研究暂且将其全部算作城镇采暖能耗。

② 清华大学建筑节能研究中心．中国建筑节能年度发展研究报告2009. 中国建筑工业出版社，2009.

③ 统计年鉴中的城市年末实有房屋建筑面积和年末实有住宅建筑面积的数据仅公布到2006年，之后的城镇建筑数据为本研究参考相关资料估算的。

④ 本研究中北方地区包括北京、天津、河北、山西、内蒙古、辽宁、吉林、黑龙江、山东、河南、陕西、甘肃、青海、宁夏、新疆15省（市、区）；夏热冬冷地区包括上海、江苏、浙江、安徽、福建、江西、湖北、湖南、重庆、四川10省（市）。

2010年，全国建筑单位面积能耗为11.6千克标准煤/平方米，北方城镇采暖单位面积能耗为11.4千克标准煤/平方米，夏热冬冷地区城镇采暖单位面积能耗为3.0千克标准煤/平方米，城镇住宅除采暖外单位面积能耗为9.0千克标准煤/平方米，公共建筑除采暖外单位面积能耗为18.1千克标准煤/平方米，农村建筑单位面积能耗为5.7千克标准煤/平方米。①

三、“十一五”节能措施与成效

（一）节能目标

我国《国民经济和社会发展第十一个五年规划纲要》首次将节能作为约束性指标提出，要求2010年中国单位GDP能耗较2005年下降20%左右。建筑节能是实现这一目标的重要举措，有关文件先后从不同方面对建筑节能工作提出了目标和要求。

《国民经济和社会发展第十一个五年规划纲要》确定了十大重点节能工程，《国务院关于印发节能减排综合性工作方案的通知》要求“十一五”期间重点节能工程实现2.4亿吨标准煤的节能量。其中与建筑相关的重点节能工程有三个：①建筑节能：严格执行建筑节能设计标准，推动既有建筑节能改造，推广新型墙体材料和节能产品等；②绿色照明：在公用设施、宾馆、商厦、写字楼以及住宅中推广高效节电照明系统等；③政府机构节能：政府机构建筑按照建筑节能标准进行改造，在政府机构推广使用节能产品等。

《“十一五”十大重点节能工程实施意见》对“十一五”期间建筑节能工作提出了明确要求，主要目标：一是新建建筑全面执行节能50%的设计标准；建立四个直辖市和北方地区节能65%的国家标准体系和技术支撑体系；完成低能耗、超低能耗和绿色建筑的示范工程，形成相关标准和技术体系，引导“十一五”期间建筑发展方向；新型墙材生产供应基本满足需求。二是既有公共建筑节能改造取得突破性进展；深化北方地区供热体制改革，推动北方既有居住建筑节能改造。三是可再生能源在建筑中规模化应用取得实质性进展。四是形成国家推动建筑节能的关键能力。“十一五”期间，总计节能1亿吨标准煤，累计建设城镇节能建筑面积21.46亿平方米。其中，

① 由于本研究未对平衡表中的煤炭消费量进行修正，所以测算得到的北方城镇采暖能耗和农村建筑能耗以及相应的单位面积能耗指标，较有关研究偏低。

新建建筑15.92亿平方米，既有建筑改造5.54亿平方米。全社会实施建筑节能工程总投入33360亿元，其中建筑节能增量成本4950亿元。①

《建设事业“十一五”规划纲要》提出：“十一五”期间，建筑节能水平不断提高，累计节能1.01亿吨标准煤，累计建设节能建筑面积21.5亿平方米。新建建筑严格实施节能50%的设计标准，有条件的大城市和严寒、寒冷地区启动节能65%的新建建筑节能设计标准。到2010年，新建住宅建筑节能达到60%以上。既有居住和公共建筑的节能改造取得实质性进展，大城市完成改造面积25%，中等城市达到15%，小城市达到10%。

建设部关于落实《国务院关于印发节能减排综合性工作方案的通知》的实施方案明确指出：到“十一五”期末，建筑节能实现节约1.1亿吨标准煤的目标。其中：加强新建建筑节能工作，实现节能6150万吨标准煤；深化供热体制改革，对北方采暖地区既有建筑实施热计量及节能改造，实现节能1600万吨标准煤；加强国家机关办公建筑和大型公共建筑节能运行管理与改造，实现节能1100万吨标准煤。发展太阳能、浅层地能、生物质能等可再生能源应用在建筑中应用，实现替代常规能源1100万吨标准煤。另外，计划通过开展绿色照明形成1000万吨标准煤的节能量。

国家发展改革委、国管局、财政部、中直管理局和解放军总后勤部联合发布《关于加强政府机构节约资源工作的通知》（发改环资〔2006〕284号）中，提出2010年政府机构以2005年为基数，实现节电20%，节水20%，单位建筑能耗和人均能耗分别降低20%以上的节能目标。

《能源发展“十一五”规划》、《可再生能源发展“十一五”规划》、《可再生能源中长期规划》对太阳能、生物质能、地热能等可再生能源在建筑中的应用提出了具体目标和要求。此外，国务院2007年制定的《节能减排综合性工作方案》、2009年制定的《节能减排工作安排》等文件，也强调了一些阶段性的建筑节能任务和目标。

（二）节能措施

我国政府从20世纪80年代起开始着手建筑节能工作，“十一五”期间加大了工作力度，同时更多的部门参与到建筑节能工作中。除了负责全社会建筑节能工作的住房和城乡建设部外，国家机关事务管理局、国家发展和改

---

① 赵家荣．“十一五”十大重点节能工程实施意见．北京：中国发展出版社，2007.

革委员会等部门开展的节能工作也促进了建筑节能。国家机关事物管理局负责全国公共机构节能工作，其最主要的内容就是各类公共机构建筑的节能；国家发展和改革委员会等部门推进的节能产品惠民工程、热电联产工程等，也对降低建筑能耗起到了积极作用。各部门采取的措施，从组织领导、法律法规、标准制度、经济激励、监督管理等方面全面推进了“十一五”建筑节能工作。

1. 加强组织领导

“十一五”期间，我国建立了建筑节能协调议事机制。各省（区、市）住房城乡建设主管部门均成立了主要领导或分管领导任组长的建筑节能领导小组。其中北京、天津、上海、黑龙江、吉林、山西、陕西、内蒙古等省（区、市）成立了政府分管领导任组长，相关部门参加的建筑节能工作协调领导小组，各城市也成立了相应机构，形成了各部门联动、齐抓共管的局面。同时，建筑节能管理机构能力得到加强。部分省市住房城乡建设部门设置建筑节能专门处室，加强了职能，充实了力量。国务院机关事务管理局设立了公共机构节能管理司。25 个地区机关事物管理局设立了专门负责公共机构节能管理的处（室）。各地区建立由省级领导任组长的公共机构节能领导小组或联席会议制度。建立了全国公共机构工作协作组机制和节能联络员制度。统一管理、分级负责、分工配合、相互协调的公共机构节能管理框架初步建立。

2. 落实目标责任

建筑节能、公共机构节能被纳入省级人民政府节能目标责任现场评价考核中，接受国务院的检查。全国各省（区、市）均制定了建筑节能“十一五”专项规划，提出了建筑节能具体节约目标，总计 1. 39 亿吨标准煤，并按重点领域进行了分解，其中有 27 个省（区、市）明确了建筑节能承担本地区单位 GDP 能耗下降的任务。各省市对新建建筑执行建筑节能标准、既有建筑节能改造、可再生能源建筑推广等工作，采取签订目标协议等方式，逐级进行分解，并按年度进行考核，确保建筑节能目标和任务的落实。国管局会同有关部门对全国各省、自治区、直辖市“十一五”公共机构节能工作进行了考核，对各地区公共机构节能目标完成情况进行了量化评价。部分地区将公共机构节能纳入政府年度节能目标考核评价体系。

3. 健全法律法规

2007 年，我国出台了节能领域的最高法律《中华人民共和国节约能源法》，其中专门设置建筑节能和公共机构节能条款，从建筑设计、施工、监理、销售、运行、监督管理、节能技术应用等方面对建筑节能的各项工作进行了规定。2008年，《民用建筑节能条例》和《公共机构节能条例》出台，明确了建筑节能、公共机构节能相关工作提出了明确要求。为配合两个条例的实施，各地积极制定本地区的法规条例。河北、陕西、山西、湖北、湖南、上海、重庆、青岛、深圳、武汉、乌鲁木齐等地出台了建筑节能条例，有15个省（区、市）出台了资源节约及墙体材料革新等相关法规，24个省（区、市）出台了相关政府令。部分省区制订了公共机构节能管理办法，各地区结合实际出台了一系列公共机构节能法规、规章制度。以《节约能源法》为上位法，《民用建筑节能条例》、《公共机构节能条例》为专门法规，各地方性法规为支撑的建筑节能法律体系初步建立。

4. 完善标准规范

“十一五”期间我国制修订了一系列建筑相关标准和规范，充实、完善了建筑节能标准体系，为开展建筑节能工作提供了可靠的依据。建筑节能设计方面，修订出台了《严寒和寒冷地区居住建筑节能设计标准》（JGJ 26—2010）、《夏热冬冷地区居住建筑节能设计标准》（JGJ 134—2010）等；既有建筑节能改造方面，出台了《公共建筑节能改造技术规范》（JGJ 176—2009）等；可再生能源建筑应用方面，出台了《太阳能供热采暖工程技术规范》（GB 50495—2009）、《民用建筑太阳能光伏系统应用技术规范》（JGJ 203—2010）等；绿色建筑方面，出台了《绿色建筑评价标准》（GB/T 50378—2006）、《建筑工程绿色施工评价标准》（GB/T 50640—2010）、《民用建筑绿色设计规范》（JGJ/T 229—2010）等；质量验收、检测方面，出台了《建筑节能工程施工质量验收规范》（GB 50411—2007）、《居住建筑节能检测标准》（JGJ/T 132—2009）、《公共建筑节能检测标准》（JGJ/T 177—2009）等；建筑终端用能设备方面，出台了家用燃气快速热水器和燃气采暖热水炉、多联式空调（热泵）机组、转速可调型房间空气调节器等设备的能效限定值及能效等级标准；技术产品方面，及时把先进成熟的技术产品编入工程技术标准和标准图，通过标准引导技术进步。各地区也非常重视建筑节能标准体系建设工作，结合地区实际，对国家标准进行了细化，出台了更符合地方发展要求和工作需求的地方标准。

5. 实施重点工程

在北方采暖区15省（自治区、直辖市）开展城镇既有居住建筑供热计量及节能改造工程，进行热源及管网热平衡、室内供热系统计量及温度调控、建筑围护结构等方面的改造，改造后一些项目实行了热计量收费。部分地区将节能改造与保障性住房建设、旧城区综合整治等民生工程结合在一起，综合效益显著。实施公共机构办公建筑节能改造，改造围护结构、空调采暖系统，改造供热锅炉、燃气灶具，更换高耗能电开水器、低效照明灯具，有效降低了公共机构能源消耗。启动了节约型校园建设试点，进一步加强高等学校节能节水工作。启动了“低能耗建筑和绿色建筑双百工程”，推进绿色生态城区建设。组织开展可再生能源建筑应用示范项目，实施“可再生能源建筑应用城市示范”和“农村地区可再生能源建筑应用示范”，启动“太阳能屋顶计划”，开展光电建筑应用示范工程。

6. 推广技术产品

将建筑节能、绿色建筑、可再生能源建筑应用等纳入国家科技支撑计划重大项目，对一批共性关键技术进行了研究攻关，为建筑节能深入发展做好科技储备。以建筑节能示范工程为载体，示范推广建筑节能适用技术和产品。继续开展绿色照明工程，补贴推广高效照明产品。实施节能产品惠民工程，以财政补贴方式推广节能空调。建立了政府强制采购节能产品和环境标志产品的制度，制定了“节能产品政府采购清单”和“环境标志产品政府采购清单”。以上措施使高效终端用能产品在建筑中的应用大幅增长，促进了建筑用能效率的提高。此外，各地根据自身气候条件及资源特点，不断推动新型墙体材料技术与产业升级，丰富产品形式，提高产品性能，保温结构一体化新型建筑节能体系、轻型结构建筑体系等一批建筑节能新材料、产品得到推广。

7. 经济激励政策

“十一五”期间，我国出台了一系列涉及建筑节能的经济激励政策，为建筑节能提供了良好的政策环境和财力保障。设立了北方采暖区既有居住建筑供热计量及节能改造奖励资金、国家机关办公建筑和大型公共建筑节能专项资金、可再生能源建筑应用示范项目资金等，中央财政共安排152亿元，用于专项支持建筑节能工作。据不完全统计，“十一五”期间，省级财政共安排69亿元建筑节能专项资金，地级及以上城市市级财政共安排65亿元建筑节能专项资金工作。各地累计投入近30亿元，开展公共机构节能改造。国家还设立了节能技术改造财政奖励资金、高效照明产品推广财政补贴资金、节能产品惠民工程财政补贴资金、合同能源管理项目财政奖励资金等，这些也直接或间接地推动了建筑节能改造的开展和高效建筑用能设备的推广。此外，国家对从事环境保护、节能节水项目的符合条件的企业实行“三免三减半”的税收优惠政策，从事建筑节能的企业在符合条件的情况下也可以享受。国家还制定了《城市供热价格管理暂行办法》，要求逐步实行“两部制”热价，推动供热体制改革，促进建筑节能。

8. 加强监督管理

基本形成了从项目评审、设计、施工图审查、施工、竣工验收备案到销售和使用的全过程监管机制。制定了《中央国家机关建设项目节能评审制度》，加强了对公共机构节能的源头管理。加强了施工图审查阶段建筑节能专项设计的审查工作，以及工程验收阶段建筑节能工程施工质量专项验收，促进了设计阶段和施工阶段对建筑节能强制性标准的执行。出台了《绿色建筑评价标识管理办法》，实施绿色建筑评价标识制度，已有20多个省市建立了地方管理机构，开展了一、二星级绿色建筑评价标识。出台了《民用建筑能效测评与标识管理办法》、《民用建筑节能信息公示办法》、《民用建筑能耗和节能信息统计报表制度》，建立了建筑能效测评、节能信息公示、能耗统计制度，加强了对民用建筑运行阶段用能的监管。开展国家机关办公建筑和大型公共建筑节能监管体系建设，在北京、天津、深圳、江苏、重庆、内蒙古、上海、浙江、贵州九省市开展能耗动态监测平台建设试点工作，完成了一批国家机关办公建筑和大型公共建筑的能耗统计、能源审计、能耗公示和动态监测，掌握了此类建筑的能耗水平及耗能特点。制定并实施了《公共机构能源资源消耗统计制度》，完成了2005～2010年公共机构能耗统计工作。对中央国家机关实行月度统计、季度公示排名制度，开展了重点用能单位能源审计和检查整改工作。出台了《公共建筑室内温度控制管理办法》，加强对公共建筑运行用能的监管。发布了《加强建筑节能材料和产品质量监督管理的通知》，建立建筑节能材料和产品备案、登记、公示制度，发布推广、限制和淘汰目录，通过市场抽查、巡查和专项检查，加强生产和流通环节的监管。开展了全国建设领域节能减排专项监督检查，公示了检查情况。各省市也组织开展了建筑节能专项检查，对违规工程实施停工整顿，对违章企业进行通报批评，对违法行为依法处罚。对全国30个省贯彻实施《公共机构节能条例》的情况开展了专项检查，并通报了检查结果。

9. 积极宣传引导

中央和地方以节能宣传周、节能减排全民行动等活动为载体，充分利用各种媒体，采取开设网站、专题报道、宣贯会、推介会、现场展示、知识竞赛、出版丛书、编印发放宣传材料等方式，开展形式多样、内容丰富的建筑节能公共宣传活动，广泛宣传建筑节能的重要意义、相关政策措施、开展的节能工作、公共机构的表率活动，以及建筑节能常识、建筑节能产品等，提高全社会的建筑节能意识，引导民众的行为节能。各级建筑节能管理部门不断加大建筑节能培训力度，组织相关单位的管理和技术人员，对建筑节能法律法规、规章制度、标准技术、能耗统计等进行培训，有效提升了相关人员对建筑节能的理解和执行能力，为建筑节能提供了人员保障。

（三）节能成效

在各方面的积极努力下，“十一五”我国建筑节能工作取得了显著成效。从工作任务层面看，新建建筑执行节能标准、既有建筑节能改造、公共机构节能等工作取得明显效果，可再生能源建筑应用、绿色建筑发展等工作均取得突破性进展。① 从能耗数据层面看，在城镇化快速发展阶段，在人民生活水平不断提高、建筑用能需求快速增长形势下，部分建筑用能的增速有所放缓，单位面积能耗指标有所降低。

1. 建筑节能各项工作成果显著

新建建筑节能强制性标准执行率大幅提高。2005~2010年，我国城镇新建建筑设计阶段节能强制性标准执行率从53%提高到99.5%，施工阶段执行率从21%提高到95.4%（见图4-1）。部分省市的新建建筑已实施65%节能标准。“十一五”期间累计建成节能建筑48.57亿平方米。全国城镇节能建筑占既有建筑面积的比例达到23.1%。

北方采暖地区既有居住建筑供热计量及节能改造超额完成任务。截至2010年底，北方采暖地区15省市共完成改造1.82亿平方米，超额完成改造任务3200万平方米。改造项目可形成年节约200万吨标准煤的节能能力。部分改造项目同步实行了按用热量计量收费，平均节省采暖费用10%以上。改造后，采暖期室内温度提高了3℃~6℃，部分项目提高了10℃以上，室内热舒适度明显改善，并有效解决老旧房屋渗水、噪声等问题。

公共机构节能成效明显。“十一五”期间，全国公共机构单位建筑面积能耗和人均能耗逐年下降，能源利用效率稳步提高。2010年，全国公共机构单位建筑面积能耗23.86千克标准煤/平方米，较2005年下降14.85%，年均下降3.16%；人均能耗447.4千克标准煤/人，较2005年下降

① 下文对工作成果的总结主要参考住房城乡建设部《关于2010年全国建设领域节能减排专项监督检查建筑节能检查情况通报》和《关于2009年全国建设领域节能减排专项监督检查建筑节能检查的通报》。

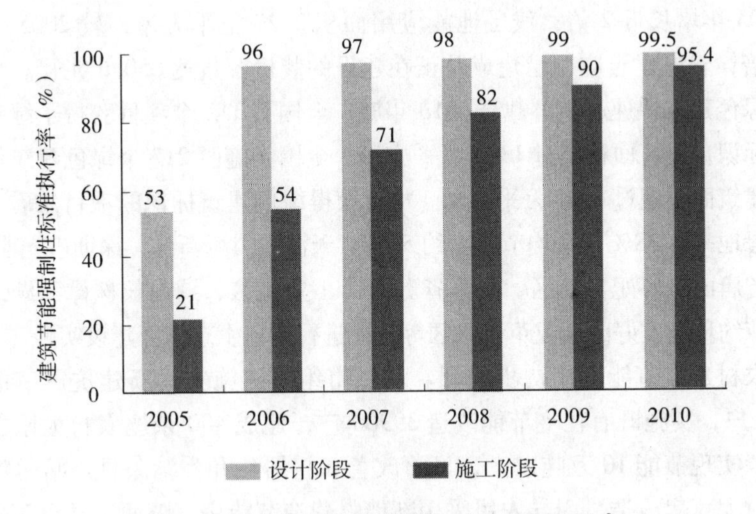

图4-1 新建建筑节能强制性标准执行率

20.27%，年均下降4.43%。① 其中，中央国家机关人均用电量累计下降24.48%。②

节约型校园建设稳步推进。全国有200所高校实施了节约型建设，生均电耗每年484千瓦时，仅为全国高校生均电耗平均水平的44%，实现节能67万吨标煤。第一批开展节约型校园建设示范的12所高校，能效平均提高18%，累计节约8.5万吨标准煤。③

国家机关办公建筑和大型公共建筑节能监管体系建设不断深入。依托节能监管体系建设，公共建筑能耗统计、能源审计、能效公示、能耗动态监测等工作全面开展。“十一五”期间，全国共完成国家机关办公建筑和大型公共建筑能耗统计33000栋，完成能源审计4850栋，公示了近6000栋建筑的能耗状况，对1500余栋建筑的能耗进行了动态监测。

可再生能源建筑应用实现突破性增长。截至2010年底，共实施了371个可再生能源建筑应用示范项目、210个太阳能光电建筑应用示范项目、47个可再生能源建筑应用示范城市、98个示范县。山东、江苏、海南等省已经开始强制推广太阳能热水系统。全国太阳能光热应用面积14.8亿平方米，

---

① 数据来自《公共机构节能“十二五”规划》。

② 中央国家机关召开节能减排工作会议. http://hzs.ndrc.gov.cn/newhjyzyjb/t20110212_394510.htm.

③ 张福麟在全国高校节约型校园建设工作会上的讲话. http://www.aiai.edu.cn/s/33/t/45/80/9d/info32925.htm.

较2005年增长近2倍；浅层地能应用面积2.27亿平方米，较2005年增长近9倍；光电建筑应用已建成及正在建设的装机容量达850.6兆瓦。

绿色建筑快速起步。截至2010年底，全国有112个项目获得了绿色建筑评价标识，建筑面积超过1300万平方米。全国实施了217个绿色建筑示范工程，建筑面积超过4000万平方米。从已获得绿色建筑标识的项目来看，住区平均绿地率达38%，平均节能率约58%。天津市滨海新区、深圳市光明新区、河北省唐山市曹妃甸新区、江苏省苏州市工业园区、湖南长株谭和湖北武汉资源节约环境友好配套改革试验区等正在进行绿色生态城区建设实践。

农村建筑节能工作初步展开。北京市组织实施农民新建抗震节能住宅13829户，实施既有住宅节能改造39900户，建成400余座农村太阳能集中浴室，实现节能10万吨以上，显著改善农村居住和生活条件。哈尔滨市结合农村泥草房改造，引导农民采用新墙材建造节能房。陕西、甘肃等省以新型墙体材料推广、秸秆等生物质能应用为突破口，对农村地区节能住宅建设及农村地区新能源应用进行了有益的探索。

节能产品普及率大幅上升。"十一五"期间，通过实施绿色照明工程，推广节能灯3.6亿只，直接拉动消费41亿元，实现年节电125亿千瓦时，产品寿命期内节电627亿千瓦时，给老百姓年节省电费60多亿元；促进了节能灯市场份额的进一步提高，使节能灯市场价格较推广前下降了40%；居民用户高效电光源在用比例达到62%，工业企业达到83%，商业用户达到90%。①"十一五"期间，通过实施节能产品惠民工程，支持推广了3400多万台高效节能空调，直接拉动消费700多亿元，实现年节电100亿千瓦时，产品寿命期内节电800亿~1000亿千瓦时，年节约电费50亿元，寿命周期内节约电费400亿~500亿元；高效节能空调的市场占有率从推广前的5%上升到70%以上，使新能效标准得到顺利实施，原三、四、五级低能效空调全部停产，行业整体能效水平提高24%；高效节能空调价格大幅下降，累计节约老百姓购买费用300亿元。②

墙体材料革新工作取得积极进展。据不完全统计，2010年全国新型墙体材料产量超过4000亿块标砖，占墙体材料总产量的60%左右，新型墙体材料应用量3500亿块标砖，占墙体材料总应用量的70%左右，全面完成国

---

① 北京华通人商用信息有限公司.2010年度照明产品市场的调查分析报告.

② 人民网."十一五""节能产品惠民工程"成效显著.http://finance.people.com.cn/GB/15836584.html.

务院确定的目标。

2. 建筑节能成效的数据分析

根据前文阐述的能耗测算方法，计算得到的我国各类建筑能耗、建筑面积、单位面积建筑能耗、人均建筑能耗如图4-2至图4-6所示。可以看到，“十五”期间全国建筑总能耗从2.36亿顿标准煤增长到3.79亿吨标准煤，累计增长1.43亿吨标准煤；“十一五”期间全国建筑总能耗从3.79亿吨标准煤增长到5.31亿吨标准煤，累计增长1.52亿吨标准煤，较“十五”时期略增。其中，增长最快的是公共建筑除采暖外能耗，“十一五”期间累计增长0.57亿吨标准煤，是“十五”期间增量的1.5倍。其次是城镇住宅除采暖外能耗，“十一五”期间累计增长0.47亿吨标准煤，是“十五”期间增量的1.3倍。农村建筑能耗“十一五”期间累计增长0.35亿吨标准煤，与“十五”期间增量基本持平。而城镇采暖能耗“十一五”期间累计增长0.14亿吨标准煤，较“十五”期间增量0.34亿吨标准煤大幅下降，这其中夏热冬冷地区采暖能耗增量变化不大，主要是北方城镇采暖能耗增量显著下降。

从单位建筑面积能耗的变化情况可以看到，2000~2010年，农村建筑单位面积能耗和夏热冬冷地区单位面积采暖能耗呈现持续上涨趋势，后者从2006年开始增速略微有所放缓。2000~2002年，单位面积城镇采暖能耗、单位面积城镇住宅除采暖外能耗以及单位面积公共建筑除采暖外能耗均出现大幅下降。这种变化一方面是由于用能效率提高带来的，但课题组认为更重要的原因是，这期间城镇建筑面积迅猛增长，其中城镇住宅面积几乎翻倍（见图4-3），但实际上很多建筑尚未完全投入使用，闲置面积较多，因此总能耗增长较为缓慢，快速增长的建筑面积拉低了单位面积能耗指标。这一分析也可以从人均建筑能耗的变化趋势得到印证，如果2000~2002年能源利用效率大幅提升，那么人均建筑能耗也应有较大幅度的下降，而实际上这期间城镇人均建筑能耗只是略有下降（见图4-6），可见几类城镇建筑能耗单位面积指标的大幅下降主要由建筑面积的过快增长和闲置率较高导致。2002年之后，城镇建筑面积的增长有所放缓，前期建成的建筑逐步投入使用，单位面积能耗的变化主要由能源利用效率的变化导致。2002年之后，单位面积公共建筑除采暖外能耗持续快速增长，2006年之后增速出现放缓；2002~2007年，单位面积城镇住宅除采暖外能耗持续增长，2007年之后开始下降；2002~2004年，单位面积城镇采暖能耗不断增长，2004年之后逐步下降，且降幅明显。可见，几类城镇建筑的单位面积能耗指标均在“十一五”期间出现了不同程度的增速放缓和下降现象，这充分说明“十一五”

期间的建筑节能工作显现出了成效。但是由于城镇建筑面积依然增长较快，抵消了单位建筑面积能耗下降的效果，使得各类城镇建筑能耗持续增长。此外，农村单位面积建筑能耗指标的持续攀升也说明了农村建筑节能工作尚未深入开展，亟待全面启动。

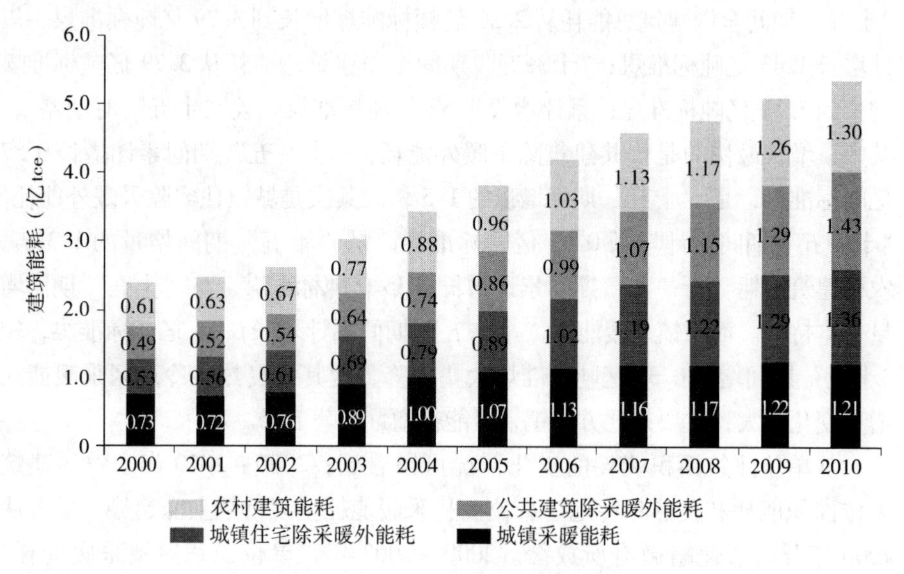

图 4－2　我国各类建筑能耗

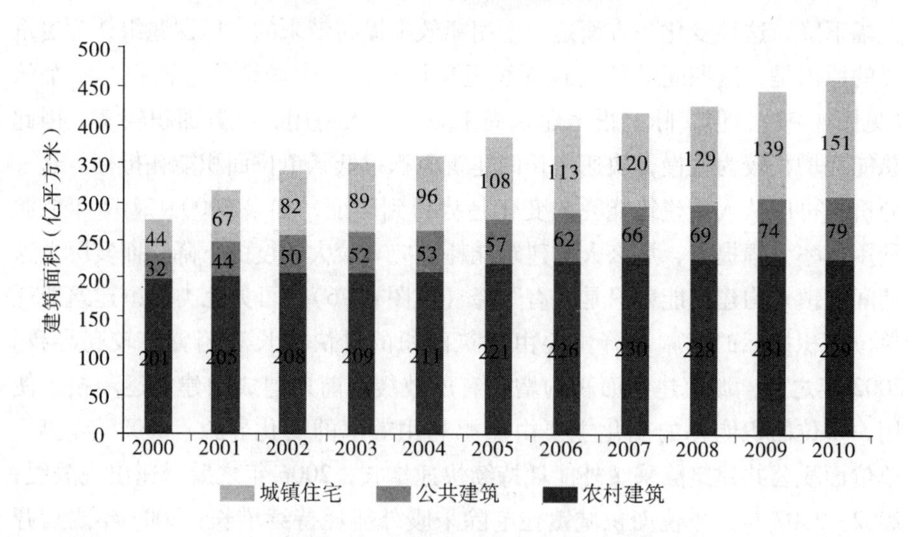

图 4－3　我国各类建筑面积

注：统计年鉴中的城市年末实有房屋建筑面积和年末实有住宅建筑面积的数据仅公布到2006年，之后的城镇住宅和公共建筑面积数据为本研究参考相关资料估算的。

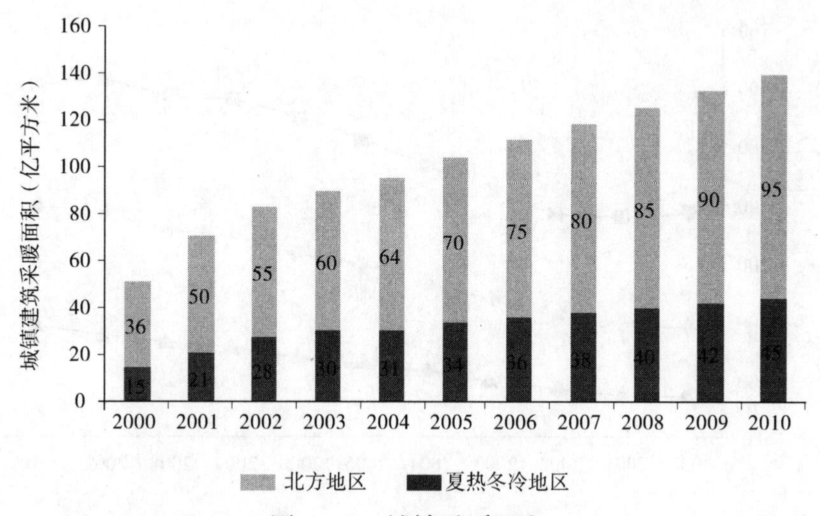

图4-4　城镇采暖面积

注：统计年鉴中的城市年末实有房屋建筑面积和年末实有住宅建筑面积的数据仅公布到2006年，之后的城镇采暖面积数据为本研究参考相关资料估算的。

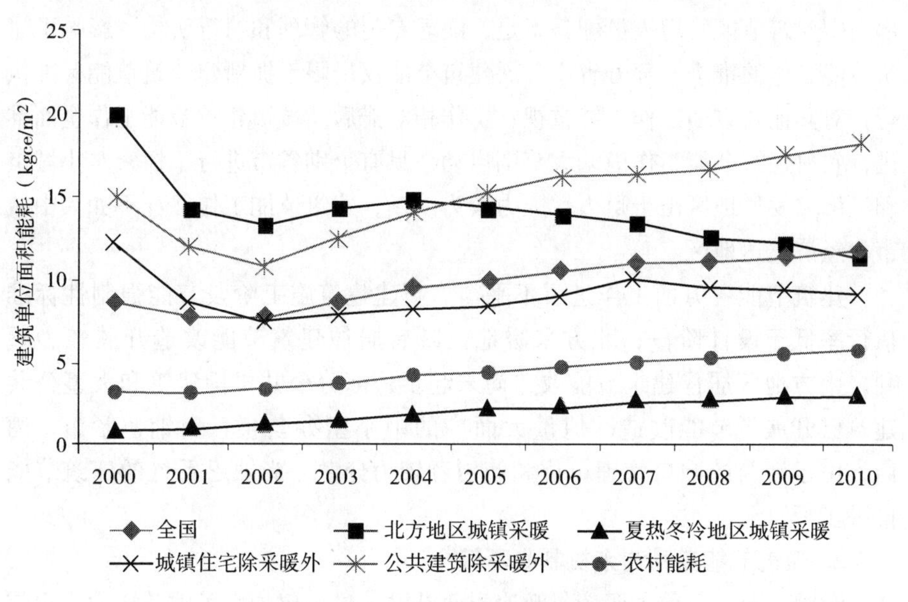

图4-5　建筑单位面积能耗

（四）存在的问题

1. 建筑节能工作发展不平衡

各地区建筑节能进展不平衡。部分省市对建筑节能工作重视不够，主管

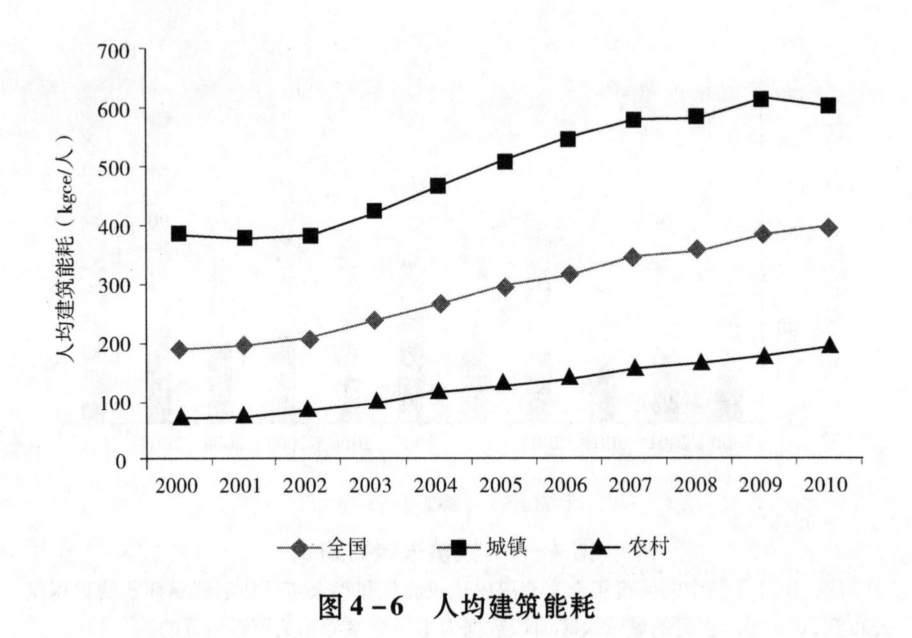

图 4-6 人均建筑能耗

部门中建筑节能管理人员配备不足，缺乏专门的管理和执行机构，影响了建筑节能工作的推进。部分省市开展建筑节能仅局限于抓新建建筑节能标准执行，对其他几方面工作不够重视，工作相对滞后。城镇建筑节能工作全面推进，农村建筑节能工作尚未大范围启动，只有个别省市进行了探索。小城市和经济欠发达地区由于财力、人力较为缺乏，建筑节能工作往往不如大中城市和经济发达地区。

建筑节能各方面工作进展不平衡。新建建筑施工阶段节能强制性标准执行率低于设计阶段；北方采暖地区既有居住建筑节能改造开展较为顺利，南方地区居住建筑节能改造尚未起步；部分公共机构建筑和大型公共建筑已开展了节能改造，但量大面广的中小型办公楼、商铺、餐馆、酒店，由于涉及的归口管理单位和使用者较为分散，尚缺乏系统的建筑节能推进工程。

2. 建筑节能激励约束机制尚不健全

激励方面，目前主要依靠政府财政补贴，这不仅加大了财政压力，也使建筑节能的推进过于依赖政府，难以调动相关主体的积极性，同时也导致一些财力有限的省份建筑节能工作推进较慢。价格、税收、金融等激励手段尚未充分利用，供热计量收费制度改革推进缓慢。已出台的节能环保产业、合同能源管理等方面的激励政策虽然也与建筑节能有关，但对节能量较小、节能投资回收期较长的建筑节能项目往往不易享受到优惠。

约束方面，与《民用建筑节能条例》、《公共机构节能条例》等建筑节能法规相配套的地方规章、管理办法的制度工作，部分地区仍显滞后。对于违反建筑节能法律法规的行为，还存在执法不严的现象，应进一步严格查处违法违规行为，并适当增加惩罚力度。现行的建筑节能设计标准仍然采用与80年代建筑相比得到的节能率作为评判依据，这只能比较建筑围护结构的性能，无法反映建筑的实际能耗。一些建筑虽然达到了较高的节能率，实际上却是高耗能建筑。因此基于建筑实际能源消耗量的能耗限额标准亟待出台。

3. 建筑节能基础工作尚显薄弱

建筑面积和能耗统计、能耗计量、用能监测等是建筑能源管理的基础。目前，无论全国建筑面积还是建筑能耗，均缺乏官方权威的、系统完整的、多年连续的统计数据，在一定程度上影响了建筑节能管理部门对建筑能耗现状及发展趋势的准确把握，影响了对建筑节能工作效果的客观评价，也影响了建筑节能工作的顺利开展。尽管“十一五”时期，我国已在这方面开展了相关工作，如民用建筑能耗统计、国家机关办公建筑和大型公共建筑能耗监测平台建设、大型公共建筑分项计量等，但大部分工作还处于起步阶段，民用建筑能耗统计结果尚未对外公布，能耗监测平台建设和分项计量工作的覆盖范围还比较有限。所以当前的建筑节能基础工作对建筑节能的支撑力尚显不足，亟待在“十二五”期间加快推进。

4. 建筑节能技术的选择、评价和推广体系不尽合理

建筑节能技术众多，目前对节能技术的选择和评价还存在一些误区。一是不以实际节能效果作为评判依据，而以是否采用了某项技术作为评判依据，导致一些技术选择不当的所谓节能建筑实际并不节能。二是大多时候只关注建筑运行阶段的节能，而忽视节能建材和产品生产工艺的能耗（部分节能建材和产品的生产属于高耗能、高污染过程），也不注重地域差异，导致一些节能技术由于应用不当在生命范围内反而并不节能。三是不同地区、不同类型的建筑（如农村建筑节能、夏热冬冷地区采暖等）需要考虑不同的节能技术和路线，目前对于技术和路线的选择尚缺少国家层面、标准层面的规定和指导，致使一些地区采用了不适宜的建筑节能措施，反使建筑能耗增加。四是节能技术产品信息的传播渠道不顺畅，缺乏公益性的、公正权威的推广机构和体系，导致部分节能技术和产品未被建筑使用者认知，技术和产品的推广受到限制。

5. 节约型生活方式尚未达成共识

“十一五”时期我国建筑节能工作在部分用能领域取得了显著成效，但就全国建筑能耗总量和单位面积能耗指标而言，均呈持续上涨态势。这一方面由我国建筑面积快速增长导致，另一方面由人民生活水平提高引发的消费水平升级导致。我国未来的人均居住面积应该向地广人稀的欧美国家看齐，还是应该以人口稠密的日本、韩国为榜样，目前尚未达成共识；居民应该保持传统的节约型生活用能方式，还是标榜欧美采用自动代替手动、机械代替自然的生活用能方式，目前也未达成共识。国家对于建设规模还缺乏合理的规划和有效的控制，建筑大拆大建现象依然严重；对于节约型生活用能方式的引导仍显力度不足，居民消费水平升级态势依然明显。

四、“十二五”节能潜力及实现途径分析

（一）形势

在已完成工业化、城镇化的发达国家，建筑能耗约占全社会能耗的1/3，甚至更高。中国目前工业能耗仍占主导地位，建筑能耗尚低于上述比例，人均建筑能耗也远低于发达国家水平，但我国建筑能耗快速攀升已是不争的事实。随着工业化、城镇化的继续推进，建筑能耗也必将进一步增长。

进入21世纪以来，我国建设速度加快。随着城镇化的快速推进，我国城镇人口每年新增约1500万，催生了对城镇住房的巨大需求。此外，工业化和新农村建设也有力地拉动了建筑的快速发展。“十一五”期间，全国每年新建建筑面积均超过20亿平方米，2009年起超过30亿平方米。巨大的建设规模推动了既有建筑面积的持续快速增长，特别是城镇建筑面积涨势迅猛。同时，建筑的服务水平也不断提高。一方面，经济社会的发展在客观上对建筑服务水平提出了越来越高的要求；另一方面，随着收入的增长，人民群众对提高生活品质的需求也日益增加。因此，越来越多的高档写字楼、酒店、商场出现，建筑空调、照明、热水等用能不断增多，“十一五”时期公共建筑电力消费年均增速超过10%。居民方面，各种家用电器的保有量快速增长（见图4－7），档次不断升级，城乡居民生活用电年均增速也超过10%，其中农村居民用电增速更高。

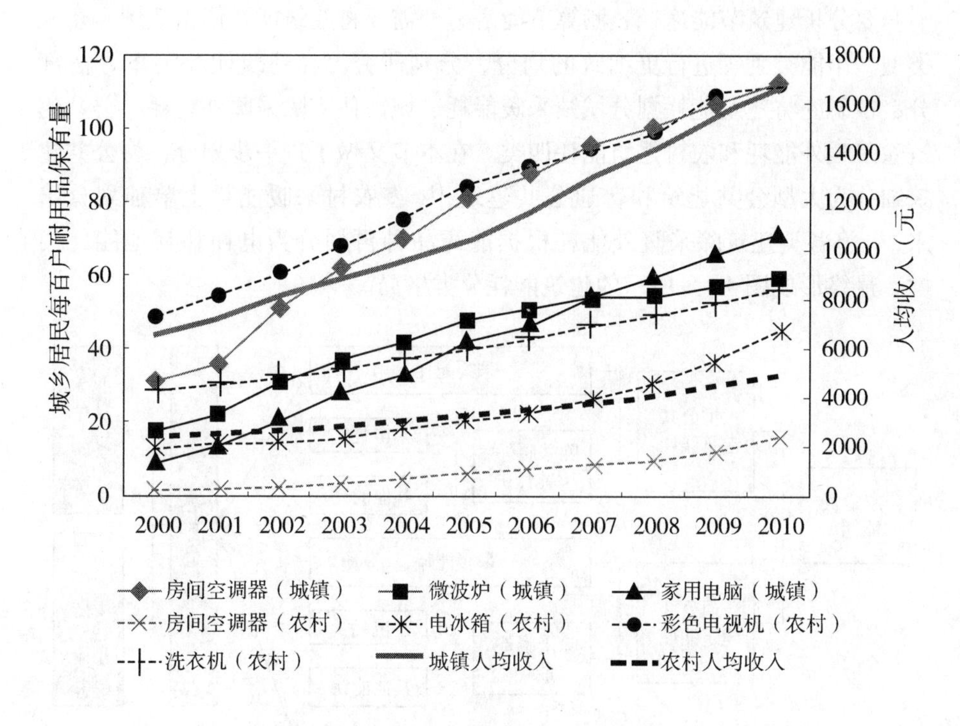

图4-7 城乡居民每百户耐用品保有量

“十二五”期间，我国依然处在城镇化快速发展阶段，建筑用能依然存在刚性、旺盛的需求。特别是与发达国家相比，我国建筑服务水平和能耗水平还普遍较低，还有较大的增长空间。如果我们不进一步采取节能措施，任其自然发展，则我国建筑能耗快速增长趋势必将持续，甚至愈演愈烈。“十二五”是我国经济社会发展的重要阶段，是节能减排目标和碳强度下降目标能否实现的关键阶段。就建筑领域而言，建筑一旦建成，将会产生几十年的影响；用能设备一旦投入使用，也将是多年的影响。所以如果前期规划、设计不合理，控制、引导不得当，未来将使我国能源供应和应对气候变化面临更大的压力。为此，在“十二五”期间，我们必须进一步加强建筑领域的节能工作力度，拓宽思路、创新方法，采用更有效的措施，推动建筑领域的可持续发展，以尽可能少的建筑能源消耗满足经济社会发展的客观需求。

（二）节能途径

建筑能耗受气候条件、建筑功能、服务水平、使用者行为等因素的影响，要分析建筑节能途径、测算节能潜力，需要将建筑能耗依据地域、建筑类型、用能类别等进行更细致的划分，分别研究。在建筑能耗测算方法部分，本研究将建筑能耗划分城镇采暖能耗、城镇住宅除采暖外能耗、公共建筑除采暖外能耗和农村建筑能耗四类。在本节又做了进一步划分，将公共建筑细分为大型公共建筑和普通公共建筑，① 将农村采暖能耗也单独划分出来，② 将各类建筑除采暖外能耗根据能源品种再划分为电耗和其他能耗两类。最终形成图 4-8 所示的建筑能耗分类格局。

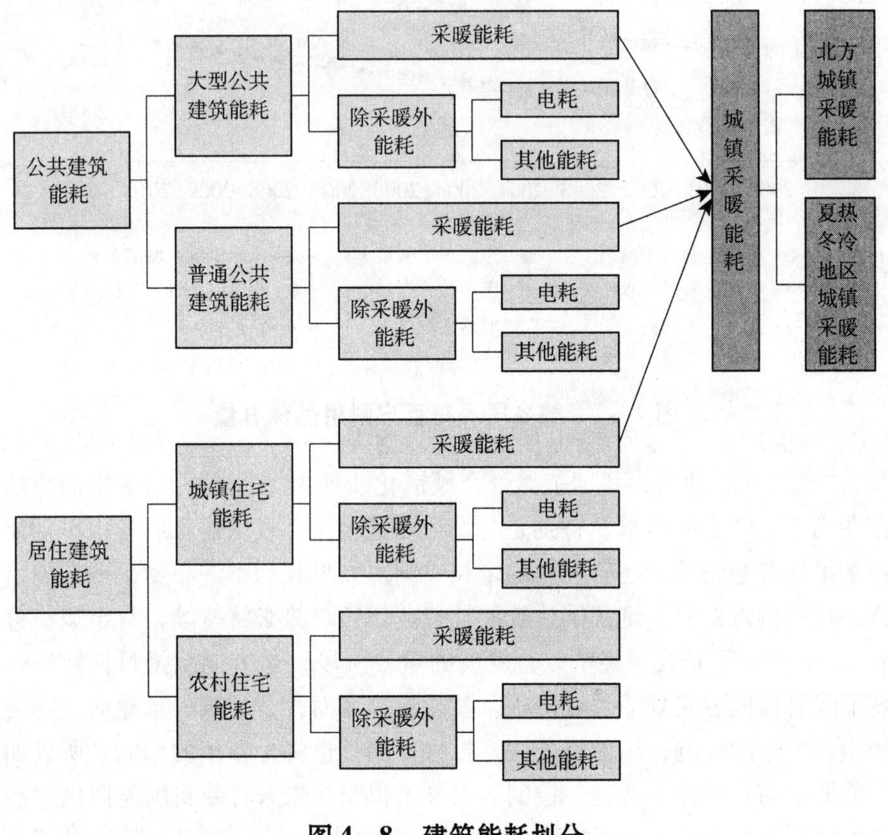

图 4-8 建筑能耗划分

① 大型公共建筑指单体建筑面积超过 2 万平方米，且设有中央空调系统的公共建筑。其单位面积能耗通常是普通公共建筑的 2~5 倍。

② 将农村建筑能耗（即农村住宅能耗）中全部的煤炭和焦炭消费算作农村采暖能耗。实际上一部分煤炭也用于炊事和生活热水，但由于缺少详细资料，本研究暂且将其都计入采暖能耗。

表4－2对各用能类别的具体用能项目、消费的主要能源品种和能耗影响因素进行了总结。

（1）就城镇采暖能耗而言，主要受采暖方式、服务水平、建筑围护结构性能等因素影响，也受使用者生活习惯的影响，对于北方城镇集中采暖来说，还受热源、热网效率的影响。

（2）就城镇住宅除采暖外能耗而言，主要受各种用能器具的保有量、档次、能效水平和居民使用习惯影响。

（3）大型公共建筑除采暖外能耗主要与建筑类型、服务水平、用能设备和系统的效率有关；其中空调、照明等电耗，还与建筑围护结构性能、自然采光和自然通风设计有关；大型公共建筑建筑用能系统的运行管理以及使用者行为对其能耗有所影响。普通公共建筑除采暖外能耗主要与建筑类型、服务水平、用能设备效率有关，其中空调、照明等电耗也受建筑围护结构性能、使用者行为影响。

（4）农村能耗方面，采暖能耗受建筑围护结构性能、采暖方式、采暖设备效率和服务水平影响；除采暖外能耗中的电耗主要受各种家用电器保有量、档次、能效水平和服务水平影响；除采暖外能耗中的非电能耗，主要受用能设备效率和服务水平影响。

表4－2　我国建筑用能类型划分

用能类型		主要用能项目	主要能源品种	能耗主要影响因素
城镇采暖能耗	北方地区采暖能耗	热电联产集中供热、区域锅炉房集中供热、各类分散采暖①	煤炭、热力、天然气、电	采暖方式、服务水平②、建筑围护结构性能、热源效率、热网损失、生活习惯③
	夏热冬冷地区采暖能耗	各类分散采暖	电、天然气	采暖方式、服务水平、建筑围护结构性能、生活习惯
城镇住宅除采暖外能耗	电耗	家电、照明、空调、热水、炊事	电	各类电器的保有量、档次④、能效水平、服务水平
	其他能耗	炊事、热水	天然气、煤气、液化气	各类用能器具的保有量、档次、能效水平、服务水平

续表

<table>
<tr><th colspan="3">用能类型</th><th>主要用能项目</th><th>主要能源品种</th><th>能耗主要影响因素</th></tr>
<tr><td rowspan="4">公共建筑除采暖外能耗</td><td rowspan="2">大型公共建筑</td><td>电耗</td><td>集中空调、照明、办公设备、制冷设备、数据中心、热水、通风、电梯</td><td>电</td><td>建筑类型、服务水平、建筑围护结构性能、建筑自然采光和自然通风设计、用能设备和系统效率、能源系统运行管理水平、使用者行为[5]</td></tr>
<tr><td>其他能耗</td><td>热水、炊事、洗衣</td><td>天然气、煤气、热力</td><td>建筑类型、服务水平、用能设备和系统的效率</td></tr>
<tr><td rowspan="2">普通公共建筑</td><td>电耗</td><td>照明、空调、风扇、办公设备、其他电器</td><td>电</td><td>建筑类型、服务水平、建筑围护结构性能、用能设备效率、使用者行为</td></tr>
<tr><td>其他能耗</td><td>热水、炊事</td><td>天然气、煤气、液化气</td><td>建筑类型、服务水平、用能设备效率</td></tr>
<tr><td rowspan="3">农村能耗[6]</td><td colspan="2">采暖能耗</td><td>火炕、煤炉等采暖方式</td><td>煤炭</td><td>建筑围护节能性能、采暖设备效率、服务水平</td></tr>
<tr><td rowspan="2">除采暖外能耗</td><td>电耗</td><td>家电、照明、空调、炊事、热水</td><td>电</td><td>各类电器的保有量、档次、能效水平、服务水平</td></tr>
<tr><td>其他能耗</td><td>炊事、热水</td><td>煤炭</td><td>用能设备效率、服务水平</td></tr>
</table>

注：1. 分散采暖方式包括：分户燃煤炉、分户燃气炉、热泵、电采暖等。
2. 服务水平主要指：室内环境控制的温度、湿度、亮度，进行环境控制的时间长短和空间范围，如家电、办公设备等用能设备的使用频率，洗浴要热水的温度、流量和使用频率等。
3. 此处的生活习惯主要指是否有开窗通风的习惯。
4. 设备的档次主要指家电的尺寸（如电视机）、容量（如冰箱、洗衣机）、额度制冷量（如空调）等，通常这些参数越高，功率越大，耗能越多。
5. 使用者行为主要指是否有节能习惯，如人走关灯、减少电器待机能耗等。
6. 农村能耗中还有大量薪柴、秸秆等生物质能源，主要用于采暖、炊事和提供热水，但本研究仅考虑平衡表中的能源品种，所以报告中不涉及薪柴、秸秆等非商品能源。

建筑节能潜力的挖掘和实现途径，就是从上述各类能耗影响因素入手，研究采取有效措施，降低建筑能耗。

（1）城镇采暖：在北方地区，应适当提高建筑节能设计标准要求，进一步提高节能标准执行率和强制执行范围；继续推进既有建筑供热计量和节能改造；深化供热体制改革，逐步实现全面的计量收费制度，引导人们的节能行为；不断提高热电联产集中供热在城镇集采暖中的比例；通过技术改造和加强管理，提高锅炉效率、减少供热管网损失。在夏热冬冷地区，正确选择适宜的采暖方式，选择高效的采暖设备，适当提高该地区建筑保温性能。

（2）城镇住宅除采暖外能耗：制定出台或修订提高空调、电视、洗衣机、炊具、热水器等家用器具的能效标准，继续推广节能灯，实施阶梯电价引导居民采用节能的生活方式。

（3）公共建筑除采暖外能耗：对于大型公共建筑，不仅要严格执行现行的建筑节能强制性标准，还要尽快制定能耗限额标准，以能耗数据作为判断其是否节能的依据；不仅要在建筑设计时充分考虑各种节能措施，尤其是被动式节能措施，还要在运行阶段加强用能管理，推行能耗分项计量，建立能耗监管平台，提高能源系统运行管理人员的技术水平；对于既有高耗能建筑尽快实施节能改造，改良建筑围护结构、更换低效用能设备、优化能源系统运行；通过宣传教育、奖惩措施引导建筑使用者养成节能习惯。对于量大面广的各类一般公共建筑，一方面要求新建建筑严格执行节能强制性标准，逐步对既有建筑进行节能改造；另一方面要通过制修订终端用能设备能效标准、出台节能产品推广政策、阶梯电价政策、加强宣传教育等措施，引导建筑使用者购买高效节能产品，自主养成节能习惯，降低建筑能耗。

（4）农村能耗：推进农宅节能改造，编制农宅节能技术图集；推广适宜的生物质和可再生能源利用方式和技术；加大高效照明产品在农村地区的推广力度；制定适宜的激励政策，引导农村居民选用高效节能家电。

（三）节能潜力

为了测算“十二五”建筑节能潜力，本研究设置了三种能源消费情景。第一种是冻结情景，对应全国能耗的冻结情景，即2015年全国能耗按照单位GDP能耗强度与2010年相同考虑。该情景下各类建筑用能在“十二五”期间的年均增速等于该用能所处行业的增加值的年均增速。对于居住建筑能耗而言，属于居民生活用能领域，该领域不产生增加值，其在该情景下的增速设定为全国“十二五”GDP增速（本研究假设为9%）。第二种是趋势照常（BAU）情景：该情景认为“十二五”期间各类建筑用能的能耗强度按照“十一五”的变化趋势发展，或者影响能耗强度的各类因素，如电器保有量增长、建筑服务水平提升或居民消费水平升级的速度按照“十一五”情况发展。第三种是节能情景：该情景依据可能的技术和政策措施判断各类建筑能耗影响因素的变化趋势，进而预测“十二五”建筑能耗的发展情况。

三个情景下对各类建筑能耗影响因素的考虑如表4－3所示，据此分析测算得到的三类情景下主要建筑用能的强度指标如表4－4所示。

表4－3 不同情景“十二五”建筑能耗发展趋势分析

用能类型			冻结情景	BAU情景	节能情景
城镇采暖能耗	北方地区		各项能耗年均增长9.0%	单位面积采暖能耗不变	采用多种节能措施后单位面积采暖能耗降低。
	夏热冬冷地区			服务水平提高，但采暖方式选择不当，单位面积能耗年均增长10%	服务水平适当提高，选择适宜的采暖方式，单位面积能耗年均增长5%
城镇住宅除采暖外能耗	电耗				
		空调		保有量照常增长	保有量照常增长，能效水平不断提高
		照明		消费照常升级	高效照明产品进一步普及，消费升级有所放缓
		家电		设备保有量照常增长和消费照常升级	设备保有量照常增长，设备能效不断提高，消费升级有所放缓
		其他			
	其他能耗				
公共建筑除采暖外能耗	大型公共建筑	电耗	各项能耗年均增长10.1%（第三产业增加值年均增速）	单位面积电耗不变	单位面积电耗降低15%
		空调系统		单位面积电耗不变	系统改造、运行管理水平提高、设备能效提高，单位面积电耗降低
		照明			
		其他设备			
		其他能耗		单位面积能耗照常增长	单位面积能耗较BAU情景降低10%
	普通公共建筑	电耗			
		空调		单位面积电耗照常增长	设备能效不断提高，消费升级有所放缓
		照明		单位面积电耗照常增长	高效照明产品进一步普及，消费升级有所放缓
		其他设备		单位面积电耗照常增长	设备能效不断提高，消费照常升级
		其他能耗		单位面积能耗照常增长	单位面积能耗较BAU情景降低10%

续表

用能类型			冻结情景	BAU 情景	节能情景
农村能耗	采暖能耗		各项能耗年均增长9.0%	服务水平提高，技术选择不当，单位面积能耗较当前增长10%	服务水平提高，技术选择得当，单位面积能耗较当前降低5%
	除采暖外能耗	电耗			
		空调		保有量照常增长	保有量照常增长，能效不断提高
		照明		消费照常升级	消费照常升级，高效照明产品进一步普及
		其他家电		设备保有量照常增长和消费照常升级	设备保有量照常增长，能效不断提高，消费照常升级
		其他能耗		设备保有量照常增长	设备保有量照常增长，能效水平不断提高

注：①表中的消费升级主要指终端用能设备的档次、服务水平升级，例如：更换为更大尺寸的彩电、更大频率的空调，安装更多更亮的灯、家电使用频率提高或使用时间延长等，这些通常都会增加用能设备的能耗。②由于农村生活普遍还处于较低水平，测算时暂不考虑对农村居民消费升级速度的控制。

表4－4 不同情景建筑用能强度指标

用能类别		2010年实际情况	2015年冻结情景	2015年BAU情景	2015年节能情景
城镇采暖能耗	北方地区（$kgce/m^2$）	11.4	13.9	11.4	10.0
	夏热冬冷地区（$kgce/m^2$）	3.0	3.7	4.8	4.0
城镇住宅除采暖外能耗	电耗（kWh/m^2）	17.5	22.1	23.2	19.9
	空调（kWh/m^2）	3.3	4.2	4.6	3.9
	照明（kWh/m^2）	4.5	5.7	5.8	3.9
	炊事热水电器（kWh/m^2）	4.3	5.5	5.3	5.2
	其他家电（kWh/m^2）	5.3	6.7	7.5	6.9
	其他能耗（kgce/人）	77.9	108.2	100.8	97.9

续表

用能类别			2010 年实际情况	2015 年冻结情景	2015 年 BAU 情景	2015 年节能情景
公共建筑除采暖外能耗	大型公共建筑	电耗（kWh/m²）	150.0	165.0	150.0	127.5
		空调系统（kWh/m²）	60.0	64.4	60.0	47.8
		照明（kWh/m²）	45.0	48.3	45.0	38.6
		其他设备（kWh/m²）	45.0	48.3	45.0	41.1
		其他能耗（kgce/m²）	7.1	7.7	10.0	9.0
	普通公共建筑	电耗（kWh/m²）	41.5	60.4	53.0	46.5
		空调（kWh/m²）	12.8	18.6	16.3	13.7
		照明（kWh/m²）	10.0	14.6	12.8	10.5
		其他设备（kWh/m²）	18.7	27.2	23.9	22.3
		其他能耗（kgce/m²）	2.0	2.9	2.7	2.6
农村建筑能耗	采暖（kgce/m²）		8.1	11.7	8.9	7.7
	除采暖外能耗	电耗（kWh/m²）	9.3	13.8	17.8	15.5
		空调（kWh/m²）	0.6	0.9	1.3	1.2
		照明（kWh/m²）	1.7	2.6	3.3	2.4
		其他家电（kWh/m²）	7.0	10.3	13.2	11.9
		其他能耗（kgce/人）	9.9	16.2	14.7	13.2

建筑面积也是建筑能耗的重要影响因素。本研究也分析预测了不同情景下建筑面积的变化情况。假定冻结情景的各类建筑面积与 BAU 情景相同，该情景下，城镇既有建筑面积按照“十一五”趋势增长，每年增长 10 亿平方米；2015 年城镇住宅建筑面积占城镇总建筑面积的比例达到 67%；农村人均住宅建筑面积增速同“十一五”时期；北方城镇采暖面积按照“十一五”趋势增长，每年约增加 5 亿平方米；夏热冬冷地区城镇采暖面积按照“十一五”趋势增长，每年约增加 2 亿平方米。节能情景下，考虑建设速度在一定程度上放缓，城镇既有建筑面积每年增长 7 亿平方米；2015 年城镇住宅建筑面积占城镇总建筑面积的比例达到 67%；农村人均住宅建筑面积增速较“十一五”减半；受城镇既有建筑面积增速放缓影响，城镇采暖面积增速也有相同程度的放缓，北方城镇采暖面积

每年约增加3.5亿平方米；夏热冬冷地区城镇采暖面积每年约增加1.4亿平方米。各类建筑面积的预测见表4－5和表4－6。此外，人口也是计算建筑总面积和部分建筑能耗的重要参数。由于人口变化相对稳定，城镇化率的变化在《国民经济和社会发展第十二个五年规划纲要》中也有具体目标，所以本研究认为三个情景下全国人口和城镇化率相同，“十二五”人口增速与“十一五”时期相同，2015年城镇化率较2010年增长4个百分点，则2015年全国人口为137426万人，城镇和农村人口分别为74141万人和63285万人。

表4－5　我国既有建筑面积　　单位：亿平方米

建筑面积	2010年	2015年 冻结/BAU情景	2015年 节能情景
全国	459	524	495
城镇	230	280	265
城镇住宅	151	188	178
公共建筑	79	92	87
农村	229	244	230

表4－6　我国城镇采暖建筑面积　　单位：亿平方米

建筑面积	2010年	2015年 冻结/BAU情景	2015年 节能情景
北方地区	95	120	112
夏热冬冷地区	45	55	52

对2015年我国建筑能耗的情景预测结果如表4－7所示。冻结情景与节能情景的能耗之差，本研究称为目标节能量，即“十二五”节能潜力。它是一个虚值，因为冻结情景的能耗是一个虚拟值，这样计算只是为了与全国节能量计算方法相统一，用于分析建筑部门对全国节能潜力的贡献度。BAU情景与节能情景的能耗之差，本研究称为实际节能量，表示理论上可以实际获得的节能量，即采取相应政策措施后能够比不采取措施时少消耗的能量。实际节能量的分布，显示了建筑节能工作应该着力的重点领域。

表4-7　2015年我国建筑能耗节能潜力情景预测结果 单位：万 tce

用能类别			2010能耗	2015冻结情景	2015 BAU情景	2015节能情景	目标节能量	实际节能量
城镇采暖能耗	合计		12117	18644	16233	13263	5381	2970
	北方地区		10797	16613	13611	11185	5428	2426
	夏热冬冷地区		1321	2032	2622	2078	-46	544
城镇住宅除采暖外能耗	合计		13621	20958	21053	18294	2665	2760
	电耗		8406	12933	13584	11035	1898	2548
		空调	1588	2443	2713	2154	290	559
		照明	2178	3351	3378	2133	1217	1245
		炊事热水电器	2089	3215	3125	2908	307	217
		其他家电	2551	3925	4368	3840	84	528
	其他能耗		5215	8025	7470	7258	766	212
公共建筑除采暖外能耗	合计		14325	23169	20876	17449	5721	3427
	大型公共建筑	合计	3041	4919	4726	3841	1077	885
		电耗	2647	4281	3892	3131	1150	761
		空调系统	1059	1713	1557	1174	538	383
		照明	794	1284	1168	947	337	220
		其他设备	794	1284	1168	1010	275	158
		其他能耗	394	637	834	711	-73	124
	普通公共建筑	合计	11284	18251	16149	13607	4644	2542
		电耗	9790	15835	13894	11537	4298	2357
		空调	3013	4873	4276	3400	1474	876
		照明	2366	3826	3357	2595	1231	762
		其他设备	4412	7135	6261	5542	1593	719
		其他能耗	1494	2416	2255	2070	346	185

续表

用能类别			2010 能耗	2015 冻结 情景	2015 BAU 情景	2015 节能 情景	目标 节能量	实际 节能量
农村建筑能耗	合计		13035	20056	21132	17347	2710	3786
	采暖能耗		5539	8522	6487	5282	3240	1205
	除采暖外能耗	电耗	6830	10509	13556	11085	－577	2471
		空调	467	718	1023	850	－132	173
		照明	1267	1949	2495	1725	224	770
		其他家电	5097	7842	10039	8510	－668	1528
		其他能耗	666	1025	1089	979	46	110
合　计			53099	82828	79294	66352	16476	12943

结果显示，“十二五”建筑部门的目标节能量（节能潜力）为1.6亿吨标准煤，即对于实现“十二五”全国节能目标，建筑部门将贡献1.6亿吨标准煤的节能量，贡献度约为20.4%。这其中节能潜力主要来自公共建筑除采暖外能耗和城镇采暖能耗两部分，分别都有5000多万吨标准煤的节能潜力。对于部分用能类别而言，目标节能量为负值，这表明该部分能耗的刚性增长趋势强劲，即便采取节能措施后，能耗增速依然高于全国GDP增速或该领域所属行业的增加值增速。这种现象最明显的是农村建筑能耗。目前我国农村居民的平均生活水平还很低，存在较大提升空间。随着经济社会的发展，农村人民生活水平将持续提高，用能需求也将快速增长。近些年，农村各类耐用品保有量的增速非常快，“十二五”期间很可能依然保持这样的增速，因此会带来农村建筑能耗，特别是电力消费的快速增长，即便采取节能措施后，仍会高于全国GDP增速，使得目标节能量为负值。

“十二五”建筑部门的实际节能量为1.3亿吨标准煤。对实际节能量而言，不会出现负值。从结果看，农村建筑能耗具有最大节能潜力，为3786万吨标准煤；其次是公共建筑除采暖外能耗，为3427万吨标准煤；城镇采暖能耗和城镇住宅除采暖外能耗，分别有2970万吨和2760万吨标准煤的节能潜力。就采暖能耗而言，潜力主要来自北方城镇，有2426万吨标准煤；同时农村采暖也有1205万吨标准煤的节能潜力，不容忽视。就采暖外能耗而言，节能潜力主要来自电耗，因为电耗是建筑除采暖外能耗的主要部分，也是建筑能耗中增速最快的部分，所以采取有效措施，节约空调、电灯、办公设备、家用电器等建筑终端用能设备的电耗，可以带来显著的节能效果。

五、重点领域和重点工程

"十二五"是我国经济社会发展的重要阶段，是节能减排目标和碳强度下降目标能否实现的关键阶段。建筑领域与我国服务业和人民生活密切相关，是未来全国能耗中增长较快的部分。同时，建筑及其用能系统一旦投入使用，将对能源消费产生长期的影响。所以"十二五"期间，必须进一步重视建筑领域的节能工作，认真规划、合理设计、积极引导，通过一系列重点工程和政策措施，全面深入地推进。

（一）重点领域

建议"十二五"期间，抓好既有建筑节能改造、供热系统节能改造、终端设备能效提升、建筑节能能力建设等重点领域，继续推进北方采暖地区城镇既有居住建筑节能改造，加快供热系统节能改造和供热体制改革；大力开展大型公共建筑节能改造；尽快全面启动夏热冬冷地区居住建筑节能改造和农宅节能改造；抓紧制修订建筑终端用能设备能效标准，推广高效用能产品；完善建筑能耗、面积统计，加强建筑用能管理。

（二）重点工程

1. 既有建筑节能改造工程

继续实施北方采暖地区城镇既有居住建筑节能改造，对围护结构严重不良且还有较长使用寿命的建筑进行围护结构改造，降低采暖能耗；对采暖区室内温度过低的建筑，适当提高室内舒适水平。深化国家机关办公建筑和大型公共建筑节能监管平台建设，加快推进高耗能大型公共建筑节能改造和公共机构建筑节能改造。启动夏热冬冷地区既有居住建筑节能改造，通过通风、遮阳等措施，降低夏季空调能耗，通过适当提高保温水平，提升冬季室内舒适性。抓紧全面启动农村建筑节能工作，实施农宅节能改造，采用围护结构保温、改良土炕、自然通风、自然采光等技术，降低农宅能耗，改善农宅室内热舒适性。

2. 供热空调系统节能工程

大力发展热电联产，大幅提高热电联产集中供热在北方城镇采暖中的比例；撤并低效燃煤小锅炉，对区域锅炉房进行节能改造；采用吸收式热泵等技术，提高热网输配能力；对热网循环泵、热网控制系统、管道保温等进行改造，降低热网输配损失。力争到2015年，实现北方城镇单位面积采暖能耗比2010年降低15%左右。对建筑中央空调系统进行节能改造，合理匹配制冷设备和输配设备，合理选用余热回收、变频、智能控制等空调节能技术；在适宜地区和建筑中，推广应用温湿度独立控制系统、数据中心热管空调等空调节能技术，开展热电冷三联供示范工程；因地制宜地选用蓄冷空调技术，降低尖峰用电负荷，调节峰谷电差，减少电网损失。力争到2015年，各类建筑中央空调系统单位面积平均能耗较2010年下降15%左右。

3. 绿色宾馆商厦节能示范工程

针对大型公共建筑中量大面广、能耗较高的大型宾馆、商厦，组织绿色宾馆商厦节能示范工程，开展能耗分项计量与能效对标，通过节能技术改造、老旧设备更换、可再生能源利用等措施，使示范项目单位面积能耗较2010年降低20%左右，并有力带动全社会大型宾馆商厦节能。

4. 万家公共机构节能行动

“十二五”期间建设10000家节约型公共机构示范单位，通过空调系统改造、照明系统改造、食堂节气改造等措施，实现能源利用效率显著提高，并带动全国公共机构加快推进节能，到2015年实现全国公共机构单位面积能耗较2010年下降15%左右。

5. 能源新村示范试点工程

启动能源新村示范试点工程，研究利用可再生能源和生物质能源解决农村地区用能问题，推广适宜农村的能源利用技术。发展小型水力、风力、太阳能发电、并网和蓄能技术，生物质能源高效干燥、压缩和长期储存技术，提高生物质热制气效率、提高北方沼气系统冬季运行效率的关键技术等。

6. 高效用能设备推广工程

通过节能产品惠民工程、绿色照明工程，继续推广节能家用电器、节能办公设备、节能灯等高效建筑终端用能设备。扩大节能产品惠民工程实施范围，及时更新、完善推广目录。逐步提高相关节能产品的能效标准，扩大节能产品能效标识范围。规范节能产品市场，严格执行产品准入制度。“十二五”期间再推广节能灯5亿只，重点向农村地区推广。力争到“十二五”

末期，使城镇居民家庭节能灯普及率接近100%，农村居民家庭达到70%以上，公共建筑接近100%。加强节能灯汞污染前端和末端治理。将高效照明产品设计开发、配套灯具、控制系统等工作纳入绿色照明工程。研究将高效用能设备推广手段逐步由政府补贴转向基于市场的长效机制。

7. 能力建设工程

大力加强民用建筑能耗统计和建筑面积统计，完善建筑能耗计量，完善统计口径和方法，理顺统计渠道，及时公布统计结果。继续推进国家机关办公建筑和大型公共建筑节能监管体系建设，扩大能耗动态监测平台试点范围，“十二五”末期基本建成部、省、市三级构架的能耗传输及分析平台。将第三产业中大型用能单位纳入重点用能企业，明确节能目标和责任，强化用能管理。鼓励实施建筑能耗审计，在有条件的地区或领域，示范开展建筑能效对标。加强建筑能源系统运行管理人员培训，提高节能运行管理水平，设置建筑能源管理岗位，逐步引入“能源管理师”制度。

六、保障措施

（一）科学规划城市建设规模

研究确定合理的建筑面积发展目标，科学制定城市建设规划，加强建设项目审批，严格建筑拆除管理。

（二）加快推进供热体制改革

深化供热体制改革，理顺相关主体的利益关系。继续开展供热系统计量改造，扩大供热计量收费的执行范围，实施两部制热价。

（三）完善建筑节能标准

新建建筑严格执行节能强制性标准，继续提高施工阶段标准执行率。鼓励有条件的地区制定更高的节能标准。逐步将中小城镇新建建筑纳入国家强制性节能标准管理范围。研究出台建筑能耗限额标准。

（四）出台建筑能源利用指导意见

出台北方城镇采暖节能指导意见，明确新建建筑优先采用热电联产集中供热，在集中供热无法实现的区域，采用高效锅炉房供热或高效热泵、分户燃气炉等高效分散供热技术。研究出台夏热冬冷地区采暖指导意见，针对不同情况，提出适宜的节能采暖方式。总结区域供冷示范项目的经验和教训，出台区域供冷指导意见。出台农村能源利用指导意见，建立农村能源技术推广站，编制农宅节能技术图集。

（五）完善建筑节能经济激励政策

继续对建筑节能改造项目实施必要的财政补贴。完善价格、税收、金融等经济手段对建筑节能的激励作用。出台居民阶梯电价政策；逐步推行公共建筑能耗限额管理，对超限额建筑实施惩罚性能源价格；继续推行分时电价，并扩大实施范围。落实税收优惠政策，鼓励在适宜条件下采用合同能源管理方式开展建筑节能。

第五章　交通节能的潜力、途径与政策

内容提要： 在我国城市化、工业化快速发展进程中，交通运输领域能源消费需求呈现明显刚性增长态势，面临的节能降耗压力和任务十分严峻。本章回顾了我国“十一五”以来在交通运输领域出台的节能目标、主要措施等，分析了取得的节能成效和存在的主要问题。围绕“十二五”时期我国节能目标要求和交通运输发展形势，对交通运输能耗现状、能源需求展望、节能潜力等进行了深入分析，在此基础上，提出了我国“十二五”时期交通运输节能目标、重点工程和行动，以及推动交通运输领域节能的途径和政策建议。研究表明，我国“十二五”时期交通运输领域节能潜力约2390万吨标煤，主要来自优化交通运输结构、推动技术水平提升和控制汽车保有量过快增长。

一、“十一五”交通运输节能回顾

（一）背景

交通运输部门是国民经济和社会发展的重要基础行业，2010年，我国交通运输仓储和邮政业创造的GDP达19132.2亿元，占全国GDP总量的4.76%。[①] 改革开放30多年来，交通运输部门GDP年均增长速度达9.5%，其快速发展对拉动我国经济社会全面发展、为广大人民群众提供安全便捷的出行服务、促进区域协调发展等，发挥了重要的支撑和带动作用。目前，我国交通运输行业已经从根本上解决了基础薄弱、总量不足的矛盾，初步形成以公路、铁路、航空、水运等为主的综合运输网络，交通基础设施和装备水平显著提升，基本能够满足国民经济增长和人民生活水平提高的要求，开始

① 资料来源：《中国统计年鉴2012》，北京：中国统计出版社。

步入不断完善网络、优化布局、提升水平的新型交通运输体系发展阶段。

另一方面，交通运输能源消费快速增长给我国能源供应、资源环境、能源安全等带来巨大压力。2010年，我国交通运输仓储和邮政业共消费能源26068万吨标准煤，占全国能源消费总量的8.02%，是2005年的1.42倍。作为石油消费的重点行业，交通运输部门是温室气体和大气污染物排放的重要来源之一。目前，机动车尾气排放已成为城市大气的主要污染源，一些大城市中机动车污染物排放占大气污染物的比重达60%左右。交通用能快速增长，进一步凸显我国面临的能源安全压力。2010年我国累计进口原油2.36亿吨，石油消费进口依存度达到55%。未来随着我国国内石油产量接近峰值，石油消费进口依存度还有进一步攀升趋势，能源安全压力不容忽视，交通运输领域节能的压力日益增大。

除交通营运部门外，企、事业单位自备车辆和私人汽车交通用能快速增长趋势也很显著。目前，在我国现行统计体系中，交通运输能源消费统计仅包括从事社会运营的交通运输企业，而工业企业内部用于交通运输的能源消耗、企事业单位自备车辆和私人汽车的交通能源消耗并不包括在内。按照国际通用口径估计，我国交通运输部门实际能源消耗远大于目前统计的能源消费量。以2007年为例，不同研究测算表明，① 我国交通运输部门实际能源消耗占全国总能耗的比重约9.7%~13.6%，而同期统计的交通运输业能耗比重只有7.8%。发达国家经验表明，进入城市化稳定发展阶段，交通运输占总能源消耗的比重将达30%~40%。未来20年是我国工业化、城市化加速发展的关键时期，随着汽车进入家庭进程不断加速，人民生活水平普遍提升对交通运输服务水平要求进一步提高，交通运输能源需求增速将更加显著。

（二）“十一五”交通运输节能目标

我国政府高度重视交通运输领域节能工作。2006年，我国政府发布了《国务院关于加强节能工作的决定》（国发〔2006〕28号），提出到“十一五”期末，万元GDP能耗下降20%左右的发展目标。其中针对重点节能领域交通运输部门，提出了明确的宏观目标要求，包括：积极推进节能型综合交通运输体系建设，加快发展铁路和内河运输，优先发展公共交通和轨道交通，加快淘汰老旧铁路机车、汽车、船舶，鼓励发展节能环保型交通工具，开发和推广车用代用燃料和清洁燃料汽车等。

---

① 资料来源：耿勤（2009）、王庆一（2009）、张国伍（2010）等。

2007 年，国务院印发了《节能减排综合性工作方案》（国发〔2007〕15 号），进一步明确了交通运输领域节能具体措施要求，包括：优先发展城市公共交通，加快城市快速公交和轨道交通建设；控制高耗油、高污染机动车发展，严格执行车辆燃料消耗限值标准，继续实行财政补贴政策，加快老旧汽车报废更新；公布实施新能源汽车生产准入管理规则，推进替代能源汽车产业化；运用先进科技手段提高运输组织管理水平，促进各种运输方式的协调和有效衔接等。

2008 年，修订后的《节约能源法》颁布实施，其中对各级政府、交通运输主管部门开展节能工作提出了针对性的法律要求，包括：国务院及其有关部门指导、促进各种交通运输方式协调发展和有效衔接，优化交通运输结构，建设节能型综合交通运输体系；地方各级人民政府应当优先发展公共交通，加大对公共交通的投入，完善公共交通服务体系；国务院有关交通运输主管部门应当加强交通运输组织管理，提高运输组织化程度和集约化水平，提高能源利用效率等。

除上述宏观目标要求外，交通运输主管部门按照各自职责，分别提出了“十一五”期间交通运输节能约束性目标。例如：交通运输部提出，① 与 2005 年相比，到 2010 年，营运货车单位运输量能耗下降 5%，营运船舶单位运输量能耗下降 10%（其中海运船舶下降 11%，内河船舶下降 8%），港口生产单位吞吐量综合能耗下降 5%；铁道部提出②，到“十一五”期末，铁路单位营业收入综合能耗比“十五”末期降低 20%，机车牵引能耗总量占运输能耗总量比例不低于“十五”末期水平；建设部提出③，到“十一五”期末，全国大中城市的公共交通出行率达到出行总量的 30% 左右等；民航总局提出④，到 2010 年，民航吨公里燃油消耗比 2005 年降低 10%。各级地方交通运输主管部门结合本地区实际，也分别提出了类似的单位运输量能耗下降目标。

（三）“十一五”交通运输节能的主要措施

针对上述目标要求，“十一五”以来，我国各级政府和交通运输主管部

① 资料来源：全国交通运输行业节能减排工作视频会议材料，2008 年 6 月 18 日。

② 资料来源：《铁路“十一五”节能和资源综合利用规划》。

③ 资料来源：《新京报》，2006 年 12 月 3 日。

④ 资料来源：全国民航节能减排工作电视电话会议材料，2010 年 5 月 11 日。

门在优化交通运输结构、提升行业技术水平、加强组织管理、注重运用经济杠杆、完善统计、标准和基础工作体系、健全政策法规体系、开展宣传示范和专项行动等方面，出台了一系列政策措施，基本涵盖了交通运输领域各个环节，初步建立了推动交通领域节能工作的综合政策体系。

1. 优化交通运输结构

“十一五”以来，在继续加快交通基础设施建设的同时，各级政府加大了交通运输结构调整力度，节能型综合交通运输体系建设明显加快。在制定和实施《综合交通网中长期发展规划》、《中长期铁路网规划》、《国家高速公路网规划》、《全国沿海港口布局规划》、《全国内河航道与港口布局规划》过程中，坚持把提高能源利用效率作为重要指导原则之一，从根本上确保多种交通运输方式协调发展，不断完善节能型综合交通运输网络。特别是，各级政府把铁路客运专线（高速铁路）、城际轨道交通、城市公共交通建设作为应对国际金融危机、扩大内需的重要举措，放在了更加突出的位置，资金投入力度明显加大，加快促进交通运输结构不断优化，这是推动交通运输领域节能的根本性措施。

优化交通运输结构的首要举措是加快铁路建设。2008年起，我国铁路基础设施建设进入快速发展轨道，当年完成基本建设投资3375.54亿元，较2007年增长88.6%，是“十五”基本建设投资总额的1.1倍。[①] 2010年完成铁路固定资产投资8426.52亿元，是2005年的6.2倍。伴随京津城际铁路开通运营，京沪高速铁路开工建设，客运专线和区域间大能力通道加快建设，既有线扩能改造力度加大，我国铁路规模进一步扩大，路网质量和结构得到根本提升和优化，装备数量水平、竞争力和服务水平明显提升，基本打破了长期以来铁路对国民经济发展的“瓶颈”制约，改变了铁路运输生产力严重不适应社会经济发展的状况，为进一步完善节能型综合交通运输体系奠定了基础。

公路交通运输结构的优化也是交通节能重要方面。在客运方面，加大了客运运力调控，除农村客运外，积极落实国务院“对客车实载率低于70%的线路不得投放新的运力”要求；在货运方面，加强了货运运力管理，鼓励和引导营运车辆向大型化、专业化方向发展，发展适合高速公路、干线公路的大吨位重型车辆；交通运输部还出台了《关于促进甩挂运输发展的通知》，组织开展渤海湾、长三角等地甩挂运输试点工作，并积

① 资料来源：2008年铁路统计公报。

极给予政策扶持。

在优化城市交通结构方面，我国大中城市轨道交通建设明显加速。“十一五”以来，为满足城市化快速发展带来的剧增交通需求、缓解城市交通拥堵、改善大气环境质量，许多城市加快了城市轨道交通建设步伐，公交优先的城市交通发展方针进一步落实。截至2010年底，已有北京、上海、广州、深圳、武汉等12个城市开通了53条城市轨道交通线路，运营里程总长约1471公里。预计至2015年前后，北京、上海、广州等22个城市将建设79条轨道交通线路，总长2260公里。2015年末我国城市轨道交通总里程将超过3000公里，2020年末超过6100公里。

2. 提升交通运输行业技术水平

节能技术研发、示范和推广是交通运输行业节能减排的关键环节，是提升交通运输行业技术水平的重要途径。“十一五”以来，主要交通运输主管部门加大了对节能相关技术和产品研发、示范和推广的支持力度，不断提高交通运输装备技术水平，节能技术基础有所增强。

公路和水路运输方面，交通运输部开展了推荐车型、客运车辆等级评定和内河船型标准化工作，组织全国重点在用车船节能产品（技术）推优工作，公布了《“十一五”第一批全国重点推广在用车船节能产品（技术）目录》，并对节能产品（技术）颁发“汽车船舶节能产品（技术）公布证”。在技术方面，包括能耗实时监控、电子控制式气缸注油器、汽车驾驶模拟训练、港区电网动态无功补偿及谐波治理等新技术新工艺；在管理方面，包括能源消耗的精细化、合同化管理、集装箱码头全场智能调度系统等；在运输组织方面，包括高速公路客运接驳站、新经济航速管理、内河船舶优化编队、货运集约化经营新模式等。

铁路运输方面，铁路部门加大了先进机车领域技术研发力度，在高速铁路线路基础、通信信号、牵引供电、运行控制、调度指挥等方面，取得一系列重大技术创新成果，初步形成我国时速350公里高速铁路技术标准体系，并已成功运用到其他客运专线建设中。在机车技术研发方面，成功搭建了世界铁路最先进的时速350公里动车组技术平台，国产时速350公里动车组实现批量生产并投入运营。铁路技术质量和技术水平明显提高，截至2010年，全国铁路机车拥有量达到1.84万台，其中“和谐型”大功率电力机车3372台，内燃机车占55%，电力机车占45%，主要干线全部实现内燃、电力机车牵引。

节能和新能源汽车研发方面，“十五”开始，科技部就开展了电动汽车重大专项和清洁汽车科技行动攻关计划，“十一五”期间，在“863”计划中又启动了“节能与新能源汽车”重大项目（见图5－1），累计投入近20亿元，支持节能与新能源汽车关键技术研发和产业化，确立了“三纵三横”的研发布局，即燃料电池汽车、混合动力汽车、纯电动汽车三种整车技术为“三纵”，多能源动力总成系统、驱动电机、动力电池三种关键技术为“三横”。同时，以整车和关键技术的研发、示范应用和市场推广为重点，加快新型燃料应用研究，带动区域代用燃料汽车发展。我国已经基本掌握了新能源汽车技术，建立了节能与新能源汽车的动力技术平台，形成了一个比较完整的关键零部件体系，开发出一批节能与新能源汽车的产品，实现了小批量的整车能力。

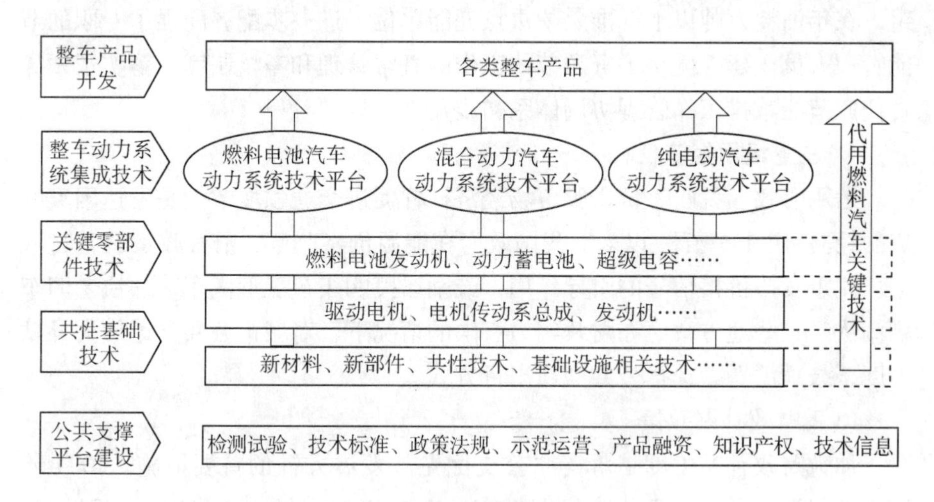

图5－1　节能与新能源汽车研发布局

3. 加强组织管理

“十一五”期间，我国交通运输行业在节能制度、组织管理体系建设方面取得积极进展，交通运输相关主管部门职能进一步理顺，节能管理能力普遍得到加强，为深入推动交通运输领域节能提供了组织保障。

综合交通运输管理体制方面，组建成立了交通运输部，行业综合规划、协调和管理能力得到加强，有利于从根本上确保各种运输方式高效衔接。新交通运输部合并了原交通部、原中国民用航空总局、原国家邮政局，整合了原建设部指导城市客运的职责。其主要职责除综合交通运输体系的规划、建设、协调外，也包括公路、水运、民航行业规划、政策、标准的组织制定和实施，以及城市交通方面，对城市客运、地铁运营、出租车、物流行业管理的职能等。

行业节能管理方面，2006 年，原交通部就成立了节能工作协调小组，统一部署和协调解决行业节能减排工作中的重大问题，研究审定相关规划、政策、标准和措施。2008 年新交通运输部成立后，将节能工作协调小组调整为部节能减排工作领导小组。同时，地方各级交通运输主管部门也成立了相应的工作机构，山东、山西、重庆、福建、云南等省（市）交通厅（局）成立了节能减排工作领导小组，云南省交通厅还设立了节能办公室。民航方面，成立了局长为组长的民航局节能减排工作领导小组，在发展计划司设立节能办，全面推进行业节能减排工作。铁路方面，从 2006 年起，成立了铁道部、铁路局、铁路基层站段三级节能管理体系，逐级成立资源节约领导小组，在年消耗万吨以上标准煤的重点耗能单位，进一步配齐配强了专职的节能管理人员，建立健全了资源节约工作的日常管理和考核制度，落实了领导责任，节能减排工作管理协调体系初步建立。

4. 注重运用经济杠杆

运用财政、税收、价格等市场经济杠杆促进交通领域节能是发达国家的成功经验。“十一五”以来，我国政府在能源价格改革、财税政策调整过程中，注重发挥价格信号的引导作用，鼓励居民购买节能型汽车，加快老旧车辆淘汰。一些地方政府在财政实力有限的情况下，对城市公共交通加大补贴力度，鼓励消费者选择公共交通出行方式。

（1）财政补贴政策

加大财政补贴力度是落实“公交优先”发展方针的首要措施。2004 年原建设部发布了《关于优先发展城市公共交通的意见》（建城〔2004〕38 号），2006 年又发布了《关于优先发展城市公共交通若干经济政策的意见》（建城〔2006〕288 号），明确要求各级政府建立规范的公共财政补贴制度，加大公共交通投入，建立低票价的补贴机制，认真落实燃油补助及其他各项补贴等。以北京市为例，仅 2008 年就安排 31.37 亿元用于支持地面公共交通发展，安排 80 亿元补贴城市轨道交通发展。在此带动下，绍兴、常州、深圳、西安等城市也相继出台公交低票价政策，探索公共财政补贴长效机制。

财政补贴也是推广先进高效、节能型汽车的主要方式。2008 年，我国启动了“十城千辆”行动，计划利用财政补贴的方式，在 3 年时间内，在 10 个试点城市各推广一千辆新能源汽车，初步形成新能源供应设施的规模市场。2009 年，下发了《节能与新能源汽车示范推广财政补助资金管理暂行办法》（财建〔2009〕6号），在北京、上海等13个城市开展节能与新能源汽车示范推广试点工作，以财政政策鼓励在公交、出租、公务、环卫和邮政等公共服务领域率先推广使用节能与新能源汽车，对推广使用单位购买节能与新能源汽车给予补助，节油率在40%以上的混合动力汽车补助标准为5万元/辆。此后，还将试点城市由13个扩大到20个，并选择5个城市进行对私人购买节能与新能源汽车给予补贴试点。在《汽车产业调整振兴规划》中，进一步明确中央财政安排补贴资金，支持节能和新能源汽车在大中城市示范推广。截至2011年3月，25个试点城市已累计推广新能源汽车10000辆，建成104座充电站，8座换电站，换电桩1494个，加氢站2个。

利用财政补贴加速老旧车辆淘汰是提升交通工具能效水平的有效途径。2009年起，为应对国际金融危机，进一步刺激汽车消费，在原有安排10亿元老旧汽车报废更新补贴资金基础上，中央财政又安排40亿元，用于汽车以旧换新。对报废使用不到8年的老旧微型载货车和中型出租载客车，使用不到12年的老旧中、轻型载货车和中型载客车，以及与国家现行报废规定年限相比，提前报废各类“黄标车”并换购新车，单车给予3000~6000元不等的补贴资金。① 2010年，进一步加大财政补贴力度，将补贴标准提至6000~18000元不等。② 统计显示，2010年全国日均补贴车辆数约为2009年日均补贴车辆的12倍。从车型看，全国共补贴轿车21.3万辆，占补贴车辆总数的46.4%，补贴大中型载客车、轻微型载货车分别占补贴总数的20.7%和17.2%。

（2）税收及政府采购政策

消费税方面，“十一五”以来，我国对现行消费税的税目、税率及相关政策不断进行调整，重点突出促进环境保护和节约资源。2006年，取消小汽车税目下的小轿车、越野车、小客车子目；在小汽车税目下分设乘用车、中轻型商用客车子目。适用税率分别为：对乘用车，根据气缸容量（排气量）大小设置3%~20%不等的税率，气缸容量越大，税率越高。2008年，下发《关于调整乘用车消费税政策的通知》，对节能型汽车进一步降低税率，对高油耗车辆提高税率。其中，对气缸容量（排气量，下同）在1.0

---

① 资料来源：《汽车以旧换新实施办法》（财建〔2009〕333号），2009年7月3日。

② 资料来源：《财政部商务部调整汽车以旧换新补贴标准通知》（财建〔2009〕995号），2009年12月28日。

升以下（含1.0升）的乘用车，税率由3%下调至1%；气缸容量在3.0升以上至4.0升（含4.0升）的乘用车，税率由15%上调至25%；气缸容量在4.0升以上的乘用车，税率由20%上调至40%。

特别是在成品油税费改革方面，提高了现行成品油消费税单位税额，向完善能源价税体系方向迈出重要一步。2008年12月18日，国务院发布《关于实施成品油价格和税费改革的通知》（国发〔2008〕37号），取消了公路养路费等收费。取消公路养路费、航道养护费、公路运输管理费、公路客货运附加费、水路运输管理费、水运客货运附加费六项收费；将汽油消费税单位税额每升提高0.8元，柴油消费税单位税额每升提高0.7元，其他成品油单位税额相应提高。加上现行单位税额，提高后的汽油、石脑油、溶剂油、润滑油消费税单位税额为每升1元，柴油、燃料油、航空煤油为每升0.8元。

车船使用税方面，2007年起，改变了过去对载客汽车征收360元“一刀切”年税额的做法，降低了微型客车的应纳税额。其中，对发动机气缸总排量≤1L的微型汽车，规定年税额在60元至480元之间；对其他客车，规定年税额在360元至660元之间，一定程度上体现了鼓励节能型汽车发展的政策导向。

购置税方面，为应对金融危机、扩大汽车消费，从2009年1月20日至12月31日，对1.6升及以下排量乘用车减按5%征收车辆购置税。此后，为进一步鼓励购买小批量汽车，国务院将将减征1.6升及以下小排量乘用车车辆购置税的政策延长至2010年底，减按7.5%征收。

政府采购政策方面，2008年起，财政部、环境保护部联合下发《关于调整环境标志产品政府采购清单的通知》（财库2008〔50〕号），将32家汽车企业，多款轻型、节能汽车纳入清单。要求各级国家机关、事业单位和团体组织用财政性资金进行采购的，要优先采购环境标志产品和节能型汽车。一些地方政府，如海南、四川、新疆、青海、重庆等，也出台财政补贴资金等优惠政策，支持公共汽车、出租车等实施液化天然气（LNG）、压缩天然气（CNG）汽车改造和推广工程。其中，重庆市专门开展了“蓝天行动”计划，共改装CNG汽车5万余辆，有效减小了汽车尾气污染，提升了公交汽车能效水平。

5. 完善统计、标准和基础工作体系

统计方面，出台了公路运输行业能源消耗统计及分析方法、水运工程节能设计规范、船舶运输行业能源消耗统计及分析方法、港口行业能源消耗统计及分析方法，并将公路运输、水路运输和港口生产能源统计指标纳入部门统计制度，能源统计制度方法得到完善，业务能力建设明显加强。

标准方面，加快了交通运输相关标准、规范和计算方法的制修订进度。目前，已完成载客汽车运行燃料消耗量（国家标准）、载货汽车运行燃料消耗量（国家标准）、营运客车燃料消耗量限值及测量方法、营运货车燃料消耗量限值及测量方法4项标准，正在研究制定海洋船舶燃料消耗量计算方法（国家标准）、船舶油耗供应行业术语、船舶供受燃油管理规程、船舶动力装置能源平衡测算方法、港口企业能量平衡导则、港口电动式起重机能源利用效率评估指标及测算方法、港口带式输送机能源利用效率评估指标及测算方法、港口工程可行性研究报告节能篇（章）编制导则、港口评估节能评估报告编制导则9项标准。

节能监测考核体系方面，建立了公路运输、水路运输、港口行业以单位能耗为主要指标的节能减排指标体系，并在山东省交通运输行业开展了节能减排监测考核试点工作。目前，在进一步研究建立交通运输节能减排监测考核体系，完善交通运输行业能源消耗统计体系的基础上，逐步在全国范围内建立健全交通运输行业节能减排工作目标责任制。

6. 健全交通节能政策法规体系

完善政策法规体系方面，交通运输部门出台了多项规章制度，着力完善促进节能的法律法规体系。包括按照新修订的《节约能源法》要求，出台了《公路、水路交通实施〈中华人民共和国节约能源法〉办法》，组织制（修）订《港口法》、《航道法》、《道路运输条例》、《水路运输管理条例》等交通法律法规及交通节能相关标准规范；出台了《道路运输车辆燃料消耗量检测和监督管理办法》，对道路运输车辆，包括拟进入道路运输市场从事道路旅客运输、货物运输经营活动，以汽油或柴油为单一燃料的、总质量超过3500千克的国产和进口车辆，在燃料消耗量检测、车型管理、监督管理等方面做出细致规定，以此逐步淘汰营运市场超标车辆。此外，《城市公共交通条例》等也在加紧制定中。

能耗源头控制方面，完善了建设项目节能评估和审查制度。从2008年起，交通运输部建立并实施了规范的交通固定资产投资项目节能评估制度，要求年能耗量在2000吨标准煤以上（含2000吨）的港口新（改、扩）建工程项目，都应在工程可行性研究报告中单列“节能篇（章）”，并进行评估审查。公路建设项目、道路运输站场建设项目的节能评估和审查工作也在积极推进中。铁道部也建立了铁路行业建设项目节能评估和审查制度，作为项目前期重点工作，从源头上确保了项目较高的能源利用水平。

7. 开展宣传示范和专项行动

“十一五”期间，交通运输部门利用多种形式，加大了对交通节能新技术、新产品、新经验的推广力度，包括鼓励公交出行、倡导绿色消费、适度消费的理念，推广节能、新能源汽车，宣传先进典型经验，介绍节能驾驶技术等。利用“节能宣传周”契机，交通运输部还组织对全国重点推广营运车船节能产品（技术），以及交通节能减排示范项目中涉及面广、成效显著的项目等，进行了重点宣传和集中推广。

此外，为调动交通运输全行业的节能积极性，加大节能示范项目、先进节能技术和管理措施的推广应用力度，2010年5月，交通部启动了全国“车、船、路、港”千家企业低碳交通运输专项行动。专项活动以“车、船、路、港”千家交通运输企业为载体，着力提升交通运输装备运营能效水平。具体措施包括：“车”将大力推广节能驾驶经验，加强营运车辆用油定额考核，严格执行车辆燃料消耗量限值标准，淘汰高耗能车辆，推广新能源和清洁燃料车辆，推进甩挂运输；“船”将大力推广船型标准化，靠港船舶使用岸电；“路”将大力推广高速公路不停车收费，优化运输组织，推广甩挂运输，公路隧道节能和路面材料再生技术，推进太阳能在公路系统的应用；“港”将大力推广轮胎式集装箱、门式起重机、“油改电”和船舶使用的岸电建设。

（四）“十一五”交通运输节能成效

在各级政府、企业和全社会的共同努力下，“十一五”期间，我国交通运输节能取得积极进展，为进一步深入开展工作奠定了基础。节能型综合交通运输体系建设进一步加快，运输结构得到优化；主要运输方式技术节能取得进展，单位综合运输量能源消耗有所下降；交通节能基础工作体系得到增强；交通节能重点工程明显推进；先进交通技术、产品加快推广，带动示范作用初步发挥。

1. 综合交通运输体系基础设施结构得到优化

“十一五”以来，在继续加快交通基础设施建设，缓解交通运输对经济社会发展制约的同时，我国政府把铁路建设放在更加突出的位置，加快了客运专线、城际铁路的建设速度，并进一步完善公路网络，积极发展发展水路运输。由于铁路运输吨公里能耗大约只有水运的1/3，公路的1/10，民航的1/70，通过加速铁路建设，我国综合交通运输结构明显得到优化（见表5－1）。

“十一五”期间，我国铁路新增铁路营业里程1.6万公里，超过规划的1.46万公里的总目标。特别是，从2008年起，我国政府明显加快了铁路建设速度，一年内新增营业里程0.6万公里，相当于“九五”、“十五”期间分别新增的铁路里程。铁路建设加快发展，对于优化货物和旅客运输结构都创造了良好的条件。例如，通过建设武广等客运专线网络，初步实现了客货分线运输，一方面，吸引了一些中短途出行的旅客放弃民航或高速公路出行，而选择低能耗的铁路出行方式；另一方面，缓解了既有铁路运线紧张局面，大幅度提高了铁路运输能力，进一步促进了客货运输结构的优化，并带来了明显的节能效果。

表5－1 我国五种运输方式线路长度① 单位：万km

年份	合计	铁路	公路	内河	民航	管道
1978	123.5	5.2	89	13.6	14.9	0.8
1980	125.4	5.3	88.8	10.9	19.5	0.9
1985	139.6	5.5	94.2	10.9	27.7	1.2
1990	171.8	5.8	102.8	10.9	50.7	1.6
1995	247.6	6.2	115.7	11.1	112.9	1.7
2000	311.8	6.9	140.3	11.9	150.3	2.5
2005	558.6	7.5	334.5	12.3	199.9	4.4
2006	581.9	7.7	345.7	12.3	211.4	4.8
2007	618.2	7.8	358.4	12.3	234.3	5.4
2008	645.3	8.0	373.0	12.3	246.2	5.8
2009	648.4	8.6	386.1	12.4	234.5	6.9
2010	706.7	9.1	400.8	12.4	276.5	7.9

注：2005年起，统计口径发生变化，公路里程中含村道。

2. 单位综合运输量能源消耗有所下降

单位运输量能源消耗是衡量交通运输领域能源利用水平的主要指标。“十一五”以来，交通运输行业通过转变经济发展方式，优化交通运输组织方式，提高交通运输工具技术装备水平，主要运输方式单位综合交通运输量能源消耗有所下降，交通运输能源利用效率得到提高（见表5－2）。

铁路方面，“十一五”期间，单位运输工作量综合能耗下降23.8%，节能成效最为显著。究其原因，一方面，伴随我国铁路路网加快完善，运力资源不断优化配置，铁路运输能力进一步释放，加之一批区域间大能力通道、集疏运系统投入使用，运输结构得到系统优化；另一方面，机车质量和装备

① 资料来源：《中国统计年鉴2012》。

水平明显提升，电力和内燃机车比重达99.4%，主要干线全部实现内燃、电力机车牵引，一批先进的动车组、大功率电力机车、C70型、C80型等先进重载列车投入使用，运能和运输效率得到明显增强。

公路方面，“十一五”前三年，客运、货运单位运输量能源消耗并没有明显下降，基本持平甚至略有上升。究其原因，一方面，伴随我国公路网络加快完善，公路技术等级和路面等级进一步提升，车辆本身技术水平不断进步，柴油机车比重提高等，公路货运和客运汽车运行效率都得到不同程度提高；但另一方面，由于公路设施网络化程度仍较低，局部路段交通拥挤，绕行等不可避免带来能源消耗上升，加之公路客运对服务质量水平要求不断提高，货运载重量进一步合理化，都不同程度抵消了交通工具技术进步带来的节能成效。

民航方面，与2005年相比，2010年我国民航运输吨公里燃油消耗下降了11.3%，明显好于美国、日本等发达国家，并优于世界平均水平。从具体途径看，“十一五”期间，我国民航运输飞机总量增加近85%，新增的是先进、大型、高效飞机，这是带动平均运输能效水平显著提升的主要原因。其次，民航部门通过加强节能管理，提高空域利用效率、科学制定飞行计划、优化航线选择等，也促进了运输质量和效率水平的进一步提升。

表5－2　“十一五”期间主要运输方式单位运输量能耗变化

	指　　标	2005年	2006年	2007年	2008年	2009年	2010年
铁路	单位运输工作量综合能耗（tce/百万换算吨公里）	8.86	6.12	5.78	5.6	5.33	4.94
公路	客车每百吨公里耗汽油（l）	13.2	12.8	13.1			
	货车每百吨公里耗柴油（l）	11.6	11.2	12.2			
	货车每百吨公里耗汽油（l）	8	7.9	8.3			
	货车每百吨公里耗柴油（l）	6.3	6.5	6.3			
水运	平均每千吨公里油耗（kg）	7	5	5			
民航	每吨公里油耗（kg）	0.336	0.327	0.315	0.313	0.306	0.298

注：2008年起，全国公路、水路运输统计口径有调整，单位运输量能耗数据暂缺。

资料来源：根据历年《中国交通统计年鉴》、《铁路统计资料汇编》、《铁路统计公报》等资料整理，2007年水运平均每千吨公里油耗根据专家意见做了调整。

3. 交通节能基础工作体系得到增强

“十一五”以来，我国交通节能基础工作体系得到增强。在交通运输管理体制方面，成立了交通运输部，行业综合规划、协调能力得到加强，管理体制进一步理顺；在行业管理方面，主要交通运输主管部门都成立了节能工作组织协调和领导机构，设立了专门的管理机构并加强了人员配备；在能源统计方面，统计部门增强了能源统计的机构和人员力量，规范了交通领域能源统计指标体系，进一步完善了交通能源统计制度和方法；在监督方面，出台了交通运输领域节能减排监测考核指标体系，积极推进建立交通运输节能目标责任制。

各级地方政府也普遍强化了交通节能组织保障，夯实交通节能统计、考核等基础工作。例如，山东省制定出台了《交通运输行业节能减排工作考核办法》，分别制定了公路行业、道路运输行业、港航行业的节能减排考核实施细则，并下发全省试行；安徽省编制了《安徽省交通运输能耗监测调查方案》，明确了燃料消耗、运输组织、道路建设等各个领域节能监测工作的具体方法和考核内容。

4. 交通节能重点工程明显推进

“十一五”期间，交通运输部开展了重点企业节能示范、营运车船燃料消耗准入与退出试点、节能驾驶、甩挂运输节能试点、内河船型标准化、高速公路不停车收费、交通公众出行信息服务系统建设、节能型港口建设八项重点节能工程，取得了一系列积极进展和明显成效，为“十二五”继续深入开展交通节能工作奠定了坚实的工作基础。

在节能示范方面，自2007年起，交通运输部门共筛选了三批共60个交通节能典型示范项目，将高效节能技术、先进运输管理经验等向全行业进行推广；节能驾驶方面，印发了《节能驾驶手册》，组织了机动车驾驶员节能技能竞赛活动，节能意识和绿色驾驶理念明显强化；智能交通方面，高速公路电子不停车收费系统的建设和应用工作进一步加快，截至2009年，实现ETC（电子收费）和储值IC卡缴费服务的高速公路已达2.4万公里。

5. 先进交通技术、产品加快推广

节能和新能源汽车推广取得明显进展，带动了汽车行业结构有所优化，节能环保领域研究投入快速增长。仅2008年一年多时间，13个试点城市公交领域共推广六千多辆示范车辆，取得了显著的节能减排效果。在此带动下，汽车相关行业节能领域研发投入明显增加，据不完全统计，2009年主要汽车企业用于先进电池、电机领域的研发投入达100亿元以上。此外，通过实施燃油税改革、出台购置税减半等一系列措施，培育了节能型小排量汽车发展的有利政策环境。汽车行业节能型小排量汽车排产比重有所提高、新款车型明显增加，数据显示①，2010 年，我国小排量汽车市场份额提升很快，1.6L 及以下排量的乘用车品种销售市场比重达 70%，创历史新高。

先进交通技术、产品加快推广，带动示范作用初步发挥。“十一五”以来，交通运输部已经开展了三批共 60 个节能减排示范项目，涵盖了运力结构调整、运输组织优化、实行现代化管理和新技术（产品）应用、操作技能等节能减排方面取得的成功经验的项目，在交通企业中起到了以点带面、广泛推广的作用，带动了全行业能源利用水平的提升。以苏州汽车客运集团为例，通过建立油耗统计制度、制定定额考核标准、完善考核奖惩，以及采取优化运输组织、提高车辆维修水平等措施，2004~2006 年，累计节约油料约 690 万升，节约运营成本约 3200 万元。

（五）存在的主要问题

1. 交通运输结构不合理的问题依然突出

“十一五”以来，我国政府把交通运输结构调整作为一项重要任务，在调整体制、规划项目、资金安排等方面，工作力度明显加大。但受目前管理体制、机制等方面的制约，交通运输发展缺少统筹协调，结构不合理的问题依然严重。具体体现在：铁路建设虽然自 2008 年明显加快，但相比公路发展，仍然不能满足运输结构优化的要求；公路建设区域协调性不够，个别地区出现盲目发展、追求数量扩张现象；个别地区出现盲目规划建设支线机场的趋势；各种运输方式发展中的综合协调不够，存在运输设施与服务衔接不畅的问题。

铁路方面，发展相对滞后与运输压力不断增加的矛盾突出。与发达国家相比，我国铁路发展严重滞后（见图 5-2），人均铁路通车里程、单位国土面积铁路通车里程都与发达国家有较大差距。铁路在交通运输周转量中的比重逐年下降，从改革开放前的平均 67% 下降到近十年来的平均 35%。货物运输道路强度逐年上升，从平均约 602 万吨公里/公里上升到近十年来的平均 2017 万吨公里/公里，是原来的 3 倍多。② 铁路建设相比公路发展滞后，不仅使得铁路运输长期高强度、高负荷运转，运输能力和潜力基本殆尽，还

---

① 资料来源：中国汽车工业协会。

② 资料来源：铁路统计资料汇编、中国铁路节能专业委员会资料。

大大压缩了铁路客运的发展空间，无法满足城市化、区域一体化快速发展带来的城际客运发展需求，这在东部地区和主要城市圈问题尤其突出。例如，我国长三角地区公路与铁路里程比大约3∶1，而日本东京圈城际公路与铁路里程比只有1∶3。东京大都市圈的客运交通以高速城际铁路为主，高速公路和地铁为辅，轨道交通占全部客运量的86%。相比之下，长三角地区目前铁路交通承担的客运量只占5%左右。

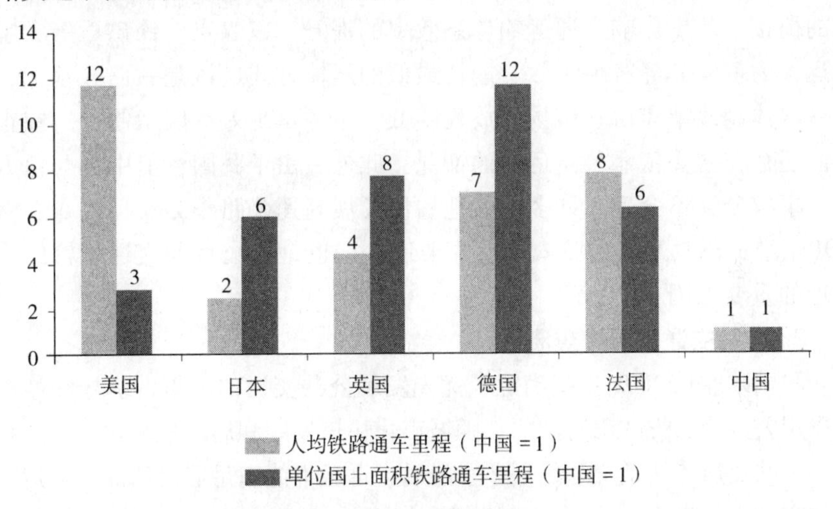

图5-2　中国与主要发达国家铁路发展水平比较

注：发达国家为2007年数据，中国为2009年数据。

资料来源：世界银行发展数据库、欧洲道路联盟统计资料、美国交通运输部等。

公路方面，一些地方盲目建设高速公路的现象比较严重。我国人口多、人均资源不足的基本国情决定了不能重复美国等发达国家的交通运输发展道路，必须合理控制公路发展速度，建设以铁路网络为主干的交通运输系统。但从实际看，许多地方把建设高速公路作为拉动经济增长的首要手段，一些地方借应对金融危机、“保增长”之名，盲目攀比规划和建设高速公路，这从根本上不利于交通运输结构的优化。据不完全统计，我国各地区规划的高速公路里程达16.5万公里①（包括国家高速公路网规划的8.5万公里），是美国现有高速公路里程的两倍左右，远远超过合理发展规模。特别是，在“十二五”发展规划中，一些西部欠发达、人口稀少地区盲目规划发展城市群、中心城市等，把加快城市化发展等同于公路等基础设施建设，个别地区

① 根据全国及各地区已公布的高速公路规划估算。

已经出现高速公路利用率下降的问题，未来资源闲置和投资浪费的矛盾可能更加突出。

综合协调方面，受现有规划制度、部门和行政区划、投融资体制改革滞后等多方面因素制约，不同交通运输基础设施之间缺乏综合规划，存在衔接不畅、协调不够等问题。加之不同交通运输服务在经营上相对独立，信息化管理技术和水平比较落后，不利于多个地区、不同交通运输方式之间的衔接，严重影响交通运输体系效率的提升。以煤炭、铁矿石等大宗货物运输为例，其经济最有效、能耗最低的运输方式应该是铁路或水运，但受铁路体制改革滞后、市场开放程度低、服务水平差等因素制约，在很多地区还存在主要依靠公路运输的情况。此外，由于我国目前中央与地方财权、事权分配不合理，许多地方把加快发展高速公路作为拉动投资、做大GDP、增加税收和收费收入的主要渠道，这也是造成目前交通运输结构不合理的重要原因。

2. 公共交通发展严重滞后

我国政府从2005年就确定了优先发展公共交通的政策，引导和鼓励居民采用公共交通方式出行。但伴随城市化快速发展和居民机动化出行进程加快，公共交通和轨道交通发展严重滞后，远远不能满足居民高效、舒适、便捷的交通出行需求。我国公交出行分担率仅占城市居民机动化出行总量的20%~40%，与发达国家50%~85%的出行比例相比，差距还很大（见图5-3）。大运量快速公共交通系统发展缓慢。全国660个城市中，建成轨道交通线路的仅有10个城市，运营总里程仅相当于发达国家一个城市的规模，北京市万人拥有轨道线网长度分别只有纽约、巴黎、伦敦人均水平的1/6、1/7和1/10。公共交通高峰拥挤问题严重，多种运输方式缺乏便捷衔接，难以实现“零距离”换乘，服务水平存在较大差距。

城市建设和规划思路不合理是制约我国公共交通发展的主要原因。在城市发展过程中，许多城市片面追求“摊大饼”式发展、造新城运动、建设中央商务区、增加道路等，将工作区、生活区、休闲娱乐区与配套交通建设相互分离，缺少对公共交通基础设施的合理规划，人为造成居民机动化出行需求过快增长。在交通设施发展理念上，没有把促进非机动化出行（步行、自行车等）、公共交通出行放在优先发展位置，道路设施建设主要为机动车出行服务，交通管理方面对公共交通优先程度不够，这就带来机动车保有量过快增长、交通拥挤状况加重，又进一步降低了公共交通的服务水平和吸引力，形成城市建设不断增加、交通质量不断下降的恶性循环局面。

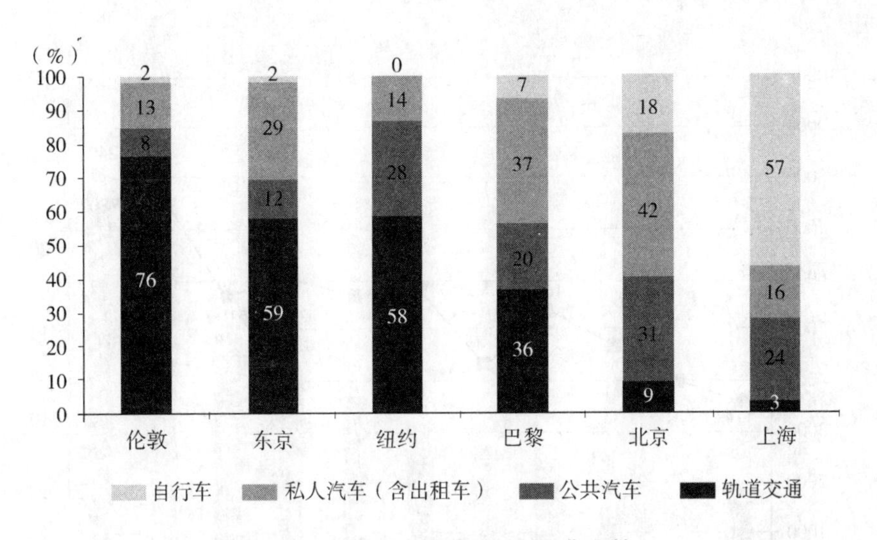

图5-3 国内外城市出行模式比较

资料来源：发达国家城市数据根据《世界大城市交通研究》整理，北京为2009年调查数据。

3. 汽车保有量过快增长

近年来，我国汽车保有量快速增长，向“汽车社会”发展的趋势日益明显。2010年，民用汽车保有量达7802万辆，是2005年的2.5倍（见图5-4）。在汽车“以旧换新”、购置税减半等一系列应对金融危机政策刺激下，2009年汽车总销量达1360万辆，较上年增长46%，超过美国跃居世界第一位。2010年汽车总销量再冲新高，达到1806万辆，较2009年又增长32.37%。其中，北京市千人汽车保有量达229辆，已经达到国际大都市中等水平。一些中小城市伴随居民收入水平快速提高，加之公共交通体系不够完善，千人汽车保有量水平增速甚至更高。

汽车保有量过快增长，一定程度了抵消了许多城市大力发展公共交通带来的节能成果，给交通节能、城市环境和生活质量带来了一系列不利影响。一方面，由于汽车保有量骤升，带来了城市交通拥堵、环境污染等一系列问题，城市空气和交通出行质量普遍恶化，并且挤压了公共交通、自行车、步行出行的交通空间，造成更多居民放弃自行车、步行出行而选择机动化出行；另一方面，为满足汽车道路建设需求投入大量资金，造成许多城市公共交通建设投入不足，轨道交通发展滞后，使得小汽车发展大大超前于公共交通发展，固化了居民依赖下汽车出行的交通习惯，进一步加剧了引导交通出行模式转变面临的困难。

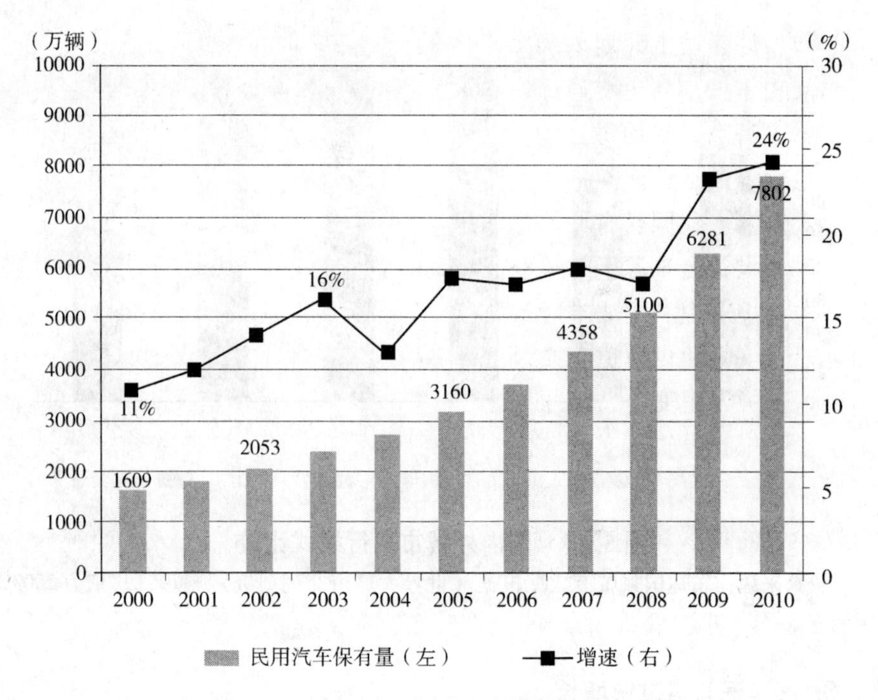

图 5－4　我国民用汽车保有量增长情况

资料来源：《中国统计摘要 2010》。

4. 公共财政投入不足

公共财政投入不足是影响公共交通发展的重要原因。在城市建设中，长期存在过度重视道路建设的倾向，对公共交通、轨道交通建设投入严重不足。2010 年，我国城市公共交通业固定资产投资只有 2251 亿元，分别仅相当于同期铁路运输业、道路运输业固定资产投资的 30% 和 18%。①全国大部分地区，特别是市县级地区对发展公共交通普遍重视不够，在补贴公共交通发展问题上强调财政困难，相关投入远远不能满足提高公共交通出行比重，以及提升运营服务水平的需求。建设部 2007 年调查显示，全国近 2/3 的城市在公交场站建设以及车辆、设施装备更新方面，政府资金和政策支持尚未完全到位。北京市虽然在规划中重视公共交通建设，1998～2008 年共规划 132 处公交场站，但至今只建成 52 处，不足计划数的 40%。②

---

① 资料来源：《中国统计年鉴 2012》。

② 资料来源：《新京报》："北京市区每天拥堵 5 小时"，2010 年 4 月 10 日。

目前，许多城市计划加快轨道交通建设步伐，财政投入不足的问题更加突出。由于城市轨道交通建设往往具有建设周期长、融资规模大、投资回报率低等特点，平均每公里建设成本在5亿元左右，建成后更需要大量的财政资金补贴运营成本，建立长期、可靠的融资模式对轨道交通可持续发展至关重要。我国已有城市轨道交通建设大多采取政府主导的负债型融资方式，建设资金来源于财政投资和国内外贷款，在当前政府加大投资应对金融危机、资金利用成本较低的环境下，这种趋势有增无减。随着越来越多的城市规划建设轨道交通，建设资金需求将进一步增加，如果国内外宏观经济环境发生变化，这种单一的政府主导的融资方式不仅难以适应当前大规模集中建设轨道交通的发展趋势，更难以支撑轨道交通长期、可持续运营。

5. 交通节能管理体制需进一步理顺

目前，在交通运输节能管理方面，相关主管部门包括国家发展改革委、交通运输部、铁道部、建设部、国土资源部、环保部、公安部等（见图5－5），分别涉及重大基础设施建设、交通运输行业管理、铁路行业建设和管理、编制城乡建设规划和轨道交通发展规划、交通工具能效标准、车辆准入等职责，各级地方政府也分别制定其交通运输发展规划。这种管理体制相对独立和分割，造成各方面都从自身利益出发制定其发展规划，缺乏全局优化考虑和统筹协调，不同运输方式之间的改革步伐和发展差距不断扩大，交通节能管理方面权责不一致，交通运输结构优化更加困难。

“十一五”期间，虽然在建立大交通管理体制方面取得了初步进展，但受多种因素影响，包括铁路在内的综合交通运输管理体制改革仍然相对滞后，不能满足新时期交通基础设施建设、结构优化、投融资改革的需求。特别是由于铁路改革相对滞后，与市场化运作的公路建设相比，在投融资、建设速度、运输服务等方面的差距更加扩大。“十二五”期间，在各地方纷纷加快基础设施建设的热潮中，公路建设速度可能进一步加快，如果不加快铁路建设和管理改革，铁路运输有可能成为交通结构调整的“短板”。

城市公共交通领域管理体制也亟待进一步改革。“轻规划、重建设、轻管理”的问题依然存在，公共交通行业“一收就死”与“一放就乱”的矛盾还比较普遍。以“国有国营”为主的运营模式，一方面，造成政企不分、效率低下，不利于吸引社会资金投入，制约公共交通发展速度；另一方面，

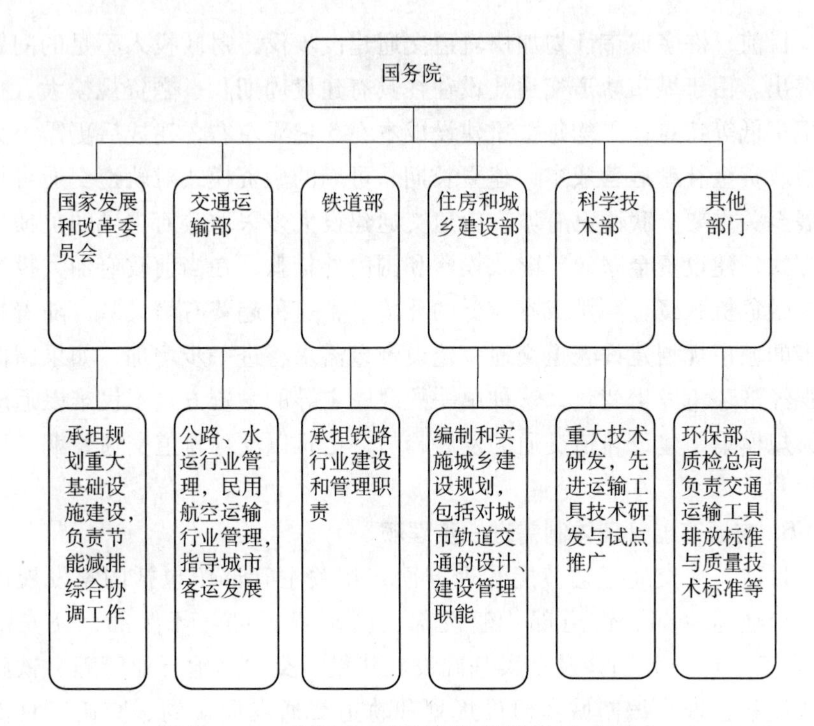

图 5－5　我国交通运输管理结构示意图

运营企业缺乏降低成本的激励，增大了各级财政补贴的负担，也不利于服务水平的提升。以北京市为例，公交汽车、地铁和城铁分属不同部门和企业运营，造成布局不合理、换乘不方便，严重降低了公共交通的吸引力和服务水平。

6. 交通节能政策体系还不完善

交通节能是一项涉及面非常广的系统工程。“十一五”期间，我国政府在交通节能方面，综合运用了一系列行政、经济、法律、标准等政策措施，进行了很多有益的尝试。但从整体看，节能型交通运输发展战略和措施与其他管理体制改革、投资政策、产业政策、价格政策、财税政策等缺少统筹协调，甚至存在政策之间相互矛盾的现象；交通节能配套政策还不完善，交通领域能源统计、标准、管理和监察能力还很薄弱；政策短期行为明显，许多地区还存在一些不利于交通运输节能的政策措施，如限制微型汽车和电动自行车等。

以汽车领域节能为例，我国汽车行业发展政策和产业调整和振兴规划都将发展小排量、节能型作为重点，但在实际中，存在很多政策不配套、相互不匹配甚至抵触的现象，严重影响了政策效果的发挥。包括能源定价机制改革滞后，价格信号引导节能的作用没有有效发挥；现有燃油税费政策标准过低，针对不同车型差异性不明显，引导作用远远不够；个别地区在自行确定车船税缴费标准时，没有体现对小排量汽车的优惠；石油炼化行业规划与发展节能型柴油车不匹配；在公共交通、轨道交通财政投入不足的情况下，近年来减免汽车购置税数百亿元，人为增加了一些不合理的汽车消费需求；许多地方政府把发展汽车产业作为支柱产业，低水平盲目扩张，加剧了汽车产能过剩的现象，与合理控制汽车保有量增速的目的并不一致；政府公务用车方面，在减少机动车出行、购买小排量汽车方面的示范和带动作用没有发挥。

二、"十二五"交通运输节能形势分析

（一）"十二五"交通运输发展形势

1. 交通运输需求继续保持较快增长

交通运输需求增长与经济发展密不可分。改革开放以来，我国GDP年均增长9.8%，同期旅客周转量年均增长9.0%，货物周转量年均增长8.4%，显示了较强的正相关关系（见图5-6）。"十二五"时期是我国城市化加快发展时期，也是实现2020年人均GDP比2000年翻两番目标的关键时期，从外部发展环境、驱动我国经济增长的内部因素以及经济发展的惯性来看，我国经济仍将保持较快发展趋势，交通运输需求也将继续保持快速增长。

另一方面，伴随发展方式加快转变，交通运输需求的结构和内容将发生一定变化。"十二五"时期，我国经济增长将更多向依靠内需的方向转变，第二产业，特别是高耗能行业增速趋于合理，城市化比重快速提高等，这对交通运输需求总量、结构等都会带来一定影响。包括：远洋运输在运输周转量中的比重下降、铁矿石、煤炭等大宗货物运输量增速下降、国内东西部交通运输需求快速增加、服务业货物运输需求快速增加、伴随收入水平提高带来的旅游、休闲交通出行需求增加、城市机动化、快速化交通运输需求增加等。以城市交通运输需求为例，目前，我国百万人口以上的城市已经达到118个，超大城市35个，到2020年，还将形成长三角、珠三角和京津冀三大城市圈，以及胶东半岛、沈（阳）大（连）、武汉、渝蓉、中原、长株潭等若干城市圈。随着城市化以及区域一体化进程加快，城市及区域交通需求

增长将非常迅速。

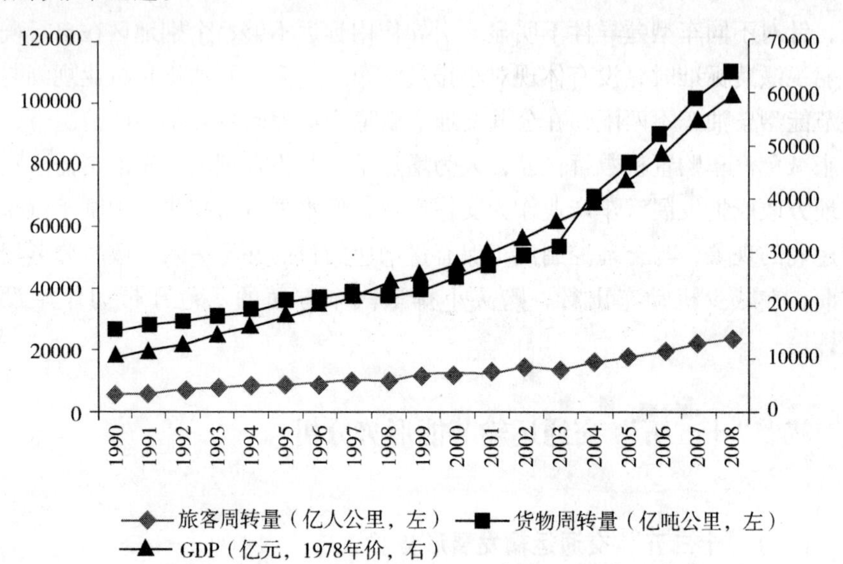

图5－6　我国经济发展与交通运输需求增长示意图

注：2008年起，全国公路、水路运输统计口径有调整，运输周转量数据与历史数据不可比，这里仅对2008年以前趋势进行分析。

2. 交通运输结构逐渐向节能型方向转变

交通运输结构变化是影响能源需求的重要原因。受铁路建设滞后影响，一直以来，铁路在我国货物运输中所占比重呈不断下降趋势，从1990年比重达40.5%下降到2007年仅有23.5%（见图5－7）。“十二五”时期，我国交通基础设施建设将进一步加快，交通运输供给不足的矛盾将基本解决，并有望逐渐向结构优化的方向转变。

具体体现在两个方面：一是铁路将继续保持目前加快建设趋势，“十二五”期间将建设新线20000公里以上，并将建成世界第一的高速铁路网络，这是交通运输结构优化的基础；二是各地区普遍把轨道交通建设作为推动城市化发展、提升城市竞争力和生活水平的重要内容，居民公共交通出行比重有望不断提升。

需要注意的是，受发展惯性、政策不确定性等因素影响，交通运输结构的转变面临很多不确定性。包括：铁路和轨道交通建设速度不能满足结构调整的要求；公路建设继续超常规增长，而铁路运输服务水平、竞争性、路网便捷性等相对较差，造成其在客货运输结构中的比重提高面临较大难度；受城市规划不合理、居民汽车保有量快速增加、对交通出行便捷

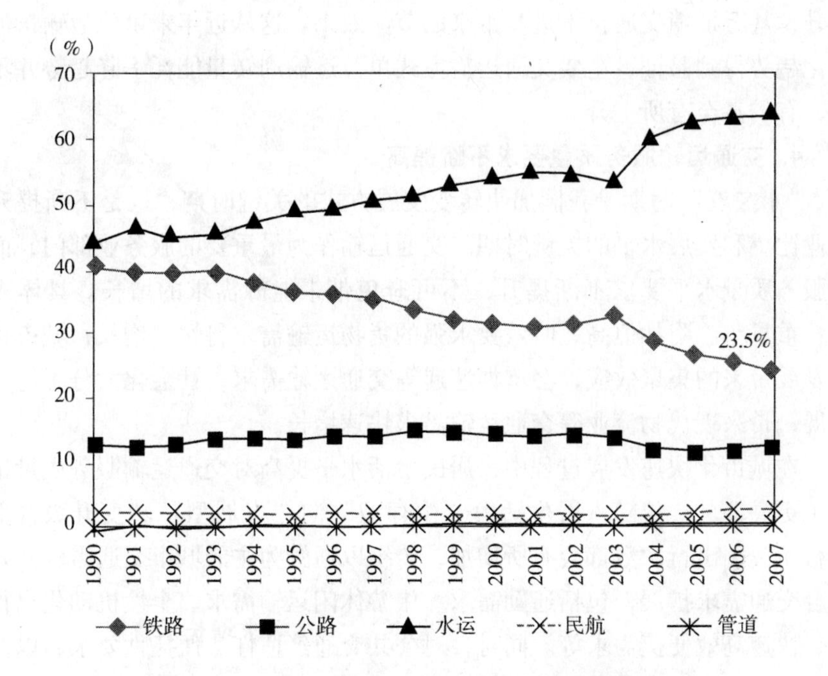

图5-7 我国货物运输周转量结构变化图

注：2008年起，全国公路、水路运输统计口径有调整，运输周转量数据与历史数据不可比，这里仅对2008年以前趋势进行分析。

性、舒适性要求进一步提高等因素影响，公共交通出行比重进一步增加不确定性。

3. 交通技术水平提升并向节能环保方向发展

从技术发展趋势看，伴随技术不断进步，节能和环保成为各种交通运输方式的重要发展内容和主要发展趋势。具体包括：提升交通工具技术装备水平、发展先进高速铁路、提高电力机车比重、发展节能和新能源汽车、淘汰老旧交通运输工具、逐渐提高准入标准、实现交通运输信息化和智能化等。以燃油经济性标准为例，通过实施《第三阶段乘用车燃料消耗量评价方法及指标》，引导汽车行业发展节能型小排量汽车，我国乘用车平均燃油消耗水平有望比目前下降15%~20%左右。

交通技术水平进步对“十二五”节能降耗可能带来正反两方面影响。一方面，在提供同样水平交通运输服务的条件下，能源需求会有所下降；另一方面，由于对交通运输舒适性、便捷性、安全性要求提高，服务水平要求也不断提升，加之能效提升带来的“反弹效应”，有可能造成能源需求不降反升，甚至抵消交通技术进步带来的节能效果。这从近年来单位运输量能耗变化趋势得到验证，主要交通运输方式单位运输周转量能耗下降趋势并不明显，有的甚至有所上升。

4. 交通运输服务质量要求不断提高

“十二五”时期是我国加快转变发展方式的关键时期，也是不断提升服务业比重和发展水平的关键时期。交通运输作为最重要的服务业部门，面临的服务质量水平要求不断提升，不可避免带来能源需求的增长。具体表现在：重量小、附加值高、时效要求强的货物运输需求将快速增长；城市化快速发展带来的集聚效应，会增加速递等交通运输需求；社会化大分工进一步发展，带来现代物流业等交通运输需求快速增长。

在城市化快速发展过程中，居民生活水平提高对交通运输服务质量也提出了更高要求。伴随人民生活由“生存型”向“发展型”转变升级，平均出行距离、出行次数都会有所增加，传统以通勤为主的城市交通需求开始向综合交通需求扩展，包括通勤需求、旅游休闲运输需求、个性机动化出行需求、快速高效便捷需求等。同时，对公共交通舒适性、便捷性要求，以及绿色交通、安全交通等要求也不断提升。

5. 汽车保有量持续快速增长

国内外发展经验表明，伴随居民收入水平提升，汽车保有量将快速增长。特别是，当平均家庭年收入超过汽车价格时，汽车保有量会出现跃升。2000 年以来，我国城镇居民家庭人均可支配收入年均增幅达 9.9%，名义收入增长更快，而同期汽车平均价格水平甚至有所下降。“十二五”时期，伴随经济持续增长，以及国民收入分配结构逐步调整，居民收入水平还将进一步提高，届时汽车进入家庭的速度将进一步加快。

我国汽车保有量相比人口规模仍处在较低水平，而且从区域分布来看，目前汽车保有水平较高的地区主要分布在若干沿海和东部发达省份，大部分地区的汽车保有量水平仍然很低（见图 5－8）。随着中西部地区承接产业转移速度加快、经济增速进一步加快、人均收入水平不断提高，其汽车消费将出现爆发性增长态势。加之许多地方政府把汽车产业作为经济发展支柱产业，直接和间接出台了一系列鼓励汽车消费的政策措施，更进一步刺激了汽车的消费需求。此外，许多地区把基础设施建设作为“十二五”拉动经济的主要内容，也进一步带动汽车消费需求不断攀升。毫无疑问，我国将很快发展成为世界上最大的汽车制造国、消费国和主要出口国之一。

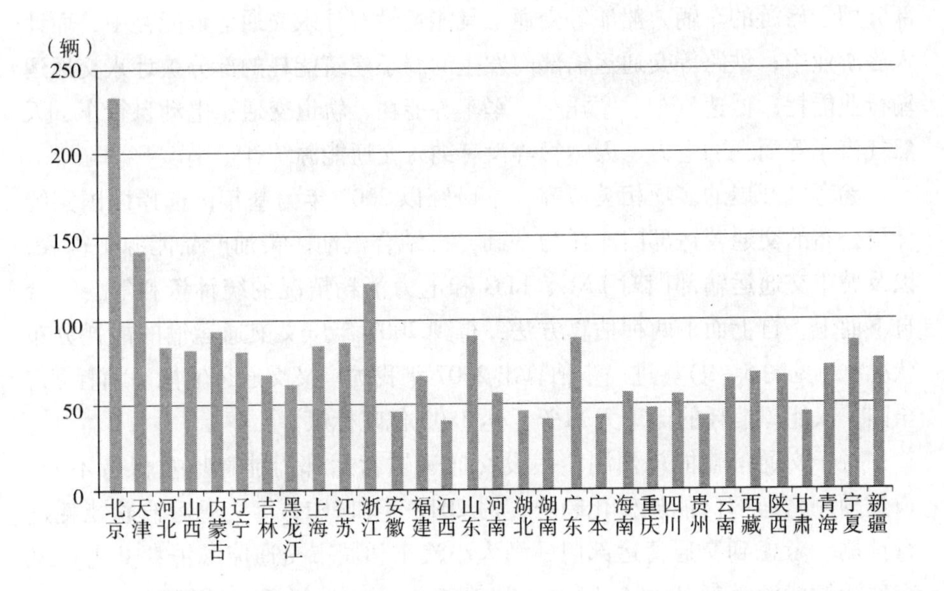

图 5－8　我国各地区千人汽车保有量比较（2011 年）

（二）“十二五”交通运输节能潜力分析

1. 交通运输能耗现状

目前，对交通运输行业能源消耗的定义和统计还缺少统一方法。从现有统计基础和已开展的研究看，一种是狭义的交通运输行业，即国家统计局公布的交通运输、仓储和邮政业，主要是交通运输营运部门；另一种是广义的交通运输行业，既包括交通营运部门外，还包括工业企业内部用于交通运输的能源消耗、企事业单位自备车辆和私人汽车的交通能源消耗等。

狭义和广义的交通运输能耗统计结果差别很大。以 2007 年为例，国家统计局公布的狭义的交通运输营运业能耗占全国总能耗的比重为 7.8%，但如果考虑广义的交通运输概念，不同研究测算表明①，交通运输部门实际能源消耗占全国总能耗的比重约 9.7%~13.6%。

受历史、现实等多方面因素制约，要对交通运输能源消耗实现精确定义和统计并不现实。究其原因：仓储和邮政业实际不属于交通运输范畴；统计的交通运输能耗包括了建筑等非交通运输能耗统计；未统计工业企业内部用于交通运输的能源消耗、企事业单位自备车辆和私人汽车的交通能源消耗；

① 资料来源：耿勤（2009）、王庆一（2009）、张国伍（2010）等。

部分用于旅游的车辆、船舶等交通工具能耗没有计入交通运输能耗中，而计入旅游业中；铁路等交通运输部门发生的属于建筑能耗的部分被计入交通运输行业能耗；低速汽车、摩托车、军车等能耗，轨道交通、电动自行车、天然气汽车等消耗的电力、天然气等没有纳入交通能源统计范围。

参考已开展的多项相关研究，本研究以2007年为基年，选择以国家统计局公布的交通营运部门能耗为基础，再结合汽油、柴油产品能源平衡表，以及城市交通运输部门对LNG、LPG和电力消耗情况的统计资料等，综合自下而上、自上而下两种估算方法，得到2007年广义交通运输的能耗分布状况①（见图5-9）。进一步估算出2007年我国广义交通运输能源消耗②占全国一次能源消耗的比重为11%，达3.02亿吨标煤。

对于交通运输能耗预测，假设交通运输营运部门能耗比重保持不变，通过预测营运部门能耗变化趋势，对2010年和2015年交通运输总能耗进行预测。考虑到交通营运部门、私人小汽车和城市交通能源消耗共占广义交通运输能源消耗的85%以上，其他工业、农业部门交通能源消耗比重较小，本研究重点分析“十二五”交通营运部门、私人小汽车和城市交通节能潜力。

需要说明的是，本研究对基准情景（BAU）和政策情景假设相同的GDP增速。具体而言，考虑到“十一五”前四年我国GDP年均增长率为11.3%，2010年上半年GDP增长率为11.1%，预计“十二五”时期我国仍将保持较快经济增长速度。参考国内外相关机构和专家学者的判断，预测“十二五”期间GDP年均增速为9%。

2. 交通运输能源需求展望

影响交通运输营运部门能源需求的因素很多，主要包括交通运输需求、交通运输模式的选择、交通运输工具能源效率水平等。③ 通过分别预测“十二五”时期交通运输需求、结构变化趋势、能效水平提高情况，可以得到基准情景下的交通运输营运部门能源需求，进而得到广义交通运输行业的能源需求。

---

① 囿于统计数据资料限制，仅以2007年分布结构为例。需要说明的是，2007年，私人小汽车和城市交通总能耗比重为14%。为便于分析，对此进行了进一步区分。

② 目前已有的交通运输部门用能分析主要侧重“综合运输”，不涉及城市交通，包括公共汽车、出租车、私人轿车、地铁等用能分析。一些专家（王庆一等）建议的广义交通能源统计方法主要增加了交通用油统计范围，也没有包括城市交通用电等。

③ 资料来源：《实现单位GDP能耗降低的途径和措施》。

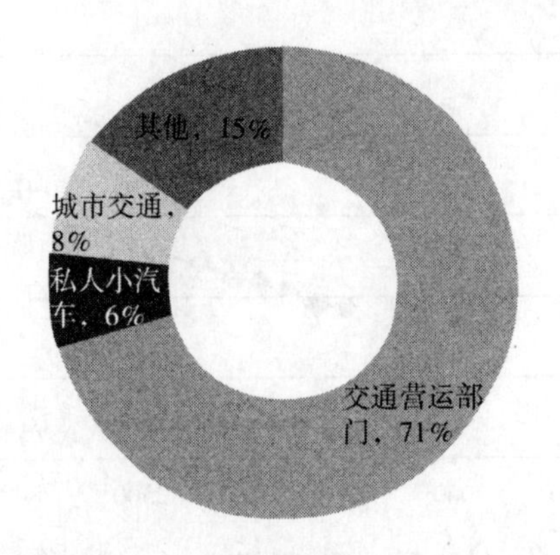

图5-9　广义交通运输能源消耗分布结构（2007年）

（1）"十二五"交通运输需求预测

从国内外历史经验来看，一国经济发展阶段、发展结构和主要内容、国土面积和经济分布、人口和城市化进程、信息化发展水平、消费意识等，都会影响其交通运输需求。而且对于旅客运输和货物运输，上述因素的影响程度和范围有所不同。但整体来看，GDP是影响交通运输需求的最主要因素。

对于旅客运输，国内外研究表明，[①] 人均客运周转量增长与人均GDP水平高度相关。我国交通运输发展历史数据也表明，同样规律适用于我国情况。1995~2007年，我国人均客运周转量与人均GDP增长呈高度相关关系，拟合精度达到98.85%（见图5-10）。具体回归关系为：

$$人均旅客周转量=0.3347\times 人均GDP+219.28 \quad (5.1)$$

利用上述拟合公式外推，可以对未来客运周转量进行预测。考虑到"十二五"时期虽然GDP增速相比"十一五"时期有所降低，但随着国民收入分配结构加快调整，居民收入增速相比GDP增速进一步提高，居民生活半径、出行次数、出行距离等会有所提高，客运周转量将继续保持较快增长趋势。结合上述趋势，对拟合结果略作调整。预计"十二五"时期客运周转量年均增速8.2%，低于"十一五"前四年年均9.9%增速（见图5-11）。

对于货物运输，国内外经验一致表明，货物运输周转量与GDP总量呈高度相关关系。1995~2007年，我国货运周转量与GDP增长呈高度正相关

① 资料来源：能源所：2050年中国能源需求情景分析。

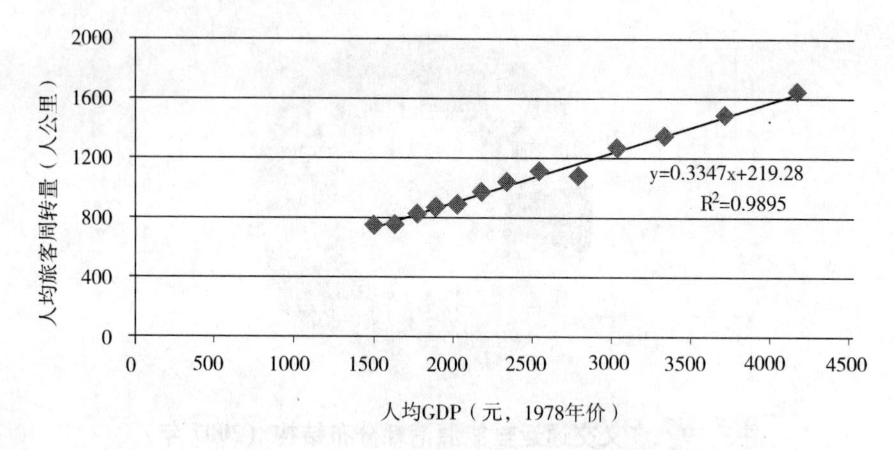

图5-10　1995~2007年人均GDP与人均客运周转量拟合图

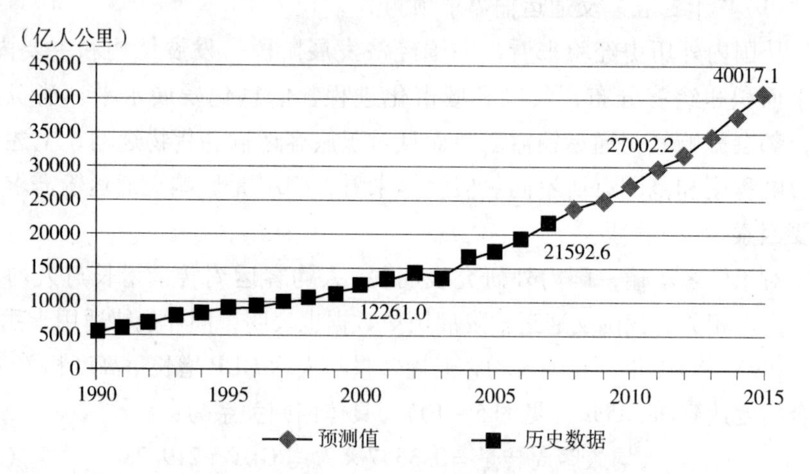

图5-11　“十二五”时期旅客周转量预测

注：2008年起，全国公路、水路运输统计口径有调整，运输周转量数据与历史数据不可比。2009年、2010年数据按照历史统计口径展望，与实际统计数据有差别。

关系，拟合精度达到96.23%（见图5-12）。具体回归关系为：

$$货物周转量=1.8721\times GDP-5155.7 \tag{5.2}$$

类似的，利用上述拟合公式外推，可以对未来货运周转量进行预测。“十二五”时期，由于外需增速趋稳，远洋货物运输比重会有所降低。但随着东部产业加速向中西部地区转移，国内区域间货物运输需求增速会进一步提高。结合上述趋势，对拟合结果略作调整。考虑到“十二五”时期GDP增速相比“十一五”时期有所降低，预计“十二五”时期货运周转量年均增速8.7%，低于“十一五”前三年年均11.2%增速（见图5-13）。

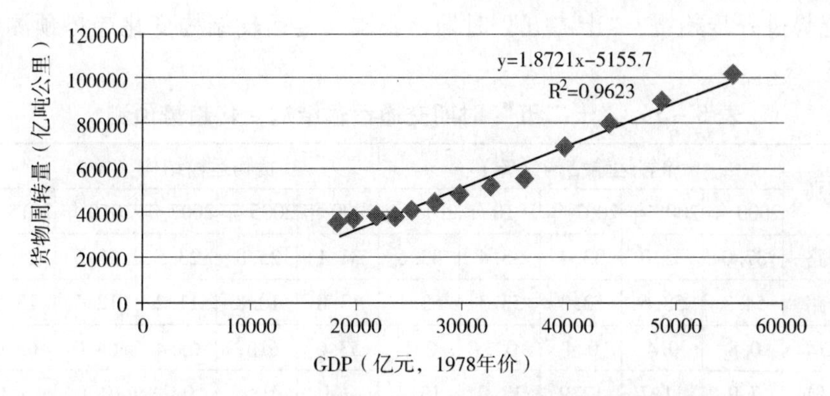

图5-12 1995~2007年GDP与货运周转量拟合图

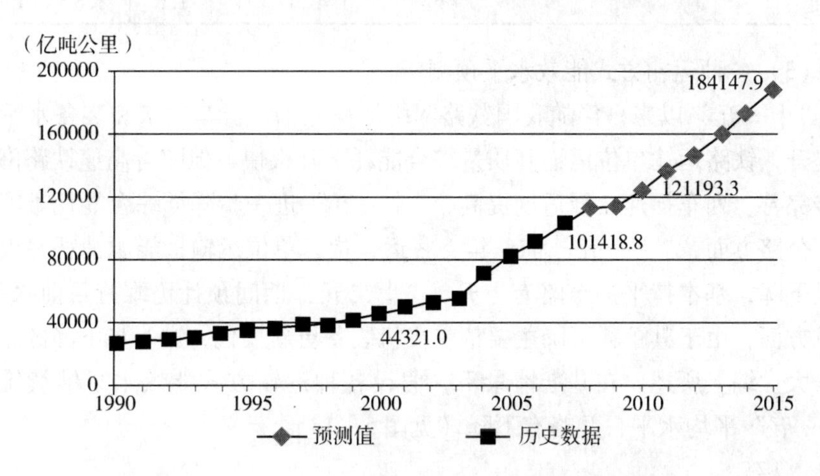

图5-13 “十二五”时期货物周转量预测

注：2008年起，全国公路、水路运输统计口径有调整，运输周转量数据与历史数据不可比。2009年、2010年数据按照历史统计口径展望，与实际统计数据有差别。

（2）“十二五”交通运输结构预测

“十二五”时期，伴随铁路加快发展建设，交通运输基础设施结构有望逐渐向节能型方向转变。但考虑到铁路运输网络完善、竞争性提升还需要很长时间，公路运输在经济性、便捷性方面仍有较大优势，预计在货物运输结构中，公路运输比重将有所提高，铁路运输比重维持不变，伴随外需增速趋稳，水路运输比重有所下降。

在旅客运输结构中，随着我国高速铁路网络、高速公路逐步完善，铁路和公路运输比重逐年下降趋势得到遏制，运输比重趋于稳定；民航运输在中短途客运出行中逐渐让路与铁路，未来将主要集中在长途客运上，比重增加趋势进一步趋缓。“十二五”时期，我国交通运输结构变化趋势预测见表5－3：

表5－3 “十二五”时期交通运输结构变化趋势预测

类别	旅客运输结构（%）					货物运输结构（%）				
	2000年	2005年	2007年	2010年	2015年	2000年	2005年	2007年	2010年	2015年
铁路	37.0	35.0	33.4	33.4	33.6	31.1	25.8	23.5	21.6	21.5
公路	54.3	53.6	53.3	53.3	53.1	13.8	10.8	11.2	12.5	13.5
水运	0.8	0.4	0.4	0.3	0.1	53.6	61.9	63.4	64.0	63.0
民航	7.9	11.7	12.9	13.0	13.2	0.1	0.1	0.1	0.1	0.1
管道						1.4	1.4	1.8	1.8	1.9

（3）各种运输方式能效水平预测

“十一五”以来，伴随我国铁路网络加快完善、机车质量和装备水平明显提升，铁路运输单位运输高质量综合能耗下降很快，但随着高速铁路网络逐步完善，列车提速、舒适度提高，“十二五”进一步降低综合能耗难度很大；公路方面，“十一五”前三年，客运、货运单位运输量能源消耗并没有明显下降，基本持平甚至略有上升，“十二五”期间预计仍维持目前水平；民航方面，由于其单耗下降主要依赖飞机装备更新换代，进一步下降的难度也很大。综上所述，在基准情景下，假设各种运输方式能效水平继续维持“十一五”平均水平，并略有下降（见图5－14）。

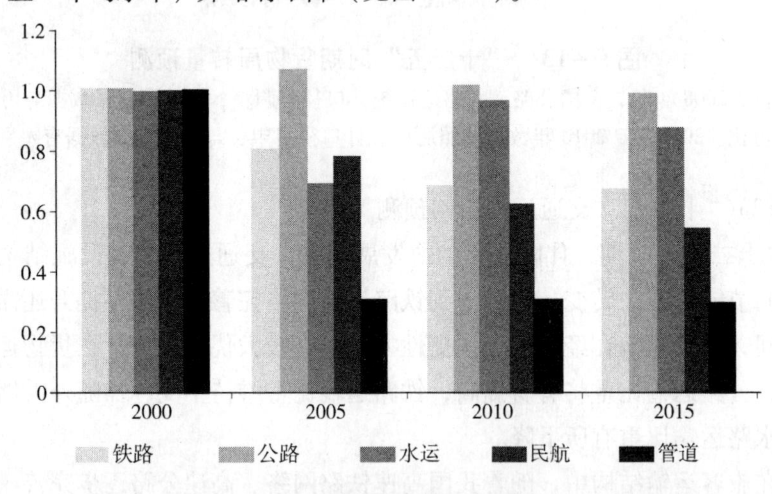

图5－14 “十二五”各种运输方式能效变化展望
（假设2000年能效水平为1）

（4）测算结果

根据上述分析和趋势展望，假设交通运输营运部门能源消耗在广义交通运输能耗中比重维持不变，预测“十二五”时期，交通运输能源需求结果见表5－4。

➢到“十二五”末，交通运输总能耗将达到5.3亿吨标煤，其中交通运输营运部门能耗达3.8亿吨标煤。

➢按照届时能源消费总量控制在41亿吨标煤估算，交通运输在我国一次能源消费中的比重将从目前11%增加到13%左右。

表5－4 “十二五”交通运输能源需求展望 单位：万tce

指　标	2000年	2005年	2010年	2015年
交通运输总能耗	15834	25903	35946	53342
其中：营运部门能耗	11242	18391	25522	37873

3. 交通运输营运部门节能潜力分析

借鉴工业节能潜力分析方法，本研究从交通运输需求、运输结构、运输工具能效水平三方面分析交通运输营运部门节能潜力。通过与基准情景能源需求比较，得到交通运输营运部门节能潜力。

（1）降低交通运输需求的潜力

通过优化交通运输规划、改善运输组织管理、应用信息化、智能化交通技术，能够降低不合理的交通需求，这是减少交通运输能源需求的基本途径。包括：发展公共交通、减少交通拥堵，避免绕行、怠速等低效运输需求增加；改善甩挂运输管理，降低空驶、低承载率运输造成的交通资源浪费；大力发展现代信息通信网络，发展电子商务、家庭办公、电视网络会议等，减少居民出行次数，降低客运交通需求；① 发展依托智能交通系统、全球定位系统的现代供应链管理，降低迂回运输和空载运输等。

城市交通方面，优化城市规划布局，建设有利于自行车、步行出行的道路交通网络，取消限制电动自行车发展的政策措施，推广校车、加快公务用车改革等，都能够明显降低机动化出行需求。此外，改革出租车管理体系，借鉴发达国家和城市经验，推广电话叫车系统、卫星定位系统调度车辆等，

① 有调查显示，与工作有关的交通出行占交通出行的50%～70%。

也能够大大降低城市总体交通生成量。

考虑到显著降低交通运输需求需要相当长时期，本研究假设，“十二五”期间，与基准情景相比，政策情景下 2015 年交通运输需求总量下降 5%。

（2）交通运输结构调整潜力

大力促进铁路、水运等低能耗交通运输方式发展，合理控制公路、民航等高能耗运输方式发展，加快落实“公交优先”政策措施，能够促进交通运输结构不断优化，这是降低交通运输能源需求的根本途径。

但与先进发达国家相比，我国交通运输结构优化的难度很大。一是铁路、水运、轨道交通等基础设施发展滞后，经济性、服务水平等与其他交通运输方式相比仍有较大差距，短期内还不能满足优化交通运输结构的要求；二是我国铁路、公路等货物运输道路强度较高，长期高强度、高负荷运转，优化交通运输能力的空间有限；三是从发达国家经验看，在经济快速发展、交通运输需求迅速增加阶段，公路运输所占比重往往持续上升，结构调整的难度较大；四是居民对出行便捷性、舒适性要求提高，短期内，铁路出行还不能大规模替代公路和民航出行。

通过分析我国交通运输结构演变历史，并与美国、日本等发达国家进行对比，本研究假设，政策情景下，进一步加大交通节能力度，“十二五”时期交通运输结构将进一步优化。与基准情景相比，客运结构中，铁路比重提高到 34.6%，公路比重降低到 52.1%；货运结构中，铁路比重提高到 22.5%，公路比重维持在 12.5%。

（3）交通运输技术进步潜力

铁路方面，通过大幅提高技术水平，发展高效、低排放、大功率内燃机车，提高电力机车牵引负荷功率因数，研制应用适合于内燃机车使用的柴油电喷技术和新型柴油添加剂等，实施货物运输标准化、信息化等措施，能够挖掘一定的节能潜力。

公路方面，通过发展智能交通技术、推广柴油车辆、混合动力汽车、替代燃料车等节能车型，推广应用自重轻、载重量大的运输设备[①]；开发、推广汽油发动机直接喷射[②]、多气阀电喷、稀薄燃烧、提高压缩比、发动机增

① 一般而言，车重每降低 10%，燃油效率可提高 6%~8%。

② 对于汽油发动机，通过发展缸内直喷汽油技术，其效率水平将在现有基础上提高约 20%。

压等先进节油技术，应用先进车用电子技术[①]；加强在用车辆的定期检测维修保养，改善车辆技术状况，具有显著的节能潜力。

水运方面，随着船舶大型化、节能型船舶研发，以及内河集装箱运输网络的发展，包括利用水运信息服务合理安排航程，也能进一步改善船舶能效水平，挖掘一定的节能潜力。

民航方面，随着涡轮发动机、航空动力学、新型材料、机身轻型化技术的发展，新一代飞机效率提升的空间还很大。例如，先进的波音787和空客A350相比同等规模飞机，其能源消耗降低约20%。新一代A380客机每乘客百公里油耗不到3升，而且随着结构和空气动力学方面的改进以及复合材料、新发动机技术的采用，到2020年，每乘客百公里油耗还将在此基础上下降一半。

（4）测算结果

在政策情景下，假设各项节能措施有效落实，交通运输需求有所下降，运输结构得到优化，单耗水平进一步降低，现有经济可行、技术合理的节能潜力得到充分挖掘。测算结果表明（见图5-15）：

➢到2015年，交通运输营运部门能源需求为34513万吨标煤，与基准情景相比，下降了3360万吨标煤，节能率为8.87%。

➢如果考虑到2010年已经形成的节能能力1276万吨标煤，则“十二五”时期，我国交通运输领域节能潜力为2084万吨标煤。

➢交通运输营运部门节能潜力主要来自于优化交通运输结构，以及由此带来的运输需求量下降，技术进步对交通运输节能贡献率较小。

4. 私人汽车节能潜力分析

（1）“十二五”私人汽车保有量和交通用能展望

对私人汽车保有量的预测方法很多，国内外许多机构都对我国汽车保有量进行了多次预测展望。从方法来看，包括时间序列模型、汽车市场模型、计量经济学方法等。其中，应用最广泛的预测方法，主要根据千人汽车保有量随人均GDP呈S型曲线增长，增长速度先加快，再逐渐趋缓，最终人均汽车保有量趋于饱和。在实际中，还考虑了购车成本、人口密度和构成、道路密度、城市化发展水平等因素。从预测结果看，较早开展的研究往往低估了我国汽车保有量的增长速度，对汽车行业作为经济支柱产业的宏观影响估

---

① 例如，通过采用电子机械气门正时装置，可以使汽油发动机的效率比传统发动机提高25%。

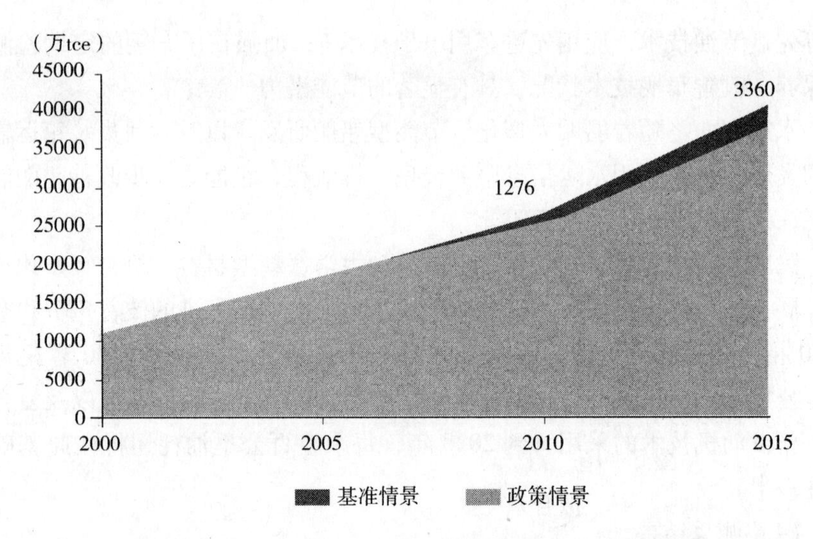

图5-15 “十二五”交通运输营运部门节能潜力

计不够，对我国汽车产销量的爆发式增长估计不足。

本研究综合借鉴国内外研究成果，根据东、中、西部不同区域人均收入水平与私人小汽车保有水平的关系，通过分析“十二五”时期东、中、西部地区经济社会发展趋势，假设后发的、人均收入水平相对较低的中西部地区汽车保有水平，将沿着东部地区相同的S形规律增长，并结合人均收入水平与汽车保有量水平国际比较，以及近年来汽车行业规划产能增长趋势，从而预测“十二五”时期我国私人汽车保有量。

为预测“十二五”私人汽车用能情况，本研究采取历史回归方法，对私人汽车保有量与民用汽柴油消费量进行回归分析。结果表明：私人汽车保有量水平与民用汽柴油消费量呈高度相关关系。1990~2010年，拟合精度为98.22%（见图5-16）。

综合以上方法，预测“十二五”时期我国私人汽车保有量和汽柴油消费总量，结果如下：

➢在“十二五”经济继续保持较快增长的情况下，居民收入水平提高速度进一步加快，到“十二五”期末，我国私人汽车保有量将达9500万~12000万辆。

➢在现有节能政策条件下，到“十二五”期末，我国私人汽车汽柴油消费总量将达2100万吨。

（2）汽车节能潜力

未来20年是汽车技术高速发展的关键时期，包括先进汽油、柴油内燃

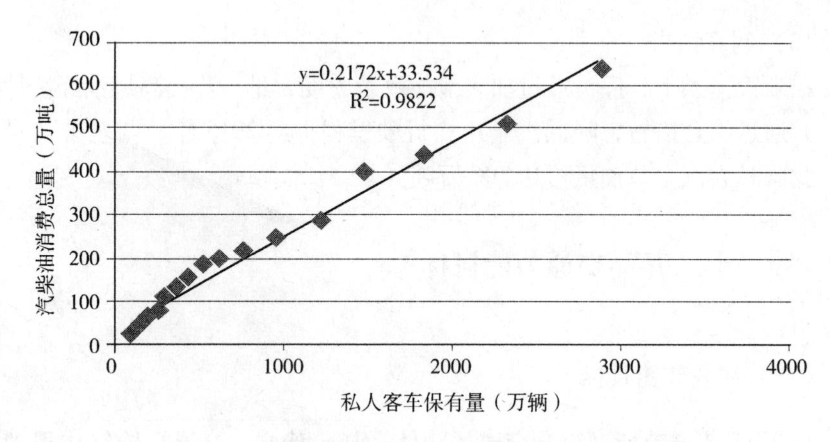

图 5－16　汽柴油消费总量与私人客车保有量拟合示意图（1990～2010 年）

发动机技术、插电式混合动力技术、电动汽车技术、燃料电池汽车等先进技术发展日新月异，节能性能不断提升。主要汽车大国都把提升汽车能效水平作为增强国际竞争力的重要途径，在应对金融危机过程中，加大了对汽车产业研发先进、低能耗汽车的支持力度。在应对气候变化和改善环境质量背景下，欧盟等发达国家提出了更高的排放标准，到 2012 年单车 CO_2 排放降低到 130 克/公里，2020 年降低到 95 克/公里，不断推动汽车行业向更节能高效方向发展。

目前，我国乘用车燃油消耗水平与发达国家相比仍有较大差距。2007 年，我国乘用车平均油耗大约为 8.06L/100 公里，与欧洲水平相差约 15%，与日本水平相差约 35%，具有很大的节能降耗潜力。加之我国已经成为世界第一汽车销售大国，世界主要汽车制造厂商均在我国设有生产基地，已经具备了追赶世界先进汽车燃油经济性标准的技术条件。

此外，进一步降低汽车年行驶里程，也能带来显著的节能效果。我国一些大中城市平均汽车年行驶里程超过 1.5 万公里，政府公务用车的行驶里程更高，相比之下，日本等发达国家汽车年行驶里程仅有 6000 公里左右。通过大力发展公共交通，不断降低汽车年行驶里程，是推动汽车节能的重要领域。

本研究假设，“十二五”时期，第三阶段乘用车燃料消耗量加快实施，到 2015 年，全国平均乘用车燃油消耗在原来 7L/100 公里基础上再下降 5%，达到 6.65L/100 公里左右，汽车平均年行驶里程相比目前水平下降 10%。

（3）测算结果

在政策情景下，假设通过加大节能政策力度，进一步提高燃油经济性标准，并通过综合措施，降低汽车年均行驶里程，到2015年，与基准情景相比，我国私人汽车节油量可达306万吨。

三、"十二五"交通节能目标

（一）综合节能目标

到2015年，节能型综合交通运输体系初步建立，交通运输结构得到优化；交通基础设施网络初步完善，结构不断趋于合理；交通运输装备技术水平得到提升，运输能效水平进一步提高；交通节能技术创新能力进一步增强，交通运输智能化、信息化水平不断进步；交通运输节能规划、监管、统计、管理等体系初步完善，节能监管能力和支撑保障水平明显增强。

（二）分交通运输方式节能目标

与2005年相比，营运车辆单位运输周转量能耗下降10%左右，其中营运客车、营运货车单位运输周转量能耗分别下降3%和12%左右；营运船舶单位运输周转量能耗下降15%左右，其中海洋和内河营运船舶单位运输周转量能耗分别下降16%和14%左右；港口生产单位吞吐量综合能耗下降8%左右，其中沿海、内河港口生产单位吞吐量综合能耗分别下降8%和3%左右；全国大中城市的公共交通出行率达到出行总量的40%左右；乘用车燃油消耗限制比2010年降低20%左右。

四、"十二五"交通节能重点工程和行动

（一）节能型综合交通运输体系建设工程

交通基础设施建设从"总量扩张型"向"结构优化型"方向转变，协调"适度超前"与"节能发展"的关系，建设节能型综合交通运输体系。继续加快铁路客运专线（高速铁路）建设，推进区域间大容量通道建设，加大既有线扩能改造力度，提高整体运输能力。研究铁路投融资体制改革措施，拓展铁路建设资金来源渠道。加快城际和城市轨道交通建设，发挥公共

交通设施对主要中心城市、城市圈、城市带建设发展的导向作用。进一步完善公路网络，合理把握高速公路建设的节奏，坚持高速公路建设与地区经济社会发展、资源、环境相协调。优化民航布局，控制东中部地区机场密度。积极发展水路运输，加快形成以高等级航道为主体的干支直达、通江达海、结构合理的内河航道网。力争到2015年，通过交通运输模式调整优化，实现节能1500万吨标煤。

（二）节能和新能源汽车推广工程

加大政府对新能源汽车采购力度，提高补贴标准，扩大在公交、出租、公务、环卫和邮政等公共服务领域推广使用节能与新能源汽车，开展私人用节能与新能源汽车补贴试点。鼓励各地区因地制宜，探索示范推广的新机制和商业模式。力争到2015年，在“十城千辆”工程6万辆示范车辆带动下，全国将推广应用20万辆以上新能源汽车，实现节能约15万吨标煤。

（三）老旧交通运输工具加速淘汰工程

研究实施老旧交通运输工具加速淘汰过程，引导交通运输行业向高效化、清洁化方向发展。近期，降低汽车以旧换新政策门槛，扩大实施范围，对提前报废老旧汽车、“黄标车”、船舶，即予以财政补贴。中长期，研究老旧交通运输工具能效水平、使用年限与淘汰补贴金额挂钩机制。鼓励经济发达地区根据本地区老旧交通运输工具型号、年限、城市管理等实际情况，因地制宜，合理提高补贴标准，加速淘汰进程。

（四）内河船型标准化工程

加大资金投入，继续加强标准船型研发、现有船型比选以及落后船型淘汰等工作，加快推进长江、京杭运河、西江等内河船型标准化工作，促进内河船舶运力结构的优化，提升内河航运竞争力，促进内河航运节能环保比较优势的充分发挥。加紧完善并实施内河船型标准化的经济激励政策和相关法律、行政配套措施。

（五）智能化、信息化交通体系建设工程

大力推进交通运输体系的信息化和智能化进程，加快建立和完善覆盖不同层次客户群体需求的交通公众出行信息服务系统，通过多种媒介和渠道提供实时交通信息。推动公路、民航、铁路、城市交通等相关出行信息的联网

运行，为建立全国统一的公众出行交通信息服务系统奠定基础。推进高速公路不停车收费与服务系统建设，降低交通拥堵。引导公众选择最佳出行时机和最优出行线路，减少无效和不合理交通运输需求。

（六）绿色出行行动

开展广泛的社会宣传和引导，鼓励步行、骑自行车、乘坐公共交通工具出行。深入开展全民节能行动，贯彻落实"每周少开一天车"行动。加快公务用车改革措施，切实发挥政府部门表率带头作用。各级政府要加大对"公交优先"发展的支持力度，在建设、管理、运营过程中加大财政补贴力度，建设方便、快捷的综合交通换乘枢纽，保障人行道和自行车道的通畅和便利，形成比私人小汽车有竞争力的公共交通网络，为鼓励绿色出行创造条件。到2015年，通过鼓励绿色出行行动，使得公共交通在中心城市出行中承担的比重达到45%以上。

五、"十二五"交通运输节能途径与政策建议

交通节能是一项长期、复杂的系统工程，涉及发展思路转变、运输结构优化、政策措施完善、管理体系改革、出行习惯调整等多方面内容。要实现节能型综合交通运输体系的发展目标，需要动员全社会力量，对交通运输发展理念、结构、内容、技术水平和政策体系进行全面变革。"十二五"时期是我国交通节能工作从起步向全面发展阶段迈进的关键时期，转变交通发展理念、强化交通节能措施、夯实节能基础工作，对于降低未来交通运输能源需求具有重要意义。具体政策建议如下：

（一）转变交通运输发展理念

随着交通运输基础设施总量不足的矛盾逐步解决，交通发展理念要加快向结构优化方向转变。体现在三个方面：一是从单一分散发展向协调综合发展的转变；二是把轨道交通等基础设施建设作为引导城市化合理发展的前提；三是把落实"公交优先"作为改善民生、提升交通出行质量的首要任务。具体包括：

在综合交通运输体系建设方面，按照"政企分开、放松管制"的要求，加快铁路体制改革，拓宽融资渠道，为进一步实现铁路大发展创造条件，为实现交通运输结构优化奠定基础；合理发展公路特别是高速公路，各地区高

速公路发展规划要与节能发展要求相一致，中西部地区要改变片面强调公路建设超前发展的理念，注重挖掘现有公路潜力和提升利用效率；控制民航运输发展规模，二三线城市支线机场密度要控制在合理范围；充分发挥内河航运优势，加快黄金水道发展，带动现代交通物流业发展壮大；各种交通运输方式要进一步协调整合，在布局规划时要注重多种运输方式的相互衔接，避免恶性和低效竞争，确保节能型综合交通运输体系优势得到发挥。

在城际和城市交通网络发展方面，把轨道交通等公共交通基础设施建设作为开创新型城市化发展道路的重要举措，在中短途城际交通出行方面提升铁路竞争优势。在城市化和区域一体化发展过程中，要转变传统的城市规划、建设思路，打破“多元化”的城市和部门主体利益，以轨道交通为核心统一规划城市和城际客运体系，促进城市圈和城市群可持续发展。进一步开展试点，拓宽投融资模式和运营模式，创新土地开发和利用政策，将引资与引智相结合，鼓励社会资本和公司以合资、合作或委托经营等多种方式参与城市轨道交通投资、建设和运营，实现投资渠道和投资主体多元化。

在城市交通发展方面，把落实“公交优先”发展上升到改善民生的高度，作为改善城市生活质量和竞争力的重要内容，构筑相对于私人汽车出行有竞争力的公共交通体系。公共交通发展要与城市合理布局联系起来，树立城市交通一体化发展理念，为居民提供高效便捷、公平有序、安全舒适、节能环保的出行服务。一方面，保障人行道和自行车道的通畅和便利，实现居民短途出行“非机动车化”。另一方面，大力发展“公交化”的轨道交通和快速公交交通，建设城市地铁、城市轻轨、城市客运于一体的交通换乘枢纽，以及自行车、机动车辅助租用系统等，实现多种交通方式“无缝衔接”和“零换乘”，引导居民在机动化出行趋势中选择以公交为主的出行方式。

（二）健全交通节能政策体系

在完善交通节能政策体系方面，要注重发挥市场机制基础性作用与政府宏观调控措施相结合，注重依法管理与经济激励相结合，按照主要依靠经济和法律手段，适当运用行政手段理念，进一步健全交通节能政策体系。具体包括：

经济政策方面，按照价、税、费一体化改革思路，深化能源资源价格改革，进一步完善成品油价格形成机制，提高燃油消费税税率，研究出台能源税、碳税，完善有利于交通节能的市场环境。财政政策方面，加大对城市轨道交通、公共交通发展的扶持力度，解决公共交通和轨道交通发展面临的资金、运营补贴等普遍性难题。税收政策方面，建立鼓励节能型小排量汽车发展的汽车税费体系，进一步拉大大排量汽车和节能型小排量汽车的税收差距，对大排量、高耗能汽车购买、使用征收惩罚性税收。鼓励有条件的城市和地区采取开征拥堵费、提高停车费和拍卖汽车牌照等措施，探索适合我国现阶段国情、促进城市交通可持续发展的长效机制。

法律政策方面，加快制定《交通运输节约能源条例》、《城市公共交通条例》等法律法规，完善相关配套标准规章体系，将交通运输节能管理纳入法制化、规范化、标准化的轨道。加快完善交通运输行业固定资产投资节能评估和审查制度，确保新建项目符合强制性节能标准，从源头控制不合理能源需求盲目增长。按照依法节能原则，加强交通运输行业重点用能单位的节能监督管理，引导重点用能单位改进用能管理和技术，督促企业强化节能管理，制定并实施节能规划，落实节能技术措施。

行政手段方面，加强交通节能组织和协调，建立跨部门协调配合的交通运输节能推进机制，国务院节能主管部门、各交通行业主管部门、财政部门要加强统筹协调，定期研究和解决交通运输节能面临的重要问题。完善交通节能目标责任制和问责制，按照权责一致的原则，将交通运输节能的主要任务分解到国务院相关部门和各级地方政府，定期进行现场评价和考核，实行严格的问责制。

（三）深化交通管理和投融资体制改革

在交通管理方面，结合转变政府职能，进一步完善大交通管理体制，建立交通运输发展规划、建设运营、市场管理全过程统筹决策、协调考虑的综合交通管理体制。进一步加快铁路管理体制改革，真正实现“政企分开”。明确政府各部门职能划分，打破不同交通运输方式人为割裂的发展模式，从规划、建设、运行、监管各方面进行全面综合协调，促进节能型综合交通运输体系建设。理顺中央与地方政府关系以及区域内城市间关系，利用财政转移支付、税收优惠等手段，促进城际轨道交通的发展。

在投融资体制改革方面，坚持市场化改革取向，在市场准入、投融资、经营运行各个环节降低门槛，进一步完善交通运输价格管理体制，促进公平有序运输市场的形成，吸引和引导社会资金加强对交通基础设施和公共交通的投入力度，实现投资主体多元化、融资渠道多样化。鼓励有条件的地区和城市创新投融资政策，创新土地利用和开发政策，探索适合我国国情的公共交通基础设施建设、运营和管理模式。

（四）加强交通运输节能技术研发示范

交通运输技术水平的不断提高对于降低我国能源消耗、增强自主创新能力和国家竞争力都具有十分重要的意义。伴随汽车保有量和轨道交通快速发展，应进一步加大先进交通运输节能技术、产品的研发、示范和推广力度。在提高行业准入标准和交通工具能耗限值标准的同时，利用财政、税收优惠政策，鼓励对国外先进技术的消化、吸收和再创新，引导企业研发重点向节能、环保方向倾斜。通过限制或淘汰落后技术和交通运输工具，为先进、高效技术和运输工具的发展创造市场空间。

对于高速铁路、城市轨道交通等交通节能基础性、关键性技术研发，应提升到加强自主创新能力和发展战略性新兴产业的高度。在不断加大研发投入力度的同时，推进交通科技创新体系建设，鼓励政府、企业、社会共同出资，组织对交通节能关键技术进行研发攻关。同时，进一步完善产、学、研合作的利益分配机制，加快推进先进成熟技术、产品的商业化和市场化应用。

节能和新能源汽车方面，应进一步明确技术发展路线，加大科技投入力度，支持企业进行节能与新能源汽车规模产业化技术攻关，提高企业研发、产业化和服务保障能力。加快相关整车、关键零部件、充电接口和基础设施等相关标准制定研究，推动建立产业技术创新战略联盟，提升总体研发水平和自主创新能力。鼓励有条件的地区超前规划和投资，建设有利于引导电动汽车发展的能源基础设施配套工程。

智能交通方面，大力推进交通运输的信息化和智能化进程，加快现代信息技术在公路运输领域的研发应用，逐步实现智能化、数字化管理。重点建设现代客运信息系统、货运信息服务网和物流管理信息系统，促进客货运输市场的电子化、网络化，实现客货信息共享，提高运输效率。城市智能交通发展方面，开发、推广、应用以现代信息网络为基础的智能交通系统，如驾驶员路线引导系统、交通流动态管理系统、车辆GPS技术、车辆自动收费、停车场库信息系统、智能化调度等技术，以减少车辆的绕行、怠速、空驶等，提高城市交通系统的整体运行效率。

（五）完善交通节能配套措施体系

产业政策方面，要把汽车行业产能控制在合理范围，汽车产业作为经济发展支柱产业的政策取向要与节能发展导向相一致，培育汽车消费市场要与建设两型社会相结合，坚持自主创新、培育自主品牌要与促进汽车企业开发先进高效节能汽车相协调。要进一步落实《汽车产业发展政策》、《汽车产业调整和振兴规划》中关于引导节能环保型汽车产业发展的政策措施，加快产品升级换代和结构调整，积极发展节能环保的新能源汽车等。

标准政策方面，我国已经公布实施两批汽车燃油经济性标准，应加快实施《第三阶段乘用车燃料消耗量评价方法及指标》标准，并逐步提高标准，争取“十二五”末达到届时欧盟国家标准水平。加快制定出台货车燃油经济性标准，并建立定期提高标准的机制，引导汽车产业加快向节能、环保方向发展。借鉴日本“领跑者”制度，研究试行超前燃油经济性标准制度。

（六）夯实交通能源统计等基础工作

能源统计方面，完善铁路、公路、民航、水运、管道能源、城市交通消耗统计指标体系，纳入部门统计制度，强化各项指标的统计调查、分析、预测和发布工作。加强交通节能统计业务能力建设，改革统计方法，建立统计季报制度，加快建立能源统计信息系统，为分析行业用能状况和制定节能政策提供基础数据支撑。

节能监管方面，建立健全交通运输行业节能监督管理体制，形成权责明确、协调顺畅、运行高效、保障有力的交通运输节能监督管理网络。强化交通运输节能监管能力建设，加大交通运输各领域、各环节节能工作的监督检查力度。各级交通主管部门要对本地区重点用能单位和重点耗能装备建立并实施严格的监控制度，使其处于科学用能、合理用能的良好运行状态。

宣传、教育和培训方面，加快公务用车改革，发挥政府部门带头作用；加强全社会节能意识培育，树立节能型的消费文化；坚持开展“每周少开一天车”活动，引导居民选择公共交通方式出行；制定汽车节能驾驶技术标准规范，编写驾驶员节能手册，在驾驶培训学校增设节能知识培训，大力推广城市公共汽电车、出租汽车节能驾驶技术，引导和督促汽车驾驶员形成良好的节能习惯。

第六章　实现 2020 年碳强度下降目标的政策建议

内容提要： 为确保实现 2020 年碳强度下降目标，在继续发扬“十一五”时期节能降耗有益工作经验的同时，我国需要进一步强化节能工作力度，开展能源消费总量控制，建立能源强度和能耗总量双控机制，夯实相关制度、体制和政策保障。具体而言：实施单位 GDP 能源强度弹性控制，完善节能目标责任评价考核机制，加快能源价格和税费形成机制改革，健全能源统计、监测、监察等基础工作体系，形成以市场为基础、企业为主体的节能长效机制，推动引导节能低碳的生产方式、生活模式和消费文化，实现经济社会绿色、高效、低碳发展。

“十一五”前四年，各地区把节能作为促进科学发展的重要抓手，采取了强化目标责任、实施重点工程、完善激励政策等一系列措施，节能降耗取得积极进展。全国单位 GDP 能耗逐年降低，累计下降 19.1%，扭转了“十五”后期单位 GDP 能耗上升的趋势；节约一次能源约 6.3 亿吨标煤，相当于减少全社会能源花费约 5000 亿元。我国节能付出的努力和取得的成绩举世瞩目，为支撑经济平稳健康发展做出了重要贡献。

“十二五”时期我国面临加快发展方式转变的攻坚时期，对进一步强化节能约束目标的“指挥棒”作用提出了更高要求。从本质而言，节能优先是不亚于改革开放的一场深刻社会变革，是涵盖能源生产消费各个环节、涉及经济社会各个领域的一项复杂系统工程。建议在坚持“十一五”以来有效经验做法的同时，试行地区能源消费总量控制制度，进一步强化和传递节能压力，以节能长效机制更好地推进节能。

一、实施总量控制的必要性

（一）单靠能源强度目标不能有效控制能源消费总量过快增长

“十一五”单位GDP能耗下降20%左右的目标是一个相对控制指标，是在GDP规划增速7.5%前提条件下，对经济增长内容和质量提出的约束性要求。但从实际看，前四年经济超高速发展，GDP年均增速达11.4%，而且主要依靠工业增长，这样即使完成20%节能目标，2010年全国能源消费总量仍将超过32亿吨标煤，较2005年增加约10亿吨标煤，远高于27亿吨标煤的规划值。由于新增能源消费主要依靠煤炭和石油，总量过快增长给资源环境、能源安全带来一系列负面影响，加大了能源供应保障的压力，煤炭安全生产矛盾突出。

（二）加快发展方式转变客观要求实施总量控制

“十一五”前四年，在节能约束性目标引导下，各级政府和企业对结构调整的重视程度明显提升，第三产业比重增加了2个百分点，发展方式转变取得初步成效。但整体看，工业比重过高、高耗能行业增速过快、附加值偏低的问题仍普遍存在。“十二五”时期，面临国内外需求结构发生深刻变革，继续依赖投资和出口拉动经济增长难以为继，客观上要求我国必须主动调整，进一步加快发展方式转变。节能是转变发展方式的主要抓手和重要标志，“十二五”时期，在继续坚持较高能源强度目标的同时，自加压力，实施能源消费总量控制，有利于促进各地区加快发展方式转变。

（三）总量控制有利于确保完成应对气候变化国际承诺

我国已向国际社会庄严承诺，2020年单位GDP二氧化碳排放比2005年降低40%~45%，非化石能源比重达到15%。这是我国在可持续发展框架下应对气候变化的积极行动，是大国责任的体现，必须确保完成。从国内情况看，到2020年，受资源供应、技术可行性、经济有效性等多方面因素制约，国内可供的非化石能源资源是相当有限的（不同研究估计，约6.7亿~7.5亿吨标煤），这相当于提出了2020年能源消费总量的上限目标。而且，从国内外发展经验看，非化石能源发展受市场影响波动较大，存在很多不确定性。因此，“十二五”时期，有必要尽早行动，控制能源消费总量过快增长，确保实现2020年承诺目标。

（四）总量控制是能源发展战略转型的标志和要求

我国能源发展战略一直强调“节约优先”，但实际工作中，往往更侧重保障能源供应。这种粗放供给满足过快需求的发展方式，不仅对生态环境带来巨大破坏，客观上也助长了高耗能产业低水平盲目扩张。我国面临全面建设小康社会的关键时期，继续过去的能源发展方式从资源供应、环境约束、能源安全等角度看都难以为继。研究表明，我国中长期满足安全生产和生态环境承载力条件的煤炭科学产能不超过30亿吨，石油、天然气和可再生能源大规模增产的潜力也有限。因此，能源发展战略必须以科学发展观为指引做出重大调整，突出强调以科学供给满足合理需求。“十二五”时期，实施总量控制，从供需两方面促进能源结构优化、发展方式转变、消费意识转型，是能源发展战略转型的重要标志和根本要求。

二、实施总量控制的可行性

（一）加快发展方式转变为总量控制提供了契机

党的十七大提出，加快转变经济发展方式，更加注重经济增长的质量和效益，为实施总量控制提供了契机。从中央到地方，各级政府都认识到结构调整任务比“十一五”更加艰巨，更加迫在眉睫。东部一些发达地区和城市，已经主动将能源总量控制作为抓手，推动发展方式率先转变。同时，经济发展更注重惠及民生，一些重点区域改善环境质量的要求进一步提高，客观上也对能耗，特别是煤炭总量增长提出了约束。随着科学发展观进一步深入落实，总量控制将在更多地区形成共识。

（二）国内外环境变化为总量控制提供了市场机遇

从需求情况看，随着外需增长趋于稳定，内需增长向消费、民生领域倾斜，固定资产投资增速将趋于合理，主要高耗能产品需求增长的市场空间相对有限，个别行业生产能力可能在“十二五”时期提早达到峰值。实施能源消费总量控制，加速产业兼并重组的市场环境逐渐成熟。

从要素条件看，“十二五”时期，我国包括土地、劳动力、能源、资本在内的各种要素价格将进一步趋于合理，经济潜在增长率可能只有7%~8%

左右。过去依靠压低劳动力、环境和资源成本，不断增加资本投入拉动经济增长的模式难以为继，一些不合理的能源需求增长将进一步得到抑制。

（三）实施总量控制有国内外经验可循

从国际看，全球应对气候变化、减排 SO_2、保护臭氧层等许多总量控制经验值得我国借鉴。包括：区分共同但有区别责任、设定减排目标和时间表、建立排放权交易机制、实施碳税、能源税等、区分不同行业和重点企业等。从国内看，"十一五"以来，我国对 SO_2 和 COD 排放实施总量控制，采取了排污权交易、区域限批等一些行之有效的政策措施，取得了明显的成效。许多地区为完成单位 GDP 能耗降低目标，针对重点地区、主要耗能行业和企业，在一定时期内采取了控制能源消费总量的做法，也探索了许多创新做法，积累了有益经验。

三、实施总量控制的挑战

（一）制定科学合理的总量控制目标

制定合理的总量控制目标，实质上是在科学把握"十二五"经济社会发展趋势和发展要求基础上的一项政治决策，但目前在具体目标上还未形成共识。主要体现在：对"十二五"时期经济社会发展情景、结构调整潜力、技术进步趋势，包括合理的 GDP 增长速度、结构变化和增长内容，以及高耗能产业发展趋势等方面，还缺少比较一致的科学认识和判断。

（二）总量控制目标与节能目标的协调

总量控制目标是在单位 GDP 能耗下降目标基础上提出的更强约束和更高节能目标。为了防止地方政府和企业放松节能要求，必须将总量控制目标与节能目标有机协调起来，确保目标的引导性和约束性作用都得到发挥。实施能源消费总量控制必须依托于一个相对积极的、有一定难度的、会促进产业结构发生积极变化的节能目标。两者相辅相成，相互促进。

（三）总量控制必须配套能源价格机制改革等措施

实施总量控制，目的在于以倒逼机制约束不合理能源需求过快增长，鼓励高质量的经济发展，或抑或扬，彰显节能优先推动经济发展方式转变的本质内涵。要使这种供应侧的主动调整在需求侧发挥有效作用，必须依赖市场信号，特别是价格机制作用。“十五”以来，我国高耗能行业、重化行业长期过快发展与我国能源价格和税费形成机制不合理密不可分。实施总量控制，对系统改革能源价、税、费形成机制提出了更紧迫的要求。

（四）统计、监察等基础工作体系比较薄弱

“十一五”以来，我国能源统计队伍和能力普遍得到增强，省级节能监察体系初步建立，但与工作要求相比，还存在不小差距。地方数据加总与全国数据不衔接的问题比较突出，省、市、县之间能源输入、输出统计需进一步增强，各种非化石能源的统计方法需进一步完善，统计数据发布的及时性、准确性需进一步提高。省、市、县三级能源监测体系、监察能力和执法水平需进一步完善和提高。

四、能源消费总量控制方案

能源消费总量控制可以选择多种方案，包括：控制地区能源消费总量、电力消费总量、火力发电装机、重点用能企业能源消费总量，以及对地区单位GDP能耗强度目标实施弹性控制等。

按照科学性、公平性和可操作性要求，综合比较控制方案的利弊，包括适用范围、实施保障条件、可能带来的问题等，结合现阶段我国区域发展不平衡等基本国情，我们建议：“十二五”时期通过实施单位GDP能源强度弹性控制，对全国能源消费总量进行调控。

基本思路：按照加快转变发展方式要求，在考虑地区发展阶段和水平，满足合理用能需求增长前提下，对经济增速过快的地区，提出更高的经济发展质量和效益要求。

操作方案：以满足全国“十二五”经济社会发展合理用能需求为前提，综合考虑我国能源资源赋存、生态环境压力、能源安全条件等，确定2015年能源消费总量调控目标。

在确保实现全国单位GDP能耗下降目标前提下，综合考虑各地区节能责任、节能潜力、节能能力和节能难度，按照效率和公平兼顾原则，向各个地区分解单位GDP能耗下降目标。

“十二五”期间，对实际经济增长速度超过规划经济增长速度的地区，相应调高单位GDP能耗下降目标。

五、政策建议

（一）考虑节能目标与我国碳强度控制目标和非化石能源发展目标相衔接的要求，将40亿吨标煤作为2015年能源消费总量调控目标

考虑到经济发展的惯性，分析经济增长和非化石能源发展的四种组合情景（如表6-1所示）。其中：经济增长考虑高增长和低增长两种方案，“十二五”、“十三五”时期年均增速分别假设为7%~9%、6%~8%；非化石能源总量高方案2020年达到7.5亿吨标煤，低方案为6.7亿吨标煤；设定“十二五”的节能目标应略高于“十三五”的目标。

表6-1 碳强度控制目标和非化石能源发展目标对节能目标的要求

2020年能源消费总量（亿tce）	2015年能源消费总量（亿tce）	2020年非化石能源（亿tce）	2020年非化石能源比重（%）	GDP增速（%）		要求的能源强度下降目标（%）				对应的能源弹性系数	对应的CO_2强度下降率
				“十二五”	“十三五”	2020/2005	“十一五”	“十二五”	“十三五”	2020年/2005年	2020年/2005年
50	41	7.5	15	9	8	44.5	20	17	16	0.55	51
50	41	7.5	15	7	6	33.2	20	9	8	0.64	41
44.7	38.6	6.7	15	9	8	50.4	20	22	21	0.47	55
44.7	38.6	6.7	15	7	6	40.3	20	14	13	0.54	46

资料来源：课题组测算结果。

经初步测算，高增长方案下，对2020年的（相对于2005年）节能目标的要求区间是44.5%~50.4%，相应分解到“十二五”、“十三五”期间的节能目标分别为17%~22%和16%~21%；低增长方案下，对2020年的（相对于2005年）节能目标的要求区间是33.2%~40.3%，相应分解到“十二五”、“十三五”期间的节能目标分别为9%~14%和8%~13%。节能目标与GDP增速密切相关，GDP增速越高，节能目标必须更严格。

表6-1还给出了不同情景对应的碳强度目标完成情况。高增长方案对应的碳强度下降区间为51%~55%，低增长方案则对应下降41%~46%，均完成或超额完成2020年碳强度控制目标。可见：40%~45%碳强度控制目

标的完成对节能有很强的依赖性，而15%非化石能源结构目标则对能源消费总量形成倒逼机制，并对节能提出了更高要求。

为此，建议在全国“十二五”经济社会发展规划及能源发展、节能减排等专项规划中，将40亿吨标煤作为2015年能源消费总量控制目标，并进一步严肃国家规划目标对地方的指导作用，杜绝一些地方不切实际，盲目追求GDP总量翻番和跨越式发展。

（二）完善节能目标分解、评价和考核制度

充分考虑各地区经济发展水平、产业结构和节能潜力等因素，科学合理确定地方“十二五”单位GDP能耗下降目标，并分解落实到各级地方政府和重点用能企业。进一步完善节能目标责任评价考核方法，在节能目标进度考核时，强化总量控制目标对地区经济发展内容和质量的引导作用。弱化经济发展指标考核，提高节能指标在地方党政领导班子和领导干部综合考核评价中的权重，实行严格的问责制，落实奖惩措施。

（三）加快能源价格和税、费形成机制改革

按照保障合理用能、限制过度用能要求，进一步加快能源资源价格改革。理顺比价关系，加大差别电价、峰谷电价实施力度，对“两高一资”产品出口征收关税，研究出台能源税、碳税。在居民用能领域，加快供热体制改革，全面推行居民用电、用热的阶梯价格，在保护低收入群体利益的同时，坚决采用价格杠杆来抑制能源浪费和奢侈性消费，促进社会公平与和谐。

（四）完善能源统计、监测、监察等基础工作体系

进一步完善能源统计方法，强化能源统计队伍和能力建设，不断提高数据的及时性和科学性；加强节能执法监察队伍建设，建立省、市、县三级节能监察网络；加强企业能源计量、能量平衡、审计队伍建设，积极培育第三方能源监测、节能服务体系。

（本章主要内容曾在国家发展改革委宏观经济研究院内刊《调查·研究·建议》2010年11月25日第68期发表，文章题目是“实施能源总量控制，加快发展方式转变”）

附录一　观点综述

经过工业化、信息化两次浪潮洗礼后，人类社会正迈入一个以低碳为特征的全新发展阶段，这将是一次可与工业化、信息化相提并论的重大革命，对人类未来命运和发展前景将带来深远影响。节能和提高能效是各国二氧化碳减排第一重要的措施，这既是联合国第四次气候变化评估报告的重要结论，也是各国应对气候变化逐步凝聚形成的共识。节约能源和提高能效将成为今后相当长时期内人类社会发展演变的重要趋势。与发达国家相比，发展中国家通过节能提效实现二氧化碳减排的成本更低、效果更好、影响更深远。

我国政府已明确提出到2020年单位国内生产总值二氧化碳排放比2005年下降40%~45%的重要目标，把应对气候变化作为我国经济社会发展的一项重要战略任务。我国已明确提出2020年非化石能源占15%，森林面积比2005年增加4000万公顷、森林蓄积量比2005年增加13亿立方米的重要目标。同时，进一步加强节能和提高能效，对确保我国2020年碳强度控制目标实现具有重要的现实意义。

一、提高能效是确保2020年碳强度控制目标实现的首要选择

（一）“十一五”节能为我国碳排放强度控制奠定了良好基础

党中央和国务院高度重视节能工作，“十一五”规划纲要提出了单位GDP能耗下降20%左右的重要节能目标，把节能作为贯彻落实科学发展观，推动经济发展方式转变和经济结构调整的重要抓手。“十一五”前四年，我国以6.76%的年均能源消费增长速度支持了国民经济11.27%的年均增长速度，能源消费弹性系数控制在0.60，显著低于发达国家工业化阶段1.0左右的水平。2006年我国单位GDP能耗下降2.72%，扭转了“十五”时期持续上升的不利趋势，前三年下降幅度逐年提高，2007年、2008年分别提高到5.02%和5.23%。2009年在全球金融危机影响下，我国单位GDP能耗降幅一度缩减到3.23%，但仍保持了连续下降的趋势。“十一五”前四年，我国单位GDP能耗累计下降15.26%，累计节能4.8亿吨标准煤，减排二氧化碳超过10亿吨。如果“十一五”单位GDP能耗下降20%目标如期实现，则“十一五”将累计节

能6.7亿吨标准煤，通过节能和提高能效减排二氧化碳14亿吨左右。

（二）提高能效是我国实现2020年碳强度控制目标的主要途径

一般而言，碳排放控制目标主要有三种途径，一是节能和提高能效（包括经济结构调整、提高能源技术效率），二是优化能源结构（包括优化化石能源结构和提高非化石能源比重），三是植树造林、增加碳汇。课题组认为，单位GDP能耗这一节能指标是一个综合性指标，可涵盖经济结构变化、节能和化石能源结构变化。初步测算表明，如果只考虑化石能源生产和消费排放的二氧化碳（忽略水泥生产、畜牧业等排放的二氧化碳）、不计碳汇的影响、假定化石能源结构不变、未来10年GDP增速平均按8%计算，要实现2020年碳排放下降45%目标，则2005~2020年非化石能源比重提高可减排二氧化碳6.8亿吨，节能和提高能效可减排二氧化碳38.0亿吨，节能对实现45%碳强度控制目标的贡献约为84.9%。因此，节能和提高能效是保障我国实现温室气体减排的最主要途径。

（三）坚持设定高节能目标是确保碳强度控制目标实现的必然需求

2020年碳强度控制目标对我国单位GDP能耗下降目标已经形成“倒逼”态势，“十二五”和“十三五”时期节能目标的设定不应低于2020年45%碳强度控制高目标的要求。初步研究表明，按前述假定，要实现2020年碳排放下降45%目标，在非化石能源占一次能源消费比重2020年提高15%的基础上，2005~2020年单位GDP能耗必须下降39.9%。如果“十一五”单位GDP能耗下降20%目标如期实现，按先难后易的思路，“十二五”、“十三五”单位GDP能耗下降目标至少要达到15.0%和11.6%。因此“十二五”单位GDP能耗下降目标不宜低于15%。值得关注的是，目前非化石能源规划是按照2020能源消费45亿吨标准煤的15%制定的，约合6.8亿吨标准煤，反推可知这一情景下未来10年GDP增速不能超过6.6%。如果未来10年年均增长速度保持在8%，则2020年能源消费将超过50亿吨标准煤，6.8亿吨标准煤的非化石能源其比重将下降到13.5%。为弥补这一损失，2005~2020年单位GDP能耗下降要求必须要从39.9%提高到41.0%，再提高1.1个百分点。

（四）能源消费高基数下的高增长是我国长期发展的心腹之患

我国能源消费增速曾多次超过规划预期。2004年时制定的2020年能源消费30亿吨标准煤的目标于2009年被超越，提前11年。国内、国外需求共同拉动，地方政府和企业快速发展的强烈愿望，以及敞开口子供应能源、完全听命于需求拉动的能源经济关系，是我国能源消费超预期增长的直接原因。我国人均能源资源拥有量不及世界平均水平一半，本身已很难满足国内13亿消费者达到中等发达国家水平的基本物质需求，更难以承载全球消费者的庞大胃口。2011年我国超越美国，成为世界第一大能源消费国，中美各占全球能源消费20%左右。如果再继续无限制地任凭需求拉动，把能源当做能足额保障的、廉价的生产要素，不仅会大量耗费本应属于下一代、下几代中国人的宝贵资源，而且几个地球的资源也不够，迟早会引发重大的经济和社会问题。

二、2020年前我国提高能效的主要途径

当前，我国已经进入经济发展方式转变和经济结构调整的关键时期。强化节能对我国进一步推进经济发展方式转变和经济结构调整具有重大的推动作用。推动经济社会发展走入节能型轨道，必须破除机制体制上的瓶颈制约，在发展方向、发展理念、价值观等方面实施重大改革，其波及范围之广、影响之深刻、作用时间之长，不亚于再实施一次改革开放。

2020年前是我国工业化、城市化高速发展的阶段，也是能源消费量增长最快的阶段。在这一阶段尤其要谋划好未来发展，为长期发展布好局、奠好基，避免重走发达国家特别是美国的方式，被长期锁定在高能耗生活方式上。

（一）节能提效必须深化改革全面转变

新时期的节能工作，不仅意味着全面提高能源技术效率，更重要的是寻求一种全新的能源发展道路乃至经济发展道路，形成与21世纪低碳趋势相适应的先进文明理念和先进价值观。强化节能，必须在经济社会发展中坚持以更小的资源环境代价、更高效集约的能源利用方式和更高的能源经济效益实现经济和社会的发展，把节能绩效作为新时期评判经济发展好坏的重要标准。建设“节能型”国家，必须要在发展战略、体制机制环境、经济增长模式、基本经济结构、产业组织形式、要素投入结构、能源开发利用以及进出口结构、消费模式等重要方面实施重大调整，全面推动能源节约和高效利用，使资源节约基本国策与当前各种政策相衔接、相融合，在政策制定中体

现节能的战略要求。

（二）加快建设高效节能生产体系

切实转变发展方式，使经济发展从依靠土地、矿产资源高消耗和资本高投入，向技术进步和管理转变。提升国际贸易水平，从“中国制造”向“中国设计”、“中国创造”升级。加快产业结构调整，着力发展高加工度产业，加快发展节能环保产业等战略性新兴产业。不断淘汰落后生产能力，加大节能技术改造力度，强化新增生产能力能效准入，全面提高工业、建筑、交通能效水平，力争2020年部分高耗能行业的整体技术水平达到国际先进水平。逐步改变以煤为主的能源消费格局，加快提高水电、核电、风电等非化石能源比重，降低煤炭比重。

（三）尽早形成节约绿色消费体系

倡导节约、适度、绿色消费理念，倡导科学用能。合理制定城市发展规划，提高建筑使用寿命，统筹考虑城市发展规划布局与城市公共交通规划。严格控制特大型、大型城市发展建筑面积过大、服务水平明显超出资源稀缺国情的商用建筑和居民住宅。加快建设以轨道交通为骨干、公共交通为主的城市交通体系，倡导公交出行、绿色出行，在市中心超高密度区调控轿车出行。主要城市圈内普及城际铁路。鼓励生产和使用小排量汽车和新型节能汽车。优化交通运输体系，提高交通运输系统信息化水平。

三、面临的困难与挑战

（一）工业化、城镇化阶段特点决定2020年前节能难度最大

我国2020年前将处在工业化、城镇化快速发展的阶段，国际经验表明这一阶段能源消费和二氧化碳排放增长速度一般要超过GDP增长速度，单位GDP能源消费和二氧化碳排放呈爬坡趋势。我国已不再具备发达国家工业化时期二氧化碳无限制排放的发展空间。要想扭转这一不利趋势，既面临着钢铁、水泥高需求的客观现实，又面临着市场快速发展阶段中小企业多、易于粗放发展的客观规律，再加上高储蓄、高投资进一步推动高耗能产业发展的盲目性，以及地方政府追求GDP和形象工程、乐于建设重化工业项目、增加地方财政收入等内在机制体制问题，必然导致这一阶段节能难度最大。

“十一五”前四年我国能源技术效率提高很快，但技术效率的提高被经济结构重化所抵消，充分证明了这一点。今后这一问题仍可能继续存在。

（二）建立节能型社会发展目标和能源消费模式绝非易事

把科学发展观落实到社会发展目标的设定，把节能要求落实到经济发展方式转变和经济结构调整上，落实到转变消费模式与居民消费升级上，是2020年前推进节能的最大难题。长期以来，发达国家发展道路和生活模式已成为发展中国家追随的目标和样板，节能、低碳的生产方式和生活模式在当今世界没有成功的先例可循，无论在意识形态上、体制机制上、技术措施上面临的困难和挑战是前所未有的。真正把节能贯彻到社会和经济发展目标、产业组织形式、基本经济结构、外贸结构乃至社会消费模式等运行体系上，要说服各方真正转变观念，推动国际贸易、产业发展、基础设施建设、城市规划等重大问题向有利于节能转变，在实际操作上是异常艰难的。

（三）节能体制机制建设尚不能满足需要

节能的体制机制不完善，主要表现在保障节能和提高能效的市场、行政、法律资源跟不上节能工作的需要，特别是市场机制尚不健全。与环保的体制机制相比，节能的体制机制建设差距很大。节能的难度比环保大，机制体系要比环保更完善才行。目前《节能法》配套的细则、条例、办法等还很不够，节能标准尚存在很多空白，节能执法存在主体不清晰、执行困难等问题。能源价格、税收、金融等方面推动节能的长效政策、措施仍显不足，经济出现波动时节能工作易流于弱化。在节能管理上国家节能主管部门只有一个处专职负责节能工作，地方政府负责节能的机构和人员逐级递减非常严重，到区县一级只有半个人负责节能工作。政府部门职能分工也不够清晰。如果在“十二五”期间不能在完善节能体制机制上出台突破性措施，继续停留在目前水平上，将加大2020年节能减排目标完成难度。

四、重大举措

（一）深化重大政策改革

节能减排是我国长期发展的重要战略方向。必须按照节能的战略要求加快调整国家产业政策、进出口政策、中央地方分税制、价格税收政策、转移支付政策、领导干部考核制度、社会保障政策等重大政策，充分发挥市场配置资源的基础性作用，强化政府对市场发展的规制功能，改变以GDP论英雄的观念，推动节能减排向纵深发展。更多用好节能经济政策，尽早形成经济、法律、行政三管齐下、协调互补的节能长效机制。适当将钢铁、有色金属等重点高耗能产品生产转移到矿产资源丰富的发展中国家，对能源资源和高耗能产品进口实施税收减免。

（二）按基本国策要求完善节能管理体制

参照环境保护、计划生育基本国策的管理体系建设，显著提升节能主管部门级别，进一步明确部门责任分工，形成分工负责、统筹协调的工作方式。增加各级政府节能管理岗位编制，县级政府设立节能管理专职岗位，形成从上到下衔接顺畅、指导有力的管理格局。统筹建立节能下属事业单位，强化监测、执法、科研等专业分工，逐步形成工作队伍和支撑体系。

（三）坚持设定节能高目标和强有力的节能要求

在规划中坚持设定较高的节能目标。进一步完善节能目标按地区分解，充分考虑地方经济发展的不平衡性和能源供需特征。启动节能责任部门工作绩效评价，推动部门节能管理。研究并实施能源消耗总量控制和能源使用权交易制度，形成能源对经济发展方式转变和经济结构调整的“倒逼机制”。

（四）提高节能创新能力

结合重点技术和装备，建立一批国家级节能技术研发中心、节能产品实验室，加快新技术、新产品市场化进程。完善节能技术研发的政府财政支持政策，设立若干重大技术专项，加大国家对重大共性关键技术研发投入。定期更新国家鼓励发展的产业、产品和技术目录，进一步将目录与财税激励政策相挂钩，通过经济杠杆推动技术进步和节能产业发展。

（五）引导消费模式转变

深入普及节能知识，把资源稀缺性教育纳入中小学教育课程。同时，通过燃油税、碳税、物业税、阶梯电价等经济手段，引导民众选择合理、节俭的生活方式和消费模式。加大公共交通等节能型基础设施投入，为生活方式转变奠定物质基础。

附录二　调研报告

如何破解西部资源型省份节能工作的“结构之困”

——来自山西省节能工作调研的发现和思考

内容提要：西部资源型省份历来是我国节能工作的重点和难点，推进节能工作面临诸多现实困难，但“结构之困”应该是最大、最难以克服的困境。破解“结构之困”，需要从深层次的体制机制改革入手，从经济社会发展的宏观层面入手。本文以山西省为代表，通过实地调研，深入分析了产生“结构之困”的根本原因和现实条件，并以此为基础，从设定合理的节能目标、深化资源要素市场化改革、推进地方政府绩效考核体制和财税分配体制改革、合理调控高耗能产品市场需求、完善项目审批核准机制五个方面提出了破解“结构之困”的对策与建议。

西部资源型省份历来是我国节能工作的重点和难点，这些省份的节能进展状况事关全国节能工作的大局。一方面，这些省份能源消费量较大，生产方式相对粗放，工艺技术水平和管理水平相对落后，能源利用效率提升的空间和潜力很大。另一方面，资源型省份往往是全国的能源、资源和原材料供应生产基地，产业结构重化趋势明显，而且受区域比较优势、主体功能区布局和产业升级一般规律的影响，这一趋势在短期内仍难以改变，加上在资金、人才、区位等方面存在的障碍和不足，导致这些省份开展节能工作面临巨大困难和挑战。可以说，西部资源型省份的节能潜力与节能难度并存，机遇与挑战并存。

当前节能工作中面临的产业结构重化、生产方式粗放、技术装备瓶颈等一系列突出问题在西部资源型省份表现尤为明显，矛盾冲突更加集中，是全国节能工作的“难”中之“难”。如果西部资源型省份能够较好地解决这些问题，推动发展方式转型，大幅度提高能源利用效率，实现困境中的突破，则不啻为全国节能工作的攻坚之战，带动全国层面一系列节能难题的迎刃而解。

山西省是西部资源型省份的典型代表，既是能源生产大省，也是能源消费大省。山西省煤炭产量占全国的比重超过1/5，焦炭产量占全国的比重接近1/3；2009年其能源消费量达到1.5亿吨标准煤，占全国能源消费总量的比重接近5%，位居全国第十。为了解西部资源型省份节能工作的现状，分析这些省份“十二五”期间的节能潜力，探讨节能工作中面临的现实问题和突出障碍，提出相关解决思路和政策建议，为制定“十二五”节能专项规划和有关节能政策服务，能源研究所课题组以山西省为案例研究对象，一行五人①于2010年7月2日至7日赴山西省临汾市、朔州市和大同市进行了节能工作调研。

调研的内容包括：“十一五”期间推动节能工作的主要做法、进展、成效和经验；“十二五”经济增长内容和产业结构调整具体设想，以及有关节能目标、潜力以及工作思路方面的考虑；当前节能工作中面临的主要问题和突出障碍，产生的原因分析以及有关政策建议等。调研期间，与山西省政府节能主管部门，三个地市政府节能、发改、财政、建设、交通、统计等有关部门进行了座谈，实地考察了山西同世达煤化工集团公司、临汾钢铁公司、大唐神头发电有限公司、山西金海洋能源公司、大同煤矿集团公司五家企业。现将有关发现和思考报告如下。

一、山西省节能工作呈现的主要特点

（一）节能成效积极显著

山西省的“十一五”节能目标为万元地区生产总值能耗降低22%，比全国节能目标高2个百分点。2009年，山西省万元地区生产总值能耗为2.364吨标准煤/万元，比2008年下降5.7%，“十一五”前四年累计下降18.3%（见附图2－1），高于全国平均降幅2.7个百分点，完成进度达到81.3%，也快于全国总体进展，为全国节能目标的完成做出积极贡献。

---

① 分别为周大地、杨宏伟、郁聪、熊华文和田智宇。

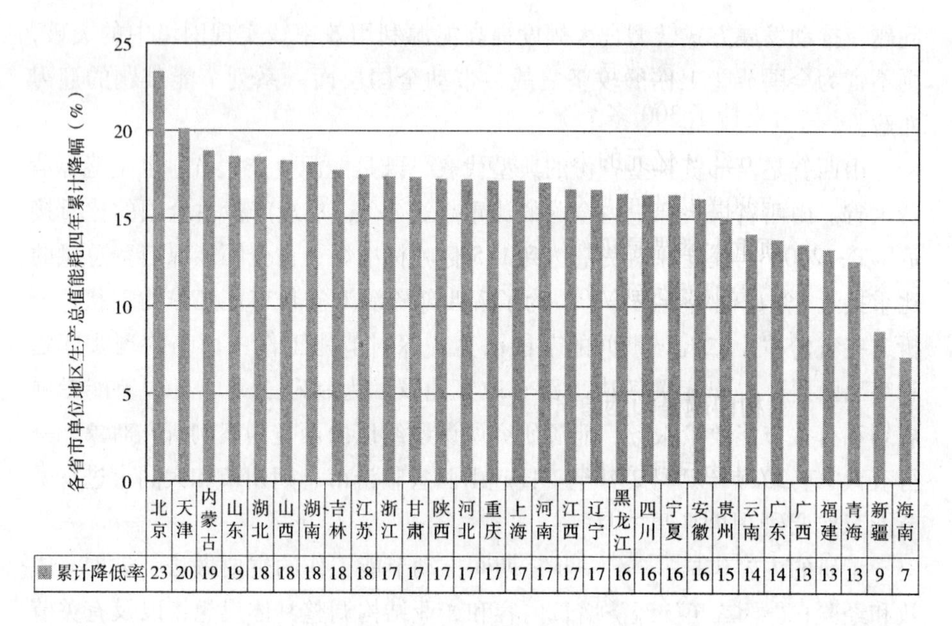

	北京	天津	内蒙古	山东	湖北	山西	湖南	吉林	江苏	浙江	甘肃	陕西	河北	重庆	上海	河南	江西	辽宁	黑龙江	四川	宁夏	安徽	贵州	云南	广东	广西	福建	青海	新疆	海南
■累计降低率	23	20	19	19	18	18	18	18	18	17	17	17	17	17	17	17	17	17	16	16	16	16	15	14	14	13	13	13	9	7

附图 2－1 “十一五”前四年各省（市）单位生产总值能耗累计下降率比较

资料来源：根据历年各地区单位生产总值能耗公报计算得到。

规模以上工业能源消费量占全省总能耗的75%以上，是全省节能减排的重要领域。通过四年的不懈努力，规模以上工业单位增加值能耗不断下降。2009 年全省规模以上工业单位增加值能耗（当量值）为 4.55 吨标准煤/万元，比 2008 年下降 8.81%，“十一五”前四年累计下降 30.7%，是全省单位生产总值能耗下降的主导因素。

（二）淘汰落后产能和节能技术改造是节能量的主要来源

山西省先后出台了焦化、电力、水泥、钢铁、电石铁合金等高耗能行业的淘汰落后产能实施方案，明确淘汰任务和责任；制定了《山西省淘汰落后产能专项补偿资金管理办法》，设立淘汰落后产能补偿资金，专项用于 2007～2010 年钢铁、焦化、电力、水泥、电石、铁合金等行业淘汰落后产能的经济补偿；对不按期淘汰落后产能的企业或设备采取停电、停水、停气、停运、停贷等“五停”的强制性措施。截至 2009 年底，山西省在钢铁、焦炭、电力、水泥、电石、铁合金、造纸等行业分别淘汰落后产能 4338 万吨、2750 万吨、280 万千瓦、1754 万吨、120 万吨、33 万吨和 30 万吨，电力、水泥行业已提前完成国家下达的“十一五”淘汰落后产能任务。

同时，制定了节能改造项目推进计划。在“十一五”前三年省财政拿出近20亿元支持了300多个节能技术改造项目的基础上，又提出后两年重点实施总投资622.9亿元的1043个节能改造项目，预计节能量为1768万吨标准煤，目前90%以上的项目已经完工投产或在建。

上述两项重大举措是山西省获得节能量的主要来源，对单位地区生产总值能耗降低的贡献度达到70%以上，是实现既定节能目标的重要支撑和技术保证。

（三）结构问题是山西省开展节能工作的主要制约

一是产业结构问题。长期以来，山西省产业结构畸重，第二产业增加值占地区生产总值的比重一直维持在55%左右，比全国平均水平高出近10个百分点；第三产业增加值比重不到39%，低于全国平均水平近4个百分点；工业内部以焦化、冶金、煤炭、建材、化工、电力六大高耗能行业为代表的重工业比重一直保持在95%以上，占据绝对主导地位，显著高于全国平均水平。

二是能源消费结构问题。2009年，在全省能源消费总量中，工业能源消费比重高达78%，比全国平均水平高出近8个百分点；在工业能源消费量中，六大高耗能行业能耗比重达到97.8%①，几乎是工业能源消费的全部来源。

三是能源消费的品种结构问题。山西省是煤炭资源大省，在其能源消费品种结构中，煤炭占据了绝对主导地位。2009年，在全省一次能源及外调油品消费量中，煤炭消费比重接近95%，高出全国平均水平近25个百分点（详见附图2－2）。

“十一五”以来，虽然山西省在解决上述结构性问题方面做了很多工作，下了很大工夫，但进展和成效有限。这一时期单位地区生产总值能耗的大幅下降更多得益于技术节能潜力和管理节能潜力的挖掘，结构因素的贡献很小。长远看，随着技术节能和管理节能的潜力空间越来越小，挖掘的难度越来越大，如果不在解决结构性问题上有所突破，则节能工作的推进将面临重大制约。

---

① 其中：电力行业占27.0%，煤炭行业占22.3%，冶金行业占20.8%，焦炭行业占16.0%，化工行业占8.9%，建材行业占2.6%。

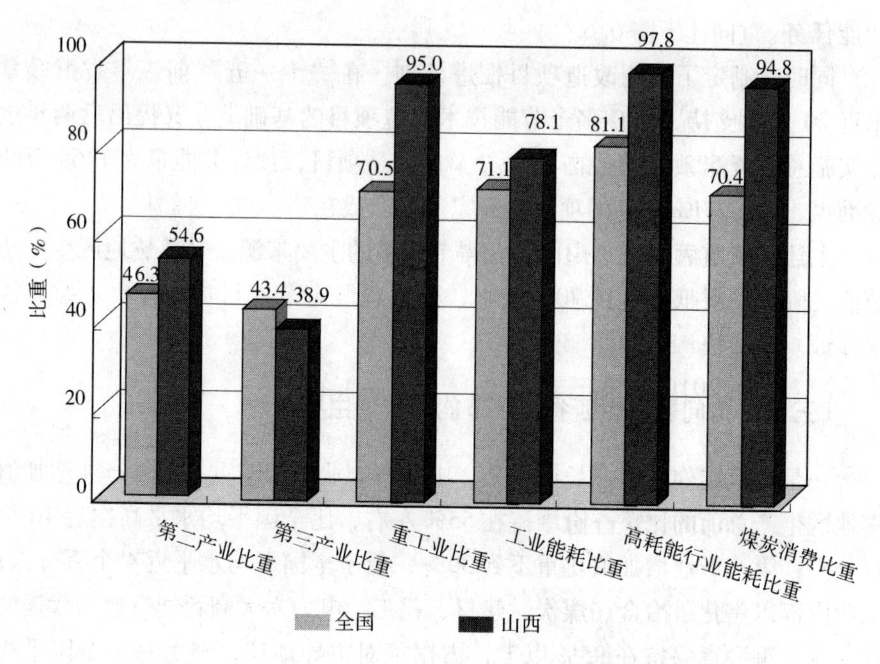

附图 2－2　2009 年山西若干结构性指标与全国的比较

资料来源：国家统计局《中国统计年鉴 2010》。

（四）上半年高耗能行业过快增长造成当前节能形势严峻，压力剧增

山西省完成“十一五”期间单位地区生产总值能耗下降 22% 的目标，需要 2010 年单位地区生产总值能耗在 2009 年基础上继续下降 4.6%。据统计，2010 年上半年山西省万元地区生产总值能耗同比降幅为 2.39%，低于目标进度 2.21 个百分点，所属 11 个地级市均没有完成上半年既定目标。在余下几个月的时间里，既要完成下半年的节能进度目标，又要把上半年落下的进度赶上，节能工作面临的形势严峻，压力巨大。

造成这种工作局面的主要原因在于高耗能工业的快速增长。随着山西省经济的全面复苏，高耗能行业生产加快，能源消耗呈现大幅上升态势。占规模以上工业能源消费量 97.55% 的六大高耗能行业能源消费增幅均在 20% 以上，其中铁合金冶炼用电增幅达到 103.3%、铝冶炼用电增幅达到 473.9%。2010 年上半年，全省规模以上工业万元增加值能耗同比降幅仅为 4.56%，比 2009 年全年降幅低 4.3 个百分点。

与之相对应，2010 年上半年山西省规模以上工业增加值占全省地区生产总值的比重为 46.7%，比 2009 年同期上升 1.3 个百分点；第三产业发展

滞后，其比重同比下降0.6个百分点，由此带动单位地区生产总值能耗上升1个百分点。

针对这种情况，山西省采取了六项措施强力推进节能减排。主要包括：①启动节能预警调控方案，争取在较短时间内扭转能耗电耗快速增长的被动局面；②严控高耗能、高耗电行业过快增长，对高耗能行业进一步加大监测监管力度；③加强超能耗限额标准管理，实施差别电价政策；④加快发展低能耗产业，不断优化三次产业结构和工业内部轻重工业结构；⑤加快淘汰落后产能，对关停淘汰企业采取断电解列措施，确保落后产能在2010年第三季度前全部关停；⑥加强统计工作，切实做到应报尽报。

二、西部资源型省份节能工作的“结构之困”

如上面所提到的，在西部资源型省份推进节能工作面临的诸多现实困难中，结构因素应该是最大、最难以克服的困境，也是需要集中精力、必须努力去解决的困境。一方面，结构因素是诸多经济社会因素综合作用的结果，涉及经济社会发展的方方面面，并与深层次的体制机制根源相关，调整结构需要做出重大利益格局调整，绝对不是一蹴而就的；另一方面，相对于技术节能因素和管理节能因素可以通过直接从事节能工作的机构和人员予以推动，当前节能管理体制下节能工作只能被动地接受结构调整带来的或正或负的影响，而很难从推动节能工作、实现节能降耗的目的对结构调整进行主动干预。上述两方面原因决定了结构性障碍将是未来节能工作必须克服的最大障碍，但不局限于传统意义上的节能工作本身，而是要从更深层次的体制机制改革入手，从经济社会发展的宏观层面入手。那么，西部资源型省份产生这种“结构之困”的根本原因和现实条件是什么呢？主要有四个方面。

（一）工业化中期阶段的特征加剧了山西“结构之困”的矛盾

我国东中西部地区差异明显，不同省份的工业化进程和水平参差不齐。在东部地区的部分发达省市，已经处于后工业化阶段或工业化后期阶段，第二产业比重尤其是工业比重已出现显著下降，第三产业比重上升至50%以上甚至更高，在部分以高耗能行业为代表的重工业领域已出现明显的产业转移现象，产业结构呈轻型化发展态势。

而以山西省为代表的西部地区仍处于工业化初期或中期阶段①，大规模的基础设施建设和家园建设正如火如荼，高耗能产品产量保持较快增速、工业增加值比重提高、产业结构趋重，包括承接来自东部发达地区的产业转移，乃是这一经济发展阶段的显著特征和必然结果，符合工业化进程的一般规律，决定了在工业化中期阶段，产业结构的变化要有一个“爬坡”的过程，而这一过程势必会加剧节能工作中的结构性矛盾，是影响现阶段山西“结构之困”的关键因素。

从节能工作者的角度看，理想化的状态是低能耗的第三产业加快发展，增加值比重大幅度提高。但也应该看到，第三产业的培育和发展需要坚实的第二产业基础，是以经济发展水平和人民收入消费水平提高到一定程度为前提的，需要时间和过程。客观认识产生“结构之困”的根本原因，有助于我们科学地解决这一困境。

（二）资源成本比较优势及由此形成的路径依赖是陷于“结构之困”的客观因素

山西是西部资源型省份的典型代表，拥有储量巨大的煤炭资源，开发时间长，技术力量雄厚，人才队伍齐备，实际经验丰富，具有得天独厚的优势。资源禀赋优势转变成地区间资源成本的比较优势（见附图2－3），在市场配置资源和区域优化分工、合理产业布局的条件下，资源型省份往往又成为高耗能产业、原材料产业的聚集地，使节能工作的“结构之困”在经济上找到了合理存在的理由。

由此形成的对资源的“路径依赖”对其他产业产生了明显的挤出效应，造成“资源富集地区反倒成为经济滞后地区”的悖论，这就是所谓的“资源诅咒”。长期以来，山西就是在对煤的“路径依赖”中走到今天的。新任山西省委书记袁纯清就指出：“煤是大自然给予山西人民最大的恩惠，但是由于长期挖煤、烧煤、卖煤，不知不觉中形成了‘推动经济增长依赖煤、提升区域地位依赖煤、干什么都不如挖煤’的思维定势。”正是如此，说资

---

① 据中国社科院相关研究，我国整体上已进入工业化中期的后半阶段，其中：上海、北京已处于后工业化阶段，天津、广东已处于工业化后期后半阶段，浙江、江苏、山东已处于工业化后期前半阶段，辽宁、福建处于工业化中期后半阶段，山西、内蒙古等十省份处于工业化中期前半阶段，河南、湖南等十省份处于工业化初期后半阶段，贵州处于工业化初期前半阶段。

源依赖和路径依赖是地区产业单一化、重型化的重要推手一点也不为过。

将资源依赖视为造成"结构之困"的客观因素，重视其经济合理的一面，在优化资源配置的前提下逐步摆脱资源依赖，应成为破解节能工作"结构之困"的基础。

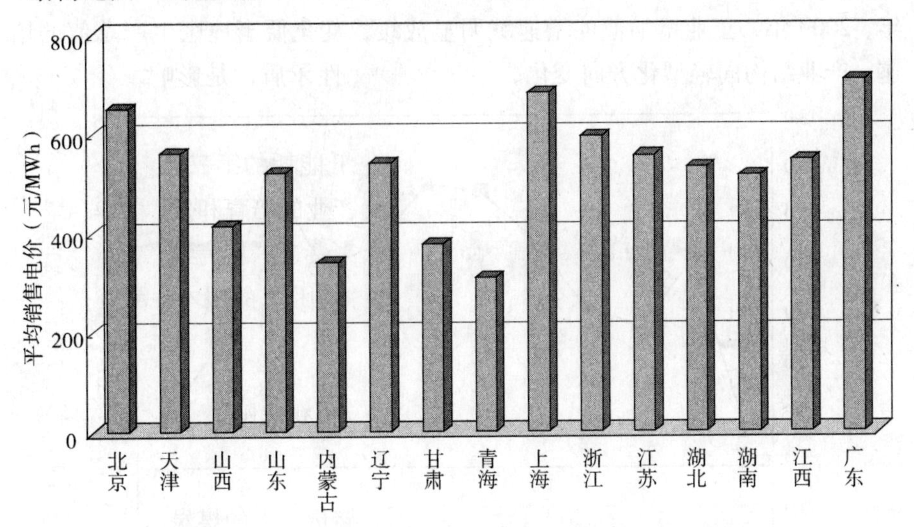

附图2-3　2008年部分省市平均销售电价的比较

资料来源：国家能源局《能源规划数据手册2009》。

（三）追求过快的经济增速是加剧"结构之困"的外部条件

2009年山西省人均生产总值20779元，比全国平均水平25125元低17.3%；地方财政收入仅为805.8亿元，在全国排名第16位，占地区生产总值的比重为10.9%，远低于北京（17.1%）、上海（17.0%）等经济发达地区水平；城镇居民人均可支配收入13997元，比全国平均水平17175元低18.5%，农村居民人均纯收入4244元，比全国平均水平5153元低17.6%。相对较低的经济发展水平、财政收入水平和居民收入水平，缩小与全国先进省份差距的愿望和建设全面小康社会的宏伟目标，激发了山西省追求较高经济增长速度的热情和冲动。

诚然，夯实经济社会发展的物质基础，提高广大人民群众福利，需要一定速度的经济增长，无可厚非。但不论是从历史实践看，还是从此次对"十二五"经济增长速度和增长内容的调研结果看，追求过快的经济增长速度，并不利于调整结构，反而是加大了经济发展方式转变的难度，对节能工作而言是加剧了"结构之困"。

从历史实践看（见附图2－4），只要是地区生产总值增速较高的年份，如1995年、2002~2007年，工业增加值的增速就保持更高水平，超过地区生产总值增速，两者比例在1.0以上，产业结构就向重型化发展。反之，在受到外界条件影响，地区生产总值保持较低增速的年份，如1990年、2008年、2009年，工业增加值的增速就明显放缓，甚至低于地区生产总值的增速，产业结构向轻型化方向变化。

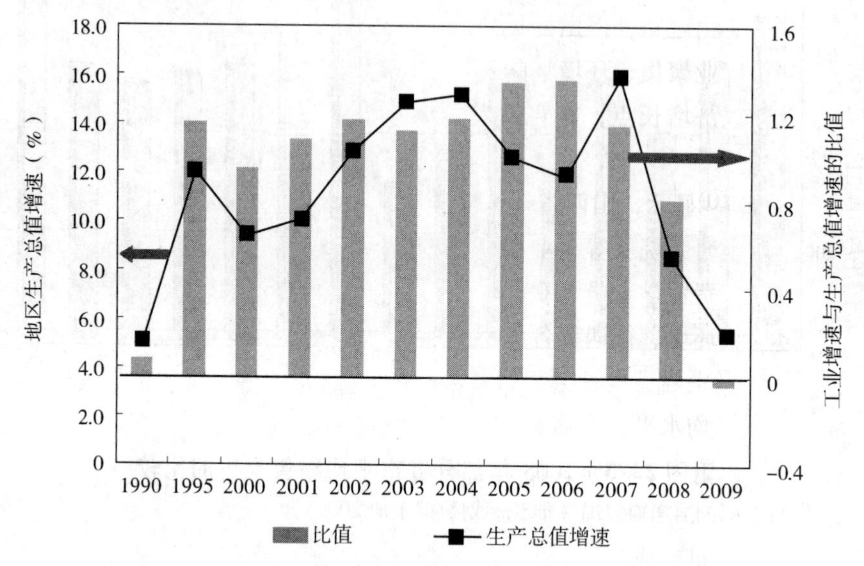

附图2－4　山西省历年不同生产总值增速条件下工业增速与其比值的对比

资料来源：山西省统计局《历年山西省统计年鉴》。

朔州市和大同市有关“十二五”经济增长速度和增长内容的构想也印证了这一点。我们调研发现，朔州市初步规划的“十二五”经济年均增速为14.9%。为保证这一经济增速，5年间该市煤炭产量将增加1亿吨，接近目前产量的1倍；电力装机将增加2129万千瓦，是目前装机容量的5,3倍；水泥产量将增加1300万吨，是目前产量的3倍以上。大同市初步规划的“十二五”经济年均增速为10%以上，5年间该市大同煤矿集团公司将建成投产千万吨级大型矿井5座，电力装机将增加580万千瓦，接近目前装机容量的1倍；钢铁产量将增加180万吨，是目前产量的1.5倍。

可以看到，如果追求过高的经济增长速度，在基础条件仍不具备的情况下，势必以规模增长代替效益增长，以投资大、见效快、门槛低的高耗能项目弥补经济增长内生动力的不足，又将走入经济增长冲动刺激高耗能行业快速增长、高耗能行业引领经济增长、产业结构不断重化的怪圈，也势必给节能工作带来更严重的“结构之困”。

（四）基础薄弱是破解“结构之困”的现实障碍

在调研中我们也发现，山西省从上到下在主观上都已经认识到了当前发展方式的不可持续性，认为推动经济结构实质性调整、实现经济社会全面转型发展将是必由之路，但山西长期以来在思想观念、人才支撑、科技水平、基础设施、产业聚集、环境氛围和区位优势等基础条件方面相对薄弱，难以支撑形成新经济增长点，客观上制约了经济转型的快速实现，加大了转型难度。

有关资料①显示，山西省现有的专业技术人员中，70%以上分布在政府机关和高校、研究院所等事业单位，分布在企业中的不到 30%；1978 年以来，山西省公费留学人员 1100 余人，至今回国的仅一半左右，而且其中还有一部分又因环境、待遇等各方面问题再次出国或调离山西。

2006 年，山西省全社会科技研发经费占 GDP 的比重为 0.76%，低于全国 1.42% 的平均水平；全省财政对科技研发的投入为 8.2 亿元，占全社会研发经费的比重为 22.5%，低于全国 30% 左右的平均水平；在规模以上工业企业中，2004~2006 年 3 年间只有 1140 家企业实现了技术创新，占比仅为 24.4%，不足三成。

山西省相对薄弱的基础条件这一现实，决定了山西的结构调整、转型发展绝非一朝一夕能够实现，具有长期性、艰巨性的特点；重视这一现实，要求山西省破解节能工作面临的“结构之困”必须从基础做起，既要抓好节能工作本身，也要着力解决外部性问题和基础性问题，注重软实力和核心能力的培育。

三、破解节能工作“结构之困”的对策与建议

节能工作“结构之困”产生的根本原因和现实条件决定了解决“结构之困”问题的复杂性、艰巨性和长期性。破解这一难题，不仅节能工作本身要做出努力，更需要解决一系列基础性问题、体制性问题和根源性问题，需要全社会的努力。为此提出以下对策和建议：

---

① 张德昂．经济全球化：山西的机遇与挑战．

（一）为西部资源型省份设定合理的节能目标，实现节能工作与结构调整的互相促进

现阶段，节能目标及其责任考核是推动节能工作最重要、最有效的手段之一，“十二五”、“十三五”要继续强化节能目标的分解落实和责任考核。制定合理的节能目标，对西部资源型省份节能工作和破解“结构之困”的重要作用不言而喻。

要肯定节能目标和节能工作对经济结构调整和发展方式转变的推动和“抓手”作用，坚持以相对较高的节能目标引领节能工作，“倒逼”结构调整和经济转型；但也要充分认识结构调整和经济转型的复杂性和艰巨性，在各方面条件尚不完善、根源性问题未得到配套解决的情况下，不切实际、过高的节能目标反而给节能工作带来被动局面，影响政府公信力，使节能工作步入不科学的轨道，达不到预期的效果。合理的节能目标，可以使西部资源型省份的节能工作、破解“结构之困”和经济发展方式转变完美地结合起来，互相推动，互为促进。

（二）继续深化资源要素市场化改革，消除西部地区畸形“比较优势”

在坚持市场合理配置资源、区域主体功能定位、地区间合理分工和优化布局的前提下，继续深化资源要素市场化改革，使资源稀缺性、环境成本、社会成本和可持续发展成本合理地反映到资源价格中去，消除资源成本扭曲，以及由此带来的畸形“比较优势”，改变产业结构重化过程中不合理的经济驱动因素，遏制资源型产业和“两高”产业无序扩张和低水平重复建设。

对山西省而言，要深化煤炭行业可持续发展基金试点工作，积极探索煤炭资源税、环境税和价格改革，尽快实现外部成本内部化。同时，要通过税费改革，合理调整资源开采企业与地方政府、人民群众间的利益分配格局，努力增加地方政府财政收入，为结构调整奠定坚实的物质基础。

（三）统筹推进地方政府绩效考核体制和财税分配体制改革，引导地方保持合理的经济增长速度

地方政府追求较高的经济增长速度可以理解，但在实践中，过高的经济增速不利于经济发展方式转变，不利于经济结构调整，不利于诸多矛盾的解决，不利于经济社会的协调可持续发展。从根源上看，由地方主要官员主导的经济高速增长冲动和盲目追求GDP来自两个方面，一是“官帽子”，二是“钱袋子”。

现行的地方政府政绩考核指标中，GDP、工业化水平、招商引资等指标虽然是非“一票否决”类的软指标，却对官员今后的升迁有着极大的实质影响作用，是一种“硬约束”，也就必然导致几乎所有地方政府，无论本地自然条件如何，重点都放在如何增加GDP和争工业投资上。而在当前中央地方财税分配体制下，地方财力事权不匹配，存在财力上收、支出责任下移、转移支付制度不尽合理等问题，驱动地方政府千方百计增加GDP、增加税源。

工业项目尤其是高耗能项目正好一举解决了地方官员所关心和担心的这两个问题。在西部资源型省份，高耗能项目特有的投资大、见效快、软实力和基础条件要求低、税源稳定、拉动GDP明显等属性使其成为地方政府乐此不疲、争相追逐的目标，由此造成高耗能产业快速扩张、产业结构“畸重”的现象也就不足为奇了。

统筹推进地方政府绩效考核体制和财税分配体制改革，是遏制供应侧盲目推动高耗能产业快速扩张，引导地方政府保持合理经济增速的根本举措。具体方向是：优化政绩考核指标体系，按不同的区域定位，实行各有侧重的政绩评价和考核办法，部分地区甚至不再考核GDP、投资、工业、财政收入等指标；对考核结果实行严格的问责制，提高政府及其官员违规成本，形成足够的约束力；按财力与事权相对称的原则，将部分收入稳定、收益较高的税种留给地方政府，适当提高财政收入中地方政府的分成比例，为地方政府完善公共服务开辟稳定的资金渠道。①

（四）把握设施建设的力度和节奏，合理调控高耗能产品市场需求

高耗能产业快速增长的驱动因素中既有供应侧因素，也有需求侧因素，当前看，需求侧因素应该占主流，这与地方各级政府以大量投资拉动经济、开展大规模造城运动、大搞形象工程政绩工程、大拆大建低水平重复建设不无关系。未来遏制高耗能产业过快增长、促进经济结构调整，相关产业政策应该由单纯控制产能向合理调控市场需求转变。在市场经济条件下，只有需求保持平稳，不合理需求减少，高耗能行业过快增长的局面才有可能得到根

① 此部分参考了国家发改委规划司孙玥的论文《关于统筹推进绩效考核体制改革和财税体制改革的一点思考》的有关观点。

本改观。

把握房地产、基础设施、新项目建设的节奏和速度，减少重复建设和系统浪费，减少经济增长对投资的依赖是调控需求的根本举措。当前，应该对我国基础设施和城市建设的规模和前景有一个科学规划，在考虑资源环境承载力和可持续发展能力的条件下，放缓建设速度，控制在建规模，防止大起大落造成大量产能闲置和浪费，对经济发展带来不良影响；要杜绝城市发展中的急功近利和相互攀比，杜绝建设规模和速度的层层加码，切实将工作重点从追求规模和速度转移到更加注重科学规划、系统高效、财富积累和人民得实惠上来。

（五）完善项目审批核准机制，为高耗能产业升级创造有利的制度条件

技术装备差、生产方式粗放、规模偏小、高能耗高污染的落后产能所占比重大也是西部资源型省份节能工作面临的“结构之困”的重要方面。加快淘汰落后产能、推动产业升级和结构优化是未来高耗能行业健康发展的必由之路。但目前在诸多高耗能行业实行的总量控制政策，以及严格繁琐漫长的项目审批核准程序从某种程度上阻碍了产业升级和淘汰落后的步伐。受这些条件的限制，许多技术先进、规模较大、集约发展的产能项目迟迟不能上马，而大量落后产能、小规模产能却不受限制，以各种灵活手段进入市场，“鸠占鹊巢”，挤占了产业结构调整的空间。

基于此，建议严格按照规模、技术经济、节能环保、质量安全等市场准入条件进行新上项目的审批核准工作，将市场准入条件作为项目审批核准的充分条件，只要满足明确的、统一的准入条件即可开工建设；同时，不宜将总量控制、产能过剩等需由市场做出判断的指标作为审批核准项目的先决条件，不宜设置除市场准入条件外的软性门槛和隐形门槛；应加快项目审批核准的决策进程，减少外部环境和突发事件（如经济过热、金融危机等）对审批核准进程的影响和干扰，为先进产能进入市场建立绿色通道，为高耗能产业升级创造有利的制度条件。